新装版

プログラミング言語の基礎理論

大堀 淳 著

共立出版株式会社

刊行主旨

　情報科学に使われている数学は，非常に幅広く，また奥深い．さらには，情報科学から発展して数学の一部門を形成しつつある分野もある．そのため，現在の大学教育の中で「情報科学のための数学」を体系化することは，まだ十分にできているとはいい難い．それは，数学のさまざまな分野から情報科学に役立つものを摘出し，限られた期間内に効果的に学生に提供することの困難さと，情報科学が新しい学問であり流動的であるだけに，その中で役立つ数学を整理し統合化しようというには，まだ時期尚早なためでもある．しかし，情報科学がしっかりと地につき発展していくためには，どの時点においても数学との協調が必要不可欠である．

　このような視点のもとに，現時点での「情報科学のための数学」を大胆に整理・統合化し，本「情報数学講座（全15巻）」を構成した．そのため，ある分野は重点的にとりあげ，ある分野は縮小・併合することになった．たとえば，数値解析が省かれているが，これはそれだけで一つのシリーズを形成するほど大きな分野であることもあって，本講座では他にゆだねることにした．

　各巻の内容については，次のことを目標に定めた．

① 「役に立つ数学」を提供することをモットーとする．
② 定理・証明の羅列は控え，話題の展開や表現の仕方を工夫する．
③ コンピュータ・サイエンスからの具体例を豊富に入れ，抽象的概念をわかりやすく解説する．
④ 「その彼方に何があるのか」，「その分野が何を目指しているのか」に

言及し，筆者のフィロソフィを重視している．

本講座が情報科学の発展の一助になれば幸いである．

編 集 委 員

まえがき

　デジタルコンピュータを中核とする情報処理システムは，それ以前のアナログ機械と違い，複雑で大規模な問題も解くことが可能な，汎用の問題解決システムである．その基本原理は，問題解決に必要な情報や知識などをコード化，すなわち記号の列で表現し，その記号列を機械によって解釈し変換する，というものである．この問題解決パラダイムは，人が，記号の集合である文字（アルファベット）で構成された言語によって知的な活動を行うことに対比しうる，一般性を持つものである．この記号列として表現された情報や処理手順がプログラムである．

　簡単な処理を行うプログラムであれば，コンピュータで直接実行可能な，機械命令の列として書くことも不可能ではないが，複雑で大規模な問題を解決するためには，より高水準のプログラムの記述システム，すなわち**プログラミング言語**が必要となる．自然言語が，情報の伝達手段にとどまらず，人間の思考活動の枠組みとしての役割を果たしているのと同様に，プログラミング言語も，コンピュータへ動作を指示するための手段にとどまらず，複雑で大規模なソフトウェアを構築するための枠組みを与える重要なものである．数学を典型とする近代の科学が，種々の抽象概念を組織的かつ階層的に導入することを可能にする記述システムを持つことによって急速な発展を遂げたように，ソフトウェア科学・工学が，複雑なソフトウェアを信頼性を持って効率よく開発する体系を確立し発展させていくためには，ソフトウェア構築上有用な種々の抽象化の概念や構造化の機構を効率よく構築していくことを可能にする，プログラムの記述システムが必要である．近代的なプログラミング言語の主な役割は，そのような記述システムを提供することである．

　今日のソフトウェアシステムは，種々の形態のメディアおよび新しい計算パラダイムの出現により，急速にその複雑さを増しつつある．それに伴い，

情報処理の種々の分野において，より高度な機能を装備した新しいプログラミング言語の開発が望まれている．巨大な論理体系である大規模なソフトウェアシステムを記述する基礎となるプログラミング言語は，種々の豊富な機能を提供すると同時に，その言語で表現可能ないかなるプログラムの意味も厳密に定義されている，整合性ある体系でなければならない．そのようなプログラミング言語を実現するためには，プログラミング言語の持つ諸機能の間の相互関係の理論的分析や整合性の検証，およびそれに基づく厳密な意味の定義等が必要である．本書のテーマであるプログラミング言語の基礎理論の目的は，そのような分析や検証を可能にし，実用的なプログラミング言語の設計および実装の基礎を与えることである．

理論的な基礎に基づき開発された実用プログラミング言語の（数少ない）具体例として，ML 言語を挙げることができる．ML の定義 [38] は，誰が読んでも唯一の意味を持つ型理論の概念を用いて書かれており，その実装は，言語の意味の定義に基づき系統的に行われている．この厳密性は，ML で書かれたプログラムに極めて高い信頼性を与えている．さらに，ML は，多相型関数や型の自動推論機構などの高度な機能を提供している．これらの機能は複雑ソフトウェアを信頼性を持ってしかも効率よく開発していく上で有効性が高いが，これらは理論的基礎に基づく系統的な設計によって初めて可能になったものである．以上のような特徴を持つ ML（Standard ML）は，現時点では，最も良く設計された高水準の実用プログラミング言語の一つであり，またプログラミング言語の新しい機能等の研究の基礎ともなっている言語である．

この例からも伺われる通り，プログラミング言語の理論的基礎は，単なる理論的な興味の対象ではなく，望ましい機能を持つ実用プログラミング言語の系統的な開発を可能にする鍵となるものでもある．本書の目的は，プログラミング言語の数理的モデルを理解し，プログラミング言語の理論の基礎を習得することである．特に，ML を典型とする近代的なプログラミング言語の動作原理を理解するための基礎知識を獲得することを，具体的な目標とする．

プログラミング言語の理論は，**構文論**（syntax）と**意味論**（semantics）に

大別される．構文論は，文としてのプログラムそのものの性質を扱う理論であり，プログラムの文法構造やその構成要素の持つべき型に関する性質，およびプログラムの同値性，プログラムが具体的にどのような操作を表現するか，等を対象とする．プログラムの表現する操作は，プログラムの意味にかかわることであるが，プログラムの文法構造に則して具体的に定義される意味は，プログラムの**操作的意味論**（operational semantics）と呼ばれ，プログラムの構文論の一部として論じられる．これに対してプログラムの意味論は，プログラムが表現（表示）する計算そのものを，プログラムの文法的な構造に依存しない抽象的数学的対象として表現し，それを通じてプログラムの持つ性質を調べる理論であり，より厳密には**表示的意味論**（denotational semantics）と呼ばれる．

これらのなかで，プログラミング言語の設計や実装の直接的な基礎となるものは，構文論的諸性質，特にプログラムの持ちうる型に関する性質，プログラムの操作的意味論，およびその両者の関係である．そこで，本書では，プログラミング言語の構文論的性質を詳しく取り扱う．プログラミング言語の表示的意味論については，その一般的な枠組み，およびその構文論との関係等を主に取り扱う．プログラミング言語の具体的な表示的意味論（モデル）の構築も，種々の興味深い問題を含んだ重要な研究対象であるが，このテーマについては，例えば文献 [54, 63, 49, 26, 64] などの教科書で，すでに詳しく取り扱われているので，詳しい内容はそれら良書に譲ることにする．

以下第 1 章で，本書で取り扱う基礎理論の構造，および他の理論との関連について説明した後，次章以降で展開するプログラミング言語の基礎理論の準備として，形式言語の帰納的な定義，およびラムダ計算に基づく計算モデルを概説する．さらに，その後の章で扱う種々の型システムの構造およびそれ以降の本書の展開について説明する．

本書は，情報科学関連の学部や大学院初年度のレベルを念頭においているが，プログラミング言語の基礎に興味のある者であれば，情報科学の基礎知識がなくても理解できるよう配慮し，必要な概念はすべて定義するように心がけた．そのような本書の性格上，取り上げることができなかった重要な概念や手法が数多くある．より深い理解のためには，上に挙げた表示的意味

論の教科書の他に，本書のテーマに関連の深い計算モデルに関する教科書 [60, 62] や，型理論が詳しく扱われている教科書 [40] などを参考にされることを勧める．また，より専門的な学習の手がかりとして，本文中になるべく多くの関連する論文の引用を含めた．

　最後に，本書の草稿を一緒にセミナーで読み，種々の誤り等を指摘下さった加藤岳臣氏，田村宏樹氏，および草稿を注意深く読んで頂いた南出靖彦氏，小林孝次郎先生，本書の執筆をすすめて下さった武市正人先生，本書執筆のあいだお世話になった共立出版株式会社の坂野一寿氏に深謝いたします．

１９９７年１月

大堀　淳

目　　次

第1章　プログラミング言語のモデル　　1
- 1.1　計算モデルの必要性 1
- 1.2　本書で使用する集合に関する記法 4
- 1.3　言語の文法構造の定義 5
  - 1.3.1　形式言語の帰納的な定義 5
  - 1.3.2　言語に対する再帰的な関数定義と文法の曖昧さ 9
- 1.4　型無しラムダ計算 16
  - 1.4.1　型無しラムダ計算の定義 16
  - 1.4.2　汎用な計算モデルとしての型無しラムダ計算 20
  - 1.4.3　ラムダ計算に基づくプログラミング言語のモデル 26

第2章　型付きラムダ計算　　29
- 2.1　定数と基底型の導入 29
- 2.2　単純な型付きラムダ計算 Λ の定義 31
- 2.3　de Bruijn インデックスと束縛変数に関する約束 40
- 2.4　Λ の表示的意味論 42
  - 2.4.1　集合論的モデル 46
  - 2.4.2　領域論的モデル 47
- 2.5　Λ の公理的意味論 51
- 2.6　公理的意味論の健全性と完全性 54
  - 2.6.1　公理的意味論の健全性 55
  - 2.6.2　公理的意味論の完全性 57
- 2.7　Λ のモデル間の論理関係 64
  - 2.7.1　論理関係の定義 64
  - 2.7.2　$\beta\eta$ 同値関係のモデル 67

	2.7.3	式の構文論的性質のモデル論的証明	71
2.8	Λの簡約システム		75
2.9	Λの操作的意味論		84
	2.9.1	評価文脈を用いた操作的意味論	85
	2.9.2	自然意味論	89

第3章 型付きラムダ計算の拡張 93

3.1	種々のデータ構造の導入		93
	3.1.1	単 位 型	93
	3.1.2	バリアント型	94
	3.1.3	ラベル付きデータ構造	96
3.2	再帰的データ型		101
	3.2.1	正規木を用いた再帰的データ型の表現	102
	3.2.2	同型関係を明示的に用いた再帰的データ型の表現 . .	116
	3.2.3	再帰的データ型の意味論	120
3.3	再帰的関数の定義		129
3.4	ユーザ定義のデータ型とパターンマッチング		134
3.5	手続き型言語機能の導入		137
	3.5.1	参照型の導入	137
	3.5.2	継続計算を用いた広域的なジャンプの導入	148

第4章 型推論システム 157

4.1	暗黙に型付けられたラムダ計算		157
	4.1.1	λの定義	158
	4.1.2	λの表示的意味論	159
4.2	λの型推論アルゴリズム		164
	4.2.1	型推論問題と型判定スキーマ	164
	4.2.2	型スキーマの単一化	168
	4.2.3	型推論アルゴリズムとその性質	171
	4.2.4	型変数を含んだλ	176
4.3	種々のデータ構造への拡張		177

第5章 多相型言語のモデル　　181

- 5.1 プログラムの汎用性の表現 181
- 5.2 多相型ラムダ計算 $\Lambda^\forall$ 185
- 5.3 $\Lambda^\forall$ の表示的意味論 192
- 5.4 $\Lambda^\forall$ の公理的意味論および簡約関係 199
- 5.5 種々のデータ構造の表現 207
  - 5.5.1 論理型および自然数型 207
  - 5.5.2 一般の項代数の表現 210
  - 5.5.3 組 型 212
  - 5.5.4 バリアント型 213
- 5.6 ML の多相型システム 213
  - 5.6.1 叙述的多相型ラムダ計算 Λ^{let} 214
  - 5.6.2 ML の核言語 λ^{let} 216
  - 5.6.3 ML の表示的意味論 222
  - 5.6.4 ML の操作的意味論と型システムの健全性 225
  - 5.6.5 ML の型推論システム 227
  - 5.6.6 プログラミング言語 Standard ML 231

第6章 レコード計算系の理論　　237

- 6.1 レコード計算系の登場の背景 237
- 6.2 サブタイプを含むレコード計算 240
  - 6.2.1 サブタイプシステムの問題点 244
- 6.3 多相型レコード計算 246
  - 6.3.1 多相型レコード計算の定義 248
  - 6.3.2 $\Lambda^{\forall t::k}$ の簡約システムと型保存定理 253
  - 6.3.3 多相型レコード計算の型推論 256
  - 6.3.4 多相型レコード演算を含んだプログラミング言語 261

参 考 文 献　　263

索　引　　269

第1章　プログラミング言語のモデル

プログラミング言語は，実際に計算機で実行可能な計算の記述言語としての側面と，複雑な処理を行うソフトウェアの論理構造の記述システムとしての側面を持つ．この二つをうまく統合したものが，望ましいプログラミング言語といえる．プログラミング言語の基礎理論を展開するには，これら二つの側面を併せ持ったモデルの構築が必要である．本章では，プログラミング言語の基礎理論の土台となる計算のモデルについて概説する．

1.1　計算モデルの必要性

実際に計算機で実行可能な計算の最も直接的なモデルは von Neumann 型のコンピュータそのものであり，その動作は命令コードの列として記述される．このモデルは確かに実行可能であるという要件を満たしているが，高水準プログラミング言語が表現する計算のモデルとして，ふさわしいものではない．プログラミング言語の基礎理論の構築のためには，数学的，論理的な記述が可能な，より抽象度が高い計算モデルが必要である．一方，現在の数学や論理学で採用されている諸概念は，実際に計算機で実行されることを意図したものではなく，計算機で実行可能な処理の記述言語としての要件を必ずしも満たしていない．例えば，プログラムを入力から出力を計算するものと考えると，ほぼ数学で扱われる関数としてモデル化可能と期待されるが，数学で扱われる関数は，グラフとしての関数であり，実際に入力が与えられたらそれに対応する出力が計算可能であるというプログラムの持つ重要な

性質を含んでいない．ごく簡単な例として，任意の自然数 x と任意の自然数の集合 X を引き数とする以下の関数 f を考えてみよう．

$$f(X,x) = \begin{cases} 1 & (x \in X \text{ の場合}) \\ 0 & (x \notin X \text{ の場合}) \end{cases}$$

数学的には，関数 f は厳密に定義され，その存在は疑い得ない．しかしこのごく簡単な関数でさえ，それを実現するコンピュータプログラムは存在し得ないことを，以下の簡単な議論で示すことができる．もし f を計算するプログラムがあれば，その一つの入力 X を固定することによって，関数 $f_X(x) = f(X,x)$ を計算するプログラムが構成できる．f_X は X が異なれば異なる関数であるから，f を計算するプログラムは，可算無限個を超える数の相異なるプログラムを生成しうることになる．しかしながら，およそプログラムは有限の記号列であり，異なったプログラムの数は可算無限個を超えることはない．したがって，関数 f を実現するプログラムは存在し得ない．同様に，論理学で使われている法則も，計算機で実行可能なプログラムの記述システムの要件を必ずしも満たしていない．例えば論理学では，$\exists x.P(x)$ の否定を取れば論理式 $\forall x.\neg P(x)$ を得ることができる．そこで，もし論理式がプログラムの記述に対応するなら，入力によっては結果が誤りであるプログラムを $\exists x.wrong\_result(x)$ のように記述し，その否定を取ることによって，たちどころに，常に正しいプログラム記述が得られることになる．しかしいうまでもなく，誤りのあるプログラムから正しいプログラムを構成するような方法は存在しない．

プログラミング言語の基礎を確立するためには，数学や論理学で扱われている対象と同様に抽象的な記述が可能で，かつ実際に計算機で実行可能な計算のモデルを構築する必要がある．今日のプログラミング言語の理論的研究の基礎となっている計算モデルの代表的なものは以下の二つである．

- **関数型計算モデル**

    プログラムを計算可能な関数で表現しようとするモデルである．このモデルでは，関数の値を求めることが計算の実行に対応する．このモデルに基づく言語においては，必要な抽象化の概念および構造化の機構は，

関数の定義機構を通じて実現される．とくに，関数を引き数として受け取る関数や，関数を値として返す関数を使用することにより，種々のプログラム構造を簡潔に表現可能である．

- **論理型計算モデル**
 プログラムを，自動証明可能な論理式で表現しようとするモデルである．このモデルでは，論理式の証明を探索することが計算の実行に対応する．このモデルを基礎とする言語では，必要な抽象化の概念および構造化の機構は，種々の定理や推論規則の定義機構として提供される．

両者とも抽象度が高くかつ数学的な分析に適した概念を基礎にした計算モデルであるが，汎用プログラミング言語のための計算モデルとしては，関数型計算モデルが適している．そこで本書では，関数型計算モデルに基づくプログラミング言語の基礎理論を取り扱う．このモデルは，関数の概念を基本としているが，手続き型プログラミング言語における記憶領域などの概念も表現可能であり，汎用のプログラミング言語の基礎となっている．論理型計算モデルは，解空間の探索を基本とする論理型プログラミングのための計算モデルである．PROLOG[11]等，このモデルに基づくプログラミング言語も開発されているが，これらについては，本書では扱わない．興味ある読者は，文献[31, 10]などの定理の自動証明に関する教科書を参照されたい．

関数型計算モデルを数学的に表現する形式的体系には，**ラムダ計算**（lambda calculus）と**部分帰納的関数**（partial recursive function）の二つがあるが，ラムダ計算のほうがより構文論的な定義となっており，プログラムとの親和性が高い．このため，ラムダ計算が，プログラミング言語の理論的基礎の研究に広く使用されている．ラムダ計算は，型無しラムダ計算と型付きラムダ計算に大別される．型無しラムダ計算は，プログラムの表現する計算そのもののモデルと考えることができる．これに対して，型付きラムダ計算は，型無しラムダ計算に，プログラミングにとって有用な種々の構造を「型」として導入したシステムに相当し，プログラミング言語の数学的モデルと考えることができる．プログラミング言語設計の最も重要な部分は，プログラムの種々の要素間の関係を規定することであり，その多くは型付きラムダ計算の型システムを通じて調べることができる．本書の主題は，型付き

ラムダ計算，特にその型システムの原理とその諸性質を詳しく調べ，それを通じてプログラミング言語の原理を学ぶことである．本章ではまずその準備として，本書で使用する数学的な記法を定義した後，形式言語の帰納的な定義と関数の再帰的定義の原理，および計算モデルとしての型無しラムダ計算を概説する．

1.2 本書で使用する集合に関する記法

A と B を任意の集合とする．A と B の差集合 $\{x|x \in A, x \notin B\}$ を $A \setminus B$ と書く．集合 $A_1, \ldots, A_n$ の直積 $A_1 \times \cdots \times A_n$ を以下のように定義する．

$$A_1 \times \cdots \times A_n = \{(a_1, \ldots, a_n) | a_i \in A_i \ (1 \leq i \leq n)\}$$

また，$A_1 = \cdots = A_n$ のとき，$A_1 \times \cdots \times A_n$ を A^n と書き，A の n 次の直積と呼ぶ．A の要素の有限列の集合を A^* で表わす．ここで A^* は常に長さ 0 の空列 ϵ を含むと約束する．$a, b \in A^*$ のとき a と b の連結を ab と書く．ϵ は連結操作に関する単位元である．

集合 A と B の（二項）関係 r とは，$A \times B$ の部分集合である．r を A 上の与えられた関係（すなわち A と A の関係）とする．r が関係を表わすとき，$(a, b) \in r$ を $a \, r \, b$ と書くことがある．任意の $a \in A$ に対して $a \, r \, a$ であるとき，r は反射的であるといい，$a \, r \, b$ かつ $b \, r \, c$ となる任意の $a, b, c \in A$ に対して $a \, r \, c$ となるとき，r は推移的であるという．r の推移的（反射的推移的）閉包とは，r を含み推移的（かつ反射的）である最小の関係であり，r^+ (r^*) あるいは $\overset{+}{r}$ $(\overset{*}{r})$ と書く．

集合 A から集合 B への関数 f は，$f \subseteq A \times B$ でかつ，任意の $a \in A$ に対して $(a, b) \in f$ となる $b \in B$ が存在し，任意の $a \in A$ について，もし $(a, b) \in f$ かつ $(a, c) \in f$ なら $b = c$ となる関係である．f が集合 A から集合 B への関数であるとき，$f \in A \to B$ と書く．また，関数 f の定義域を $dom(f)$ と書く．f が移す a の値を $f(a)$ または単に $f \, a$ と書く．任意の $a \in A$ に対して，$f(a)$ の値が a を含む式 X で表わされるような関数 f を $\lambda a \in A.X$ と書く．例えば，自然数の集合を N とし N 上の加算演算を $+$ で

表わすと，与えられた自然数に 1 を足す関数は $\lambda a \in N.a + 1$ と表わすことができる．この記法は，集合論的な関数を表現するためのものであり，後に定義するラムダ式とは関係がない．関数 $f \in A \to B$ と $g \in B \to C$ の合成 $\lambda x \in A.g(f(x))$ を $g \circ f$ と書く．$X \subseteq dom(f)$ のとき，集合 $\{f(x)|x \in X\}$ を $f(X)$ と書く．関数 f の X への制限とは，集合 $\{(a,b)|(a,b) \in f, a \in X\}$ で表わされる関数であり，$f|_X$ と書く．さらに，$f|_{dom(f)\setminus\{x\}}$ を $f|_{\overline{x}}$ と書く．f が関数のとき，$f\{x:v\}$ で以下の関数 f' を表わす．

$$dom(f') = dom(f) \cup \{x\} \quad \text{かつ} \quad f'(y) = \begin{cases} f(y) & (x \neq y \text{ のとき}) \\ v & (x = y \text{ のとき}) \end{cases}$$

$f\{x:v\}$ において x は $dom(f)$ の要素であってもなくてもよいことに注意．

1.3 言語の文法構造の定義

　プログラミング言語を含めた計算機科学が対象とする集合や形式言語のほとんどは，定義される言語自身に言及する文法（生成規則の集合）によって定義される．また，そのようにして定義された言語の意味やその性質を規定する関数は，やはり，定義される関数自身に言及する規則の集合によって定義される．本書では，前者を言語の**帰納的**（inductive）な定義，後者を関数の**再帰的**（recursive）な定義と呼ぶ．本節では，計算機言語学の基礎をなすこれら二つの定義機構について解説する．

1.3.1　形式言語の帰納的な定義

　プログラミング言語は，通常，**BNF 文法**と呼ばれる文法を用いて定義される．この方法では，定義しようとする言語の要素を代表する**メタ変数**と呼ばれる変数を定め，その言語の要素を生成する規則を，この変数を含んだ文法として定義する．例えば，n の次の自然数を表わす式を $succ(n)$，n_1 と n_2 の加算および乗算を表わす式をそれぞれ $plus(n_1, n_2)$ および $times(n_1, n_2)$ とすると，自然数の加算と乗算の組み合わせで作られる算術式の全体を表わす言語は，その言語を代表するメタ変数を A として，以下の BNF 文法で与

えられる．

$$A ::= 0 \mid succ(A) \mid plus(A, A) \mid times(A, A)$$

ここで，"$\mid$"は「または」の意味であり，この文法全体は，以下の生成規則の集合を表現している．

- 0は算術式である．
- Aが算術式なら，$succ(A)$も算術式である．
- A_1, A_2が算術式なら，$plus(A_1, A_2)$も算術式である．
- A_1, A_2が算術式なら，$times(A_1, A_2)$も算術式である．

例えば $times(plus(0, succ(0)), plus(succ(succ(succ(0))), 0))$ は算術式である．

BNF 文法による言語の定義は，より一般的には，複数のメタ変数を使用して，階層的になされるが，ここでは，上記のようにメタ変数を一つだけ使用する場合について解説する．メタ変数を複数使用する場合への一般化は容易に可能である．

定義する言語の要素を表現するメタ変数を E とする BNF 文法

$$E ::= X_1 \mid \cdots \mid X_n$$

を考える．ここで，各文字列 $X_1, \ldots, X_n$ は，E を含んでも含まなくてもよい．この文法で定義される言語を $L(E)$ とし，各 X_i の中の E の出現を $E_1^i, \ldots, E_m^i$ とする．X_i の中の $E_1^i, \ldots, E_m^i$ を，それぞれ文字列 $a_1, \ldots, a_m$ で置き換えて得られる文字列を $[a_1/E_1^i, \ldots, a_m/E_m^i](X_i)$ と表わすことにする．すると，BNF 文法の各式 X_i は，$L(E)$ に関する以下の規則を表現していると理解される．

もし要素 $a_1, \ldots, a_m$ が $L(E)$ の要素なら，$[a_1/E_1^i, \ldots, a_m/E_m^i](X_i)$
も $L(E)$ の要素である．

この形をした規則は，その中に $L(E)$ 自身が含まれているため，集合 $L(E)$ の性質を定めているに過ぎない．BNF 文法が定義する言語は，その文法が

表現する規則をすべて満たすものの中の最小のものである．数学的には，文法が表現する生成規則から生成される帰納的な集合と特徴付けられる．以下，その厳密な定義を与える．

U を与えられた集合とし，F を以下の形の関数の集合とする．

$$f \in U^n \to U$$

このとき n を f の**ランク**と呼び，$rank(f)$ と書く．以下，ランクが n である F の要素を $f^{r(n)}$ と書く．集合 $X \subseteq U$ に対して，集合 $\{f^{r(n)}(x_1,\ldots,x_n) | x_i \in X\}$ を $f^{r(n)}(X)$ と書き，集合 $\{f^{r(n)}(x_1,\ldots,x_n) | x_i \in X, f^{r(n)} \in F\}$ を $F(X)$ と書く．$F(X) \subseteq X$ のとき，X は関数集合 F **に関して閉じている**という．$C \subseteq U$ を与えられた定数の集合とする．C の F に関する**帰納的閉包**を，集合 C を含み関数集合 F に関して閉じている最小の集合と定義し，$Ind(C,F)$ と書く．

U の部分集合が関数 F に関して閉じているという性質は，集合属の共通部分を取る操作 $\bigcap$ によっても保存される．すなわち，Δ が F に関して閉じている集合の集合なら，$\bigcap \Delta$ も F に関して閉じている．また U 自身は，定義上，C を含みかつ F に関して閉じているから，$Ind(C,F)$ は確かに存在し，以下のように書ける．

$$Ind(C,F) = \bigcap \{V | V \subseteq U, C \subseteq V, F(V) \subseteq V\}$$

問 1.3.1 Δ が F に関して閉じている集合の集合なら，$\bigcap \Delta$ も F に関して閉じていることを示せ．

さらに，$Ind(C,F)$ をより具体的に生成することが可能である．集合の系列 $X_0, X_1, \ldots$ を以下の漸化式で定義する．

$$X_0 = C$$
$$X_{i+1} = F(X_i) \cup X_i \quad (0 \leq i)$$

$Ind(C,F)$ は以下のように特徴付けられる．

命題 1.3.1 $Ind(C,F) = \bigcup_{0 \leq i} X_i$

証明 まず $\bigcup_{0\leq i} X_i \subseteq Ind(C,F)$ を示す．そのために，$X_i \subseteq Ind(C,F)$ が任意の i について成立することを，i に関する帰納法で示す．定義より，$X_0 \subseteq Ind(C,F)$ である．$X_i \subseteq Ind(C,F)$ と仮定する．$Ind(C,F)$ は F に関して閉じているから，$F(X_i) \subseteq Ind(C,F)$ であり，$X_{i+1} \subseteq Ind(C,F)$ である．

次に $Ind(C,F) \subseteq \bigcup_{0\leq i} X_i$ を示す．$Ind(C,F)$ の定義より，$\bigcup_{0\leq i} X_i$ が F に関して閉じていることを示せば十分である．$x_1,\ldots,x_n$ を $\bigcup_{0\leq i} X_i$ の任意の n 個の要素，$f^{r(n)}$ を F の任意の要素とする．ある k が存在して $x_1,\ldots,x_n \in X_k$ である．よって，$f^{r(n)}(x_1,\ldots,x_n) \in X_{k+1} \subseteq \bigcup_{0\leq i} X_i$ であり，$\bigcup_{0\leq i} X_i$ は F に関して閉じている．∎

BNF 文法で与えられる言語は，文法規則が定める関数集合に関する帰納的閉包として定義できる．U をすべての文字列の集合とする．与えられた BNF 文法の各生成規則 X_i に対して，もし X_i がメタ変数 E の出現 $x_1,\ldots,x_n$ を含めば，以下のように定義される関数 $f_{X_i} \in U^n \to U$ を対応させる．

$$f_{X_i}(a_1,\ldots,a_n) = [a_1/x_1,\ldots,a_n/x_n](X_i)$$

すると，BNF 文法で定義される言語は以下のように定義できる．

$$L(E) = Ind(\{X_i | X_i \text{ は } E \text{ を含まない }\}, \{f_{X_i} | X_i \text{ は } E \text{ を含む }\})$$

帰納的閉包 $Ind(C,F)$ の種々の性質の証明は，多くの場合帰納法によって行われる．$Ind(C,F)$ の任意の要素がある性質 P を持つことを示すためには，以下の二つの性質を示せばよい．

1. 任意の $x \in C$ が性質 P を持つ．
2. F の各生成規則は性質 P を保存する．すなわち，各 $f^{r(n)} \in F$ について，もし U の要素 $x_1,\ldots,x_n$ がそれぞれ性質 P を持てば，$f^{r(n)}(x_1,\ldots,x_n)$ も性質 P を持つ．

この証明方法を，帰納的に定義された集合の要素の**生成に関する帰納法**，あるいは要素の**構造に関する帰納法**と呼ぶ．以下にその簡単な例を示す．

命題 1.3.2 任意の算術式は同数の右括弧と左括弧を含む.

証明 A を与えられた算術式とし, A に含まれる右括弧の個数と左括弧の個数をそれぞれ $RP(A)$, $LP(A)$ とする. $RP(A) = LP(A)$ であることを A の構造に関する帰納法で示す.

$A = 0$ の場合. $RP(0) = 0 = LP(0)$ より命題は成立する.

$A = succ(A)$ の場合. $RP(succ(A)) = RP(A) + 1$ かつ $LP(succ(A)) = LP(A) + 1$ である. しかるに, 帰納法の仮定より, $RP(A) = LP(A)$ である. よって $RP(succ(A)) = LP(succ(A))$ である.

$A = plus(A_1, A_2)$ の場合. $RP(plus(A_1, A_2)) = 1 + RP(A_1) + RP(A_2)$ かつ $LP(plus(A_1, A_2)) = 1 + LP(A_1) + LP(A_2)$ である. 帰納法の仮定より, 各 i について $RP(A_i) = LP(A_i)$ である. よって $RP(plus(A_1, A_2)) = LP(plus(A_1, A_2))$ である.

$times(A_1, A_2)$ の場合. 上記と同様である. ∎

問 1.3.2 (帰納的閉包に対する帰納原理) 帰納的な証明が有効であることの根拠は, 以下の性質に基づく.

> C を含む $Ind(C, F)$ の部分集合 Y が F に関して閉じていれば, $Y = Ind(C, F)$ である.

1. 上記性質を確認せよ.
2. 上記の性質を使い, (帰納的方法を使わずに) 命題 1.3.2 を証明せよ. (ヒント: A の部分集合で, 右括弧と左括弧の数が同数である文字列の集合を考えよ.)
3. 上記性質は, 帰納的に定義された集合の性質に関する帰納的な証明の正しさを保証していることを確認せよ.

1.3.2 言語に対する再帰的な関数定義と文法の曖昧さ

帰納的に定義された集合の要素の性質等の定義は, その生成に関して再帰的に行われる. X を, C の F に関する帰納的閉包とし, A を与えられた集合とする. X から A への関数 ϕ に関する以下のような規則を, X から A **への関数の再帰的な定義**と呼ぶ.

1. 各定数 $c \in C$ に対応する値 $\bar{c}$ を定義する．

$$\phi(c) = \bar{c}$$

2. 各 $f^{r(n)} \in F$ に対して関数 $\overline{f^{r(n)}} \in A^n \to A$ を定め，$f^{r(n)}(x_1, \ldots, x_n)$ に対応する値を以下の規則によって定める．

$$\phi(f^{r(n)}(x_1, \ldots, x_n)) = \overline{f^{r(n)}}(\phi(x_1), \ldots, \phi(x_n))$$

例えば，算術式 A の中の括弧の数を計算する関数 $paren$ の再帰的な定義は，各算術式構成子に対応する関数を

$$\begin{aligned}
\bar{0} &= 0 \\
\overline{succ} &= \lambda x \in N.x + 2 \\
\overline{plus} &= \lambda(x,y) \in N \times N.x + y + 2 \\
\overline{times} &= \lambda(x,y) \in N \times N.x + y + 2
\end{aligned}$$

と定め，これらを使って以下のような規則を定義することによって行う．

$$\begin{aligned}
paren(0) &= 0 \\
paren(succ(A)) &= \overline{succ}(paren(A)) \\
paren(plus(A_1, A_2)) &= \overline{plus}(paren(A_1), paren(A_2)) \\
paren(times(A_1, A_2)) &= \overline{times}(paren(A_1), paren(A_2))
\end{aligned}$$

以上のような形の再帰的な規則の集合が，関数を定義しているかどうかは必ずしも自明ではない．実際，言語の文法によっては，再帰的な規則のみでは関数が定義できない場合がある．その例として，以下の文法を考えてみよう．

$$E ::= 0 \mid succ(E) \mid E \; plus \; E \mid E \; times \; E$$

1.3 言語の文法構造の定義

この言語の各要素 E に自然数を対応させる関数 $\phi(E)$ を以下のように再帰的に定義しようとする．

$$\phi(0) = 0$$
$$\phi(succ(E)) = 1 + \phi(E)$$
$$\phi(E_1 \ plus \ E_2) = \phi(E_1) + \phi(E_2)$$
$$\phi(E_1 \ times \ E_2) = \phi(E_1) \times \phi(E_2)$$

しかし上式によれば，例えば

$$E_0 = succ(0) \ plus \ succ(succ(0)) \ times \ succ(succ(0))$$

に対する値が以下のように二つ存在してしまう．

$$\begin{aligned}\phi(E_0) &= \phi(succ(0)) + \phi(succ(succ(0)) \ times \ succ(succ(0))) \\ &= 5 \\ \phi(E_0) &= \phi(succ(0) \ plus \ succ(succ(0))) \times \phi(succ(succ(0))) \\ &= 6\end{aligned}$$

問題の原因は，言語を生成する文法の構造にある．上記の文法は，異なった文法規則の適用の結果が同一の文と成りうるような文法である．そのような文法は**曖昧**であるという．上記の再帰的な関数定義を注意深く見れば明らかなように，再帰的な関数定義は，帰納的に生成された集合の要素に対する定義ではなく，集合の要素の生成系列に対する定義となっている．したがって，再帰的な関数定義が常に意味を持つためには，生成系列の集合と一対一の関係にあるような言語，すなわち，曖昧性のない文法で生成された言語でなければならない．曖昧性のない言語の条件は，帰納的閉包 $X = Ind(C, F)$ に関する条件として，一般的に，以下のように与えられる．

1. 任意の相異なる $f^{r(n)}, g^{r(m)} \in F$ に対して，$f^{r(n)}(X) \cap g^{r(m)}(X) = \emptyset$ である．
2. 任意の $f^{r(n)} \in F$ について，$f^{r(n)}(X) \cap C = \emptyset$ である．
3. 任意の $f^{r(n)} \in F$ について，$f^{r(n)}|_{X^n}$ は単射関数である．

帰納的に生成された集合がこの性質を満たすとき，**自由に生成された集合**と呼ぶ．自由に生成された集合は，生成規則の適用の系列の集合と一対一に対応することを確かめることができる．上に定義した算術式の集合 $L(E)$ は上記の性質を満たさないので，自由に生成された集合ではない．例えば，$E\ plus\ E$ および $E\ times\ E$ を生成する規則に対応する関数をそれぞれ f_{plus} および f_{times} とすると，$E_0 \in f_{plus}(L(E), L(E)) \cap f_{times}(L(E), L(E))$ となり，1. の条件を満たさない．上の例で見たように，このような集合に対しては，関数の再帰的な定義は，必ずしも唯一の関数を定義するとは限らない．しかし，自由に生成された集合に対しては，関数の再帰的な定義は，必ず唯一の関数を定義する．

定理 1.3.1 A を任意の集合とし，X を，定数の集合 C および関数の集合 F によって自由に生成された集合とする．各定数 c に対して A の要素 $\bar{c}$ が与えられ，各関数 $f^{r(n)}$ に対して関数 $\overline{f^{r(n)}} \in A^n \to A$ が与えられたとき，以下の条件を満たす関数 $\phi \in X \to A$ が唯一つ存在する．

1. 任意の定数 c に対して
$$\phi(c) = \bar{c}$$

2. X の要素 $f^{r(n)}(x_1, \ldots, x_n)$ について，
$$\phi(f^{r(n)}(x_1, \ldots, x_n)) = \overline{f^{r(n)}}(\phi(x_1), \ldots, \phi(x_n))$$

この関数 ϕ を，関数 $\lambda c \in C.\bar{c}$ の $\overline{f^{r(n)}}$ に関する唯一の準同型拡張と呼ぶ．

証明 以前定義した X の生成系列 X_i を使用して証明する．

以下の等式によって定義される関数の系列 ϕ_i を考える．

$$\phi_0(c) = \bar{c}$$
$$\phi_{i+1}(x) = \begin{cases} \phi_i(x) & (x \in X_i) \\ \overline{f^{r(n)}}(\phi_i(x_1), \ldots, \phi_i(x_n)) & (x = f^{r(n)}(x_1, \ldots, x_n), x \notin X_i) \end{cases}$$

X_{i+1} の定義および自由に生成された集合の条件より，任意の $i > 0$，任意の $f^{r(n)}$ について，$f(X_i^n \setminus X_{i-1}^n) \cap X_i = \emptyset$ が成立することを示すことができ

る．ただし，$X_{-1} = \emptyset$ とする．よって $x \in X_{i+1}$ なら，$x \in X_i$ か，またはある $f^{r(n)}$ および $(x_1, \ldots, x_n) \in X_i^n \setminus X_{i-1}^n$ があって $x = f^{r(n)}(x_1, \ldots, x_n)$ と一意に書ける．この性質を使えば，$\bigcup_{0 \leq i} \phi_i$ が $\bigcup_{0 \leq i} X_i$ 上の条件を満たす関数を定義していることを示すことができる．

またもし，条件を満たす関数が存在すれば，任意の i について，その関数を X_i に制限したものは，$\bigcup_{0 \leq i} \phi_i$ を X_i に制限したものと一致することを示すことができる．よって，条件を満たす関数が存在すれば，それは $\bigcup_{0 \leq i} \phi_i$ に等しい．■

問 1.3.3 X を定数集合 C と関数集合 F から自由に生成された集合，$X_0, \ldots, X_i, \ldots$ を以前定義した X の生成系列とする．

1. 任意の関数 $f^{r(n)} \in F$，任意の $0 \leq i$ について $f^{r(n)}(X_i^n \setminus X_{i-1}^n) \cap X_i = \emptyset$ が成立することを示せ．ただし $X_{-1} = \emptyset$ とする．この性質を使い，定理 1.3.1 の証明で定義した関数 $\bigcup_{0 \leq i} \phi_i$ が $\bigcup_{0 \leq i} X_i$ 上の条件を満たす関数であることを示せ．
2. 唯一の準同型拡張 ϕ を X_i に制限したものは，定理 1.3.1 の証明で定義した関数 ϕ_i と一致することを i に関する帰納法で示せ．

X を C と F によって自由に生成された集合とする．上記の定理より，X の要素 x の大きさ $|x|$ を，x を生成するために使われた生成規則の適用回数と定義できる．したがって，自由に生成された集合に対しては，要素の大きさに関する帰納法を用いることができる．

BNF 文法で定義された任意の言語も，文法によって生成される文字列の集合と捉えるのではなく，文字列の生成に使われる文法規則の系列そのものと解釈すれば，自由に生成された集合となる．この見方に従えば，例えば前に挙げた文法

$$E ::= 0 \mid succ(E) \mid E \ plus \ E \mid E \ times \ E$$

で生成される言語の要素は $E_1 \ plus \ E_2 \ times \ E_3$ のような文字列ではなく，以下のような木となる．

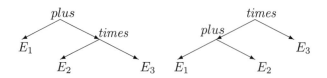

文の生成構造を表わすこのような木を，**構文木**と呼ぶ．本書では，プログラミング言語を，この生成規則の適用の系列を表現している構文木の集合とする．この見方に従えば，任意の BNF 文法は，自由に生成された集合の定義と見なすことができ，したがって定理 1.3.1 によって，言語の文法に関する再帰的な規則は，必ず唯一の関数を定義することが保証される．この見方は，プログラミング言語の理論的な研究のみならず，プログラミング言語の処理系の構築などにおいても採用されている．すなわち，プログラミング言語の処理系は，まず，与えられた文字列から，その文字列の生成規則の系列に対応する構文木を生成し，この構文木を処理の対象とする．

文字列から構文木を生成する処理は，プログラミング言語の**構文解析**と呼ばれる．構文解析もプログラミング言語の重要な一部であるが，それに対しては LR 構文解析を代表とする確立した技術が存在し，また数多くの良書が出版されているので，本書では，構文解析は扱わず，構文解析はすでに済んでおり，プログラムとして構文木そのものが与えられているものと見なす．オートマトンや文脈自由文法の理論を含む形式言語理論の基礎を学習した者は，以下の問を試みることによって，LR 構文解析のおよそを理解することができるであろう．

問 1.3.4 (LR 構文解析の原理)　現在使われているプログラミング言語の構文解析法の基礎は，Knuth[30] によって提案された LR 構文解析の理論である．この理論に基づき，与えられた文法から，実際にその文法に従って構文解析を行うプログラムを自動生成するシステムが実用化されている．本問は，LR 構文解析の原理に関するものであり，形式言語理論の基礎知識を必要とする．

BNF 文法は，形式言語理論における文脈自由文法に対応する．文脈自由文法の特殊な場合である正規言語は，有限オートマトンによって効率よく構文解析を行うことができるが，一般の文脈自由文法の構文解析を行う効率よいアルゴリズムは知ら

れていない．Knuth による LR 構文解析法の中心をなすアイデアは，オートマトンによる正規文法の構文解析法を繰り返し使うことによって，より広範囲の文脈自由文法の構文解析を効率よく行う，というものである．

$G = (V, T, P, S)$ を与えられた文脈自由文法とする．ここで V は非終端記号の集合，T は終端記号の集合，P は文法規則の集合，S はスタート記号である．$\alpha \in (V \cup U)^*$ の中の非終端記号に文法規則を適用し β に変換することを，α から β の導出という．特に，α の中の最右端の非終端記号を置き換える導出を最右導出と呼ぶ．S から導出できる $V \cup T$ のシンボル列を文形式と呼び，さらにその導出がすべて最右導出であるとき右文形式と呼ぶ．本問では，導出を最右導出に限ることにし，α から β が最右導出されることを $\alpha \Longrightarrow \beta$ と書く．

文字列 α に対してある $A \in T, \beta \in (V \cup T)^*, w \in T^*$ があって，

$$S \overset{*}{\Longrightarrow} \beta A w \Longrightarrow \beta \alpha w$$

の形の導出が存在するとき，α を文形式 $\beta\alpha w$ のハンドルと呼ぶ．文形式の先頭から始まり，あるハンドルの終わり以内に収まる部分文字列を，その文形式の活性文字列（viable prefix）と呼ぶ．与えられた文法 G の活性文字列の集合 $VP(G)$ は以下のように与えられる．

$$VP(G) = \{\alpha | S \overset{*}{\Longrightarrow} \beta A w \Longrightarrow \beta \gamma w, \alpha \text{ は } \beta \gamma \text{ の先頭から始まる部分文字列}\}$$

LR 構文解析は，以下の性質に基づく．

命題 1.3.3 (Knuth)　任意の文脈自由文法 G に対して，$VP(G)$ は正規言語である．

活性文字列受理オートマトン $M = (Q, \Sigma, \delta, q_0, F)$ を，以下のように定義できる．

- $\Sigma = V \cup T$,
- $Q = \{A \to \alpha \cdot \beta | A \to \alpha\beta \in P\} \cup \{S' \to \cdot S\}$
  ここで S' は V にない新しい記号,
- $F = Q$.

状態遷移関数 δ を定義し，上記性質を証明せよ．上記のオートマトンを，ハンドルを右端に含む極大活性文字列のみを受理するように変更せよ．

LR 構文解析は，活性文字列受理オートマトンにより，与えられた文形式 $\alpha = \beta\gamma\delta$ の極大の活性文字列 $\beta\gamma$ を検出し，その末尾にあるハンドル γ を，対応する生成規則 $A \Longrightarrow \gamma$ の左辺 A で置き換え，α を $\beta A \delta$ に変換する操作を繰り返すことによって行う．ただし，次回以降の活性文字列探索時も，文形式の A より前の部分 β は共通であるから，この部分のオートマトンの状態遷移をスタックに記憶しておき，オートマトンが同一文字列を繰り返し辿る無駄を省くことができる．この技術により，LR 構文解析は，実用上ほぼオートマトンによる正規言語の構文解析と同程度の効率で

構文解析を実行できるのである．

LR 構文解析は，与えられた文の最右導出を逆に辿ることに相当する．与えられた文字列の構文木を決定する導出の系列は，上記の構文解析における文字列の置き換えで使われた文法規則の系列によって決定される．

以下，メタ変数を複数含む階層的な BNF 文法を使用する．とくに，既存の集合は，特定のメタ変数定数で表わす．例えば，自然数を既存の集合とし，その要素をメタ変数を n で表わせば，算術式の集合を表わす BNF 文法は，

$$A ::= n \mid plus(A, A) \mid times(A, A)$$

と書ける．

1.4 型無しラムダ計算

本節では，プログラミング言語が表現する計算のモデルである型無しラムダ計算の概要，および，そのプログラミング言語との関係を概説する．型無しラムダ計算についての詳しい性質は，文献 [1, 62, 60] などのラムダ計算に基づく計算論の教科書を参照されたい．

1.4.1 型無しラムダ計算の定義

Var を可算無限個の変数の集合とし，メタ変数 x で代表する．型無しラムダ計算のラムダ式の集合は，以下の BNF 文法で与えられる．

$$M ::= x \mid (\lambda x.M) \mid (M\ M)$$

$\lambda x.M$ は**ラムダ抽象**（lambda abstraction）と呼ばれ，直観的には，x を受け取り，(一般に x を含む) 式 M の値を計算する名前の無い関数を表わす．$M_1\ M_2$ は関数 M_1 を実引き数 M_2 に適用する**ラムダ適用**（lambda application）を表わす．

以下はラムダ式の例である．

- $(x\ y)$
- $(\lambda x.(\lambda y.x))$

- $(\lambda x.(\lambda y.(\lambda z.((x\ z)(y\ z)))))$
- $((\lambda x.(x\ x))\ (\lambda x.(x\ x)))$
- $(\lambda x.((x\ y)(\lambda y.y)))$

ラムダ式を表記する際，以下の約束に従って括弧をできる限り省略する．

1. $\lambda x.M$ における M はできる限り大きく取る．
2. 関数適用は左結合する．

この約束に従い，$(\lambda x_1.(\lambda x_2 \ldots (\lambda x_n.M)\ldots))$ は $\lambda x_1.\lambda x_2 \ldots \lambda x_n.M$ と書き，$(\cdots (M_1\ M_2) \cdots M_n)$ は $M_1\ M_2\ \cdots\ M_n$ と書く．

問 1.4.1 上記の例の5番目のラムダ式は，$\lambda x.x\ y\ \lambda y.y$ と書ける．他の例のラムダ式についても括弧を省略して表記せよ．

ラムダ抽象 $\lambda x.M$ における x は，関数の仮引き数を表わすにすぎず，x の名前自身は重要ではない．したがって例えば，$\lambda x.x$ は $\lambda y.y$ と同じ意味である．このような変数を**束縛変数**と呼ぶ．束縛変数は，種々の取りうる値とその結果の依存関係を示すために導入された，仮の名前である．例えば，論理式 $\forall x.P(x)$ における x や，積分式 $\int f(x)dx$ における x も同様の働きをする束縛変数である．束縛されていない変数を**自由変数**と呼ぶ．自由変数は，文脈によって決まる特定の値を表わす変数であり，勝手に名前を替えることは許されない．ラムダ式 M に含まれる自由変数の集合 $FV(M)$ は，式の生成に関して再帰的に以下のように定義される．

$$FV(x) = \{x\}$$
$$FV(M_1\ M_2) = FV(M_1) \cup FV(M_2)$$
$$FV(\lambda x.M) = FV(M) \setminus \{x\}$$

ラムダ式に対する最も基本的な操作は，ラムダ式の変数への代入，すなわちラムダ式に現われる自由変数を，与えられた別のラムダ式で置き換える操作である．ラムダ式 M の中の自由変数 x をすべて N で置き換えて得られるラムダ式を，$[N/x]M$ と書く．$[N/x]M$ の定義は，M がラムダ抽象以外の場合はほぼ自明であるが，M がラムダ抽象の場合は注意が必要である．

例えば，以下の置き換えを考えてみよう．

$$[(y\ z)/x](\lambda y.x\ y)$$

$\lambda y.x\ y$ の中の x を単純に $(y\ z)$ で置き換えると $\lambda y.(y\ z)\ y$ となる．この置き換えの結果，$(y\ z)$ の中の自由変数 y が束縛変数に変わってしまい，y の意味が変わってしまっている．この現象を**自由変数の捕捉**と呼ぶ．これを防ぐために，自由変数が捕捉される恐れがある場合は，その原因となっている束縛変数の名前の付け替えを行う必要がある．上記の例では，変数 y の捕捉を防ぐために，今までに使用されていない名前 w を選び，$\lambda y.x\ y$ の束縛変数 y の名前を付け替え，$\lambda w.x\ w$ とした後，x の置き換えを行い，$\lambda w.(y\ z)\ w$ を得る．束縛変数は，仮引き数であることを示す仮の名前であり，名前を付け替えても意味が変わらないから，以上の処理によって，式の意味を変えずに，自由変数の捕捉を防ぐことができる．

以上の処理を含んだ $[N/x]M$ の定義は以下のように与えられる．

$$[N/x]x = N$$
$$[N/x]y = y \quad (x \neq y)$$
$$[N/x](M_1\ M_2) = ([N/x]M_1\ [N/x]M_2)$$
$$[N/x](\lambda y.M) = \begin{cases} \lambda x.M & (x = y) \\ \lambda y.[N/x]M & (x \neq y, y \notin FV(N)) \\ \lambda z.[N/x]([z/y]M) & (x \neq y, y \in FV(N)\ \text{かつ} \\ & \quad z \notin FV(M), z \notin FV(N)) \end{cases}$$

ラムダ抽象の最後のケースで導入される z は，自由変数の捕捉を防ぐために導入された新しい束縛変数である．新しい束縛変数は，任意の，しかし一定の仕方で選ぶものとする．変数は可算無限個存在するから，必要な変数 z は常に存在し，ラムダ式の代入は，任意のラムダ式に対して定義される．

代入の定義を使って，束縛変数の名前の付け替えによって得られるラムダ

式間の関係を以下のように定義する．

(α)　　　$\lambda x.M = \lambda y.[y/x]M$　　　$(y \notin FV(M))$

この規則によって生成される同値関係を α **同値関係**と呼ぶ．ラムダ式は，この同値関係の下で考える．以降 $M = N$ と書いた場合，M と N は，α 同値関係によって等しいことを表わすものとする．すなわち，$M = N$ は，N が，規則 (α) を M の一部に 0 回以上適用して得られることを表わす．

ラムダ式に対する基本的な操作は，以下の β **簡約公理**で表わされる．

(β)　　　$(\lambda x.M)\, N \Longrightarrow [N/x]M$

ラムダ式 M の一部に上記の規則を適用してラムダ式 N が得られるとき，M は N に **1 ステップで簡約**されるといい，

$$M \longrightarrow N$$

と書くことにする．ラムダ計算の表現する計算の基本である (β) **簡約関係**は，この 1 ステップ簡約関係の反射的推移的閉包 $M \stackrel{*}{\longrightarrow} N$ である．この関係は，M に 0 回以上の 1 ステップ簡約を施して N が得られることを表わす．$M \longrightarrow N$ となる N が存在しないとき，M は**正規形**（normal form）であるという．$M \stackrel{*}{\longrightarrow} N$ でかつ N が正規形であるとき，$M \Downarrow N$ と書く．さらに，与えられた M に対して $M \Downarrow N$ となる N が存在するとき，$M \Downarrow$ と書く．正規形のラムダ式は，これ以上計算する余地のない式であり，プログラムの最終結果の表現と見なすことができる．

関係 $M \Downarrow N$ が，ラムダ計算におけるプログラムの行う計算のモデルである．以下の定理が，この見方の妥当性を保証している．

命題 1.4.1　任意のラムダ式 M について，$M \Downarrow N_1$ かつ $M \Downarrow N_2$ なら，$N_1 = N_2$ である．

この命題は，以下の定理の直接の帰結である．

定理 1.4.1 (合流性)　任意のラムダ式 M について，もし $M \stackrel{*}{\longrightarrow} N_1$ かつ $M \stackrel{*}{\longrightarrow} N_2$ なら，$N_1 \stackrel{*}{\longrightarrow} N_3$, $N_2 \stackrel{*}{\longrightarrow} N_4$ かつ $N_3 = N_4$ となる N_3, N_4 が

存在する．

この定理の証明には，種々の準備が必要であり，ここでは省略する．興味のある読者は，前に挙げたラムダ計算に関する教科書を参照．なかでも文献 [62] で与えられている証明が，最も簡潔で分かりやすい証明と思われる．

問 1.4.2 命題 1.4.1 が定理 1.4.1 の直接の帰結であることを確かめよ．

1.4.2 汎用な計算モデルとしての型無しラムダ計算

ラムダ計算は，以上のような簡単な構造を持つシステムではあるが，その表現力は極めて高く，汎用の計算のモデルとして十分に強力なシステムである．ラムダ計算の表現力に関する厳密な分析は，計算モデルに関する他の著書に譲り，ここでは，ラムダ計算の表現力を具体的に示すにとどめる．

まえがきで述べたように，情報処理システムの基本は，人間が情報を言葉で表現するように，情報を，有限なシンボル列（すなわち形式言語における文）で表現し，その有限なシンボル表現を処理することである．情報を有限なシンボル列で表現することを**コード化**といい，表現されたものをコードという．ラムダ計算が，プログラムの表現する計算のモデルたりうるためには，プログラムが使用するすべての情報を，ラムダ式にコード化可能でなければならない．以下，種々の代表的なデータ構造がラムダ式にコード化可能であることを示す．基本的な考え方は，データ構造が表現すべき「ふるまい」そのものを関数として表現することである．

論理値

論理値は真（$true$）と偽（$false$）の二つの異なる値である．プログラミング言語におけるそのふるまいは真偽の判定であり，以下のような関数定義によって特徴付けられる．

$$F(b) = \begin{cases} x & (b \text{ が } true \text{ のとき}) \\ y & (b \text{ が } false \text{ のとき}) \end{cases}$$

論理値 b は，上記のようなふるまいそのものと考えることにより，任意の x と y が与えられると $F(b)$ の値を返すような関数として表現可能である．こ

の考えに従い，論理値 b の型無しラムダ計算におけるコード $\bar{b}$ を

$$\overline{true} = \lambda x.\lambda y.x$$
$$\overline{false} = \lambda x.\lambda y.y$$

と定義することができる．条件判定式は以下のように表現できる．

$$Cond = \lambda b \lambda A.\lambda B.b\ A\ B$$

このコード化は，任意の A と B について

$$Cond\ \overline{true}\ A\ B \xrightarrow{*} A$$
$$Cond\ \overline{false}\ A\ B \xrightarrow{*} B$$

を満たすから，確かに論理値としてふるまうことが確認できる．

問 1.4.3 抽象的には，論理値は単に二つの要素からなる集合である．論理値のコード化を一般化し，n 個の要素の集合 $X = \{x_1, \ldots, x_n\}$ の各要素，および，X の要素 x の種類を判定し，もし x_i なら処理 A_i に分岐する演算 $Switch$ を表わすラムダ式を定義せよ．

自然数

自然数は，抽象的には，「零」と「次の自然数」という概念から生成されるものであり，プログラミング言語におけるそのふるまいは，以下のような自然数上の関数定義によって特徴付けられる．

$$F(n) = \begin{cases} z & (n \text{ が零のとき}) \\ f(F(n_0)) & (n \text{ が } n_0 \text{ の次の自然数のとき}) \end{cases}$$

ここで f と z は，関数 F を特徴付ける与えられた関数および定数である．自然数を上記のようなふるまいそのものと考えると，自然数 n は，任意の f と z が与えられると $F(n)$ の値を返すような関数として表現可能である．この考えに従い，自然数 n の型無しラムダ計算におけるコード $\bar{n}$ を

$$\bar{0} = \lambda f.\lambda z.z$$
$$\bar{1} = \lambda f.\lambda z.f\ z$$

$$\overline{2} = \lambda f.\lambda z.f(f\ z)$$
$$\vdots$$
$$\overline{n} = \lambda f.\lambda z.f^n\ z$$
$$\vdots$$

と定義することができる．ここで，$f^n\ z$ は，$\underbrace{(f(f\cdots(f\ z)\cdots))}_{n\ 個の\ f}$ の略記法とする．

このコード化によって，自然数を使ったプログラムをラムダ計算で表現できることが確かめられる．例えば，次の自然数を求める関数 $Succ$ は，コードの構造を考えれば

$$Succ = \lambda n.\lambda f.\lambda z.f(n\ f\ z)$$

と定義できる．

問 1.4.4 $Succ\ \overline{n} \Downarrow \overline{n+1}$ であることを確かめよ．

与えられた自然数 m に n を加える演算 f_n は

$$f_n(m) = \begin{cases} n & (m\ が零のとき) \\ f_n(m_0)+1 & (m\ が\ m_0\ の次の自然数のとき) \end{cases}$$

と表わせることを考えると，加法演算は以下のように表現できることがわかる．

$$Add = \lambda m.\lambda n.m\ Succ\ n$$

同様にして $m \times n$, n^m をそれぞれ計算する関数 Mul, Exp および与えられた自然数が零か否かをテストする関数 $IsZero$ も，その意味を考えることによって，以下のように定義できる．

$$Mul = \lambda m.\lambda n.m\ (Add\ n)\ \overline{0}$$
$$Exp = \lambda m.\lambda n.m\ (Mul\ n)\ \overline{1}$$
$$IsZero = \lambda n.n\ (\lambda x.\overline{false})\ \overline{true}$$

問 1.4.5 任意の m, n について

$$Add\ \overline{m}\ \overline{n} \Downarrow \overline{m+n}$$
$$Mul\ \overline{m}\ \overline{n} \Downarrow \overline{m \times n}$$
$$Exp\ \overline{m}\ \overline{n} \Downarrow \overline{n^m}$$
$$IsZero\ \overline{0} \Downarrow \overline{true}$$
$$IsZero\ \overline{m} \Downarrow \overline{false}\quad (m > 0)$$

となることを示せ.

少々複雑になるが, 減算 Sub や他の自然数演算も定義可能であり, さらに後に説明する再帰的関数の定義機構と組み合わせれば, 自然数上の計算可能なすべての関数を, ラムダ式で表現できることが示せる.

問 1.4.6 上で与えた Exp の定義は, Mul を使って定義されている. この定義は理解しやすいが, 計算の効率を考えると, 最適な定義とはいえない. 自然数のコードの構造を考えれば, n^m を計算するラムダ式は, $m \geq 1$ に対しては, Exp 以外にも, より効率のよい以下のコードが存在する.

$$Exp2 = \lambda m.\lambda n.m\ n$$

1. $m \geq 1$ なら, $Exp2\ \overline{m}\ \overline{n} \Downarrow \overline{n^m}$ となることを示せ.
2. 実際に $Exp\ \overline{2}\ \overline{3}$ および $Exp2\ \overline{2}\ \overline{3}$ を計算し, 両者を比較せよ.
3. $Exp2$ の例を参考にして, 可算, 乗算関数 $Add2, Mul2$ を, それぞれ $Succ, Add$ を使用せずに直接定義し, 上記同様に Add, Mul との比較を行え.

n 個の要素の組

プログラムでよく使用される n 個の要素からなる組は, 各 i 番目の要素を取り出す射影操作 $Proj_i^n$ が定義されたデータ構造である. したがってそのふるまいに注目すれば, 組は, 射影関数 $Proj_i^n$ を受け取り, 組の中の i 番目の要素を返す関数と考えることができる. この考え方に従い, 組構成関数 $Prod^n$ および射影関数 $Proj_i^n$ を, 以下のようにコード化可能である.

$$Prod^n = \lambda x_1.\ldots.\lambda x_n.\lambda P.P\ x_1 \cdots x_n$$
$$Proj_i^n = \lambda x_1.\ldots.\lambda x_n.x_i$$

24　第1章　プログラミング言語のモデル

このコード化が組の表現になっていることは，以下の性質により確認できる．

$$(Prod^n \ M_1 \ \cdots \ M_n) \ Proj_i^n \stackrel{*}{\longrightarrow} M_i$$

再帰的関数定義

再帰的な関数定義は，複雑なプログラムを書く上で必須の機構である．再帰的関数定義の文法を $fun \ f \ x = M$ と書くことにすると，例えば自然数の階乗を求める関数は通常，再帰的に以下のように定義される．

$$fun \ fact \ n \ = \ if \ iszero(n) \ then \ 1 \ else \ n * (fact \ (n-1))$$

この定義は，定義しようとしている関数 $fact$ が関数本体の中に現われているから，再帰的な定義である．もし $fact$ がすでに定義されていると仮定すれば，この定義の右辺は，これまでに定義したラムダ式へのコード化を用いて，以下のラムダ式で表現可能である．

$$Cond \ (IsZero \ n) \ \overline{1} \ (Mul \ n \ (fact \ (Sub \ n \ \overline{1})))$$

$fact$ は，この式の仮引き数 n をラムダ抽象して得られる関数と等しいはずである．以下，本項での説明のために，二つの型無しラムダ式 N と M の意味が等しいことを $M =_\beta N$ と書くことにする．（$=_\beta$ は，以降の本書の議論で使用することは無いので，その厳密な定義は省略する．）$fact$ を，ラムダ式を代表するメタ変数と考えると，$fact$ の再帰的定義は，以下の等式を満たすラムダ式と解釈できる．

$$fact =_\beta \lambda n.Cond \ (IsZero \ n) \ \overline{1} \ (Mul \ n \ (fact \ (Sub \ n \ \overline{1})))$$

以上の洞察から，再帰的な関数定義 $fun \ f \ x = M$ は，変数 f を含むラムダ式 $\lambda x.M$ が与えられたとき，f を未知数とする等式 $f =_\beta \lambda x.M$ を満たすラムダ式 N を求めるような操作と解釈できる．$F = \lambda f.\lambda x.M$ とおくと，$F \ N \longrightarrow [N/f]M$ であるから $F \ N$ と $[N/f]M$ は同一の意味を持つと見なせる．したがって，求めるラムダ式 N は，

$$F \ N =_\beta N$$

を満たすラムダ式と考えることができる．N は F を作用させても変化しない式であるから，F の**不動点**と呼ばれる．すると，与えられたラムダ式 F から F の不動点を計算する演算が，それ自身ラムダ式として定義できれば，任意の再帰的関数がラムダ式として定義可能となるはずである．そのような演算子を**不動点演算子**と呼ぶ．Y が不動点演算子であれば，$(Y\ (\lambda f.\lambda x.M))$ は

$$Y\ (\lambda f.\lambda x.M)) =_\beta (\lambda f.\lambda x.M)(Y\ (\lambda f.\lambda x.M))$$
$$=_\beta [(Y\ (\lambda f.\lambda x.M))/f]\lambda x.M$$

を満たし，したがって，再帰的関数定義が表現する等式

$$f =_\beta \lambda x.M$$

の解の条件を満たす．実際に，不動点演算子が幾つか知られている．以下は Turing の不動点演算子と呼ばれるものである．

$$Y_{Turing} = (\lambda z.\lambda x.x\ (z\ z\ x))\ (\lambda z.\lambda x.x\ (z\ z\ x))$$

問 1.4.7 ラムダ計算における関数は，グラフとしての関数ではなく，入力から出力を計算する手続きの表現である．この観点から，再帰的関数定義 $fun\ f\ x = M$ は，等式

$$f =_\beta \lambda x.M$$

ではなく，関数定義の本体に現われる関数名 f を，その定義で置き換える以下の書き換え規則と考えるのがより妥当である．

$$f \longrightarrow \lambda x.M$$

Y が

$$Y\ M \longrightarrow M(Y\ M)$$

を満たせば，上記の書き換え規則を実現することを確かめよ．

 Y_{Turing} は，任意の M に対して $Y_{Turing}\ M \longrightarrow M(Y_{Turing}\ M)$ を満たすことを示せ．

この演算子の存在により，再帰的な関数定義は，ラムダ計算の中で定義可能であることが示される．例えば，再帰的に定義された関数 $fact$ は以下の

ラムダ式で表現できる.

$$fact = Y_{Turing}\ (\lambda fact.\lambda n.Cond\ (IsZero\ n)\ \overline{1}\ (Mul\ n\ (fact\ (Sub\ n\ \overline{1}))))$$

問 1.4.8 $fact\ \overline{3} \Downarrow \overline{6}$ となることを確かめよ.

　以上のような表現力を持つラムダ計算は，チューリング機械や部分帰納的関数と同等の表現力を有していることが証明されており，およそ有限の記述が可能で機械的に実行できる計算をすべて表現することができると見なされている．さらにラムダ計算は具体的な式を扱うシステムであり，プログラミング言語との親和性も高く，プログラミング言語の原理を分析するための基礎として最も適したモデルといえる．

1.4.3　ラムダ計算に基づくプログラミング言語のモデル

　ラムダ計算は，以上見てきたように十分に強力な表現力を持つが，前節で定義した型無しラムダ計算は，プログラミング言語の持つべきプログラムの記述システムとしては必ずしもふさわしいものとはいえない．例えば，前節では，ラムダ式 $\lambda x.\lambda y.y$ が，（1）自然数の零，（2）論理値 $false$，（3）二つの要素からなる組からその二番目の要素を取り出す演算の，三つのまったく異なったもののコードとして使用されることを示した．このように，ラムダ式のみでは，それが表現する機能は不明確であり，大規模なプログラムに対応する長大なラムダ式の，プログラムとしての意味を読み取ることはほとんど不可能といってよい．これは，ちょうど，von Neumann 計算機のメモリ上の膨大なビット列として表現されたプログラムが，何を意味しているか読み取れないことに類似する．

　ソフトウェア記述システムとしてのプログラミング言語は，単なる実行可能なコードの記述にとどまらず，コードが表現する計算の意図する性質やその構造をも表現するものでなければならない．そのようなプログラミング言語の数学的モデルにふさわしいシステムは，以上説明してきた（型無し）ラムダ計算に，**型**の概念を導入した**型付きラムダ計算**である．ラムダ式の型とはラムダ式が表現する計算の性質の記述である．ラムダ式に型を与えることにより，ラムダ式の使い方に制約が加えられ，ラムダ式で書かれたプログ

ラムの意味およびその構造が明確になり，大規模なシステムを安全にかつ効率よく記述することが可能になる．本書の目的は，種々の型付きラムダ計算の性質の分析を通じて，プログラミング言語の基本原理を学習し，プログラミング言語の設計や分析の基礎を習得することである．

最も基本的な型の概念は，整数集合や文字列集合等の同一の性質を持つ値の集合である．これらの型を**基底型**と呼ぶ．プログラミング言語の基本的なモデルは，これら基底型を関数計算系であるラムダ計算に埋め込んだシステムである．計算のどのような性質を型として導入するかによって，種々の表現力の違う型付きラムダ計算が存在する．最も単純なシステムは，基底型と高階の（すなわち値として扱うことの可能な）関数の型を含んだ，単純な型付きラムダ計算である．第2章では，単純な型付きラムダ計算を定義し，その種々の性質を詳しく分析する．この基本的なシステムに，種々のデータを定義し利用するための再帰的データ型や，汎用性のあるプログラムを定義可能にする多相型，型の自動推論機構等を導入することによって，高水準プログラミング言語のモデルを作ることができる．第3章では，型付きラムダ計算の基本的な枠組みの中で直接定義可能な以下の機能を解説する．

1. レコード型やバリアント型などの構造を持つデータ構成子．
2. リストや木構造等を定義するための再帰的データ型．
3. 再帰的関数定義．
4. ユーザ定義のデータ型とパターンマッチング．
5. 参照型と継続計算．

以上の拡張によって得られるプログラミング言語のモデルは，高階の関数やユーザ定義のデータ型，継続計算等の高度な機能を含んでいるものの，型付けの基本的な戦略は，PASCALなどの伝統的なプログラミング言語の型システムとほぼ同一である．これら伝統的な型付きプログラミング言語は，静的な型チェックがなされるためプログラムの信頼性が高いものの，LISPやSmalltalkなどの型無し言語に比べると，多くの型宣言を必要とするためプログラミングが面倒であり，また型の制約のため汎用の手続きが書けず柔軟性に欠けるという欠点がある．

幸い，これら二つの欠点は，プログラミング言語の理論的研究によって，ほぼ克服することが可能になっている．Hindley と Milner によって確立された型推論の理論は，型宣言を省略したプログラムテキストから，そのプログラムが持つ最も一般的な型を自動的に推論することを可能にした．また Girard および Reynolds によって提案された多相型の理論は，プログラムの持つ汎用性を型として表現することを可能にした．これら二つを取り入れ，単純な型付きラムダ計算を拡張するならば，上に述べた単純な型システムの弱点を克服した型付きプログラミング言語のモデルが構築可能である．第 4 章では，単純な型付きラムダ計算の型推論の原理を解説する．続いて第 5 章で，多相型を含んだラムダ計算を解説し，さらに型推論システムと多相型を統合した型システムの原理を解説する．以上の拡張は，すべて，まえがきで紹介した Standard ML に取り入れられている．5.6 節では，プログラミング言語 Standard ML を紹介する．

以上のラムダ計算の型システムに基づくプログラミング言語のモデルの理論とは独立に，オブジェクト指向プログラミングの考え方に基づくプログラミング言語がいくつか提案され，実装されている．現在のところオブジェクト指向プログラミングの基礎理論が確立しているとはいい難いが，オブジェクト指向プログラミング言語の実装実験を通じ種々の一般性ある有用な概念が提案され，プログラミング言語の基礎理論の研究にも大きな影響を与えた．そのなかで実用上重要と思われる成果に，サブタイプ (subtype) および多相型レコード計算に関する理論がある．第 6 章ではこれら二つの理論を紹介する．

第2章 型付きラムダ計算

本章では，種々のデータを定数として含む，単純な型付きラムダ計算 Λ を定義し，その諸性質を分析する．

2.1 定数と基底型の導入

前章において，ラムダ計算は自然数や論理値データおよびその操作を表現できることを学んだが，それ以外にもおよそ計算可能な任意のデータ構造が表現可能である．そこで，既存のデータおよびそれらに対する基本演算は，すでに定数および定数関数として与えられていると仮定してよい．ラムダ計算に基づく計算モデルの理論では，それら定数は，その定数を表現するラムダ式の名前に相当するが，以下本書では，それら定数の内部構造は分析の対象とせず，それらを与えられた原子定数として扱う．

最も基本的な型の概念は，これら定数が表現する整数や論理値等の同一の性質を持ったデータの集合である．既存のデータの集合の名前を**基底型**と呼び，メタ変数 b で表わす．B を基底型の集合とする．すべての定数は，それがどのように実現されているかにかかわらず，唯一の型を持つと仮定する．型 b を持つ原子定数をメタ変数 c^b で代表する．同様に，すべての定数関数は，唯一の使われ方，すなわちその型が定義されていると仮定する．本書では，関数定数を，基底型上の関数に限定する．型がそれぞれ $b_1, \ldots, b_n$ である n 個の引き数を取り，型 b の結果を返す関数定数をメタ変数 $c^{b_1 \times \cdots \times b_n \to b}$ で表わす．関数を引き数とする関数などの，より一般的な型を持つ定数も自

由に許す体系も可能であるが，操作的意味論などの扱いがやや繁雑になるので，本書では，原子定数，およびそれらに対する（一階の）関数のみを含む計算系を考える．これから定義する型付きラムダ計算は，高階の関数の定義システムであるため，この条件によって，プログラミング言語のモデルとしての表現力が損なわれることはない．以下，原子定数 c^b および定数関数 $c^{b_1 \times \cdots \times b_n \to b}$ の型添え字は，文脈から明らかな場合や特に必要が無い場合は省略することにする．

以下，基底型の集合 B，および型付き定数の集合 C が与えられているものとして，それらを含む計算系として型付きラムダ計算を定義する．例えば，整数を含める場合は，以下のような定数や規則の存在を仮定すればよい．

1. 整数集合を表わす基底型 $int \in B$.
2. 整数定数の集合 $\ldots, -1, 0, 1, \ldots, n, \ldots \in C$.
3. $plus^{int \times int \to int}, times^{int \times int \to int} \in C$ 等の整数演算定数の集合．

問 2.1.1 一定の操作が定義されたデータの集合は代数と見なすことができる．通常数学で扱われる群や体などの代数は，一種類のデータを含む代数であるが，複数の基底型を含む計算系は，データが複数種類存在する**多ソート代数**に相当する．C を定数の集合，F を定数関数の集合とする．(B, C, F) によって決定される多ソート代数を，以下の構造を持つ組 $(\mathcal{A}, \mathcal{C}, \mathcal{F})$ と定義する．

- $\mathcal{A}$ は B の要素で添え字付けられた（空でない）集合の集合 $\{A^b | b \in B\}$.
- $\mathcal{C}$ は C の要素で添え字付けられた定数の集合 $\{\overline{c} | c \in C\}$ でかつ $\overline{c^b} \in A^b$ を満たす．
- $\mathcal{F}$ は F の要素で添え字付けられた関数の集合 $\{\overline{f} | f \in F\}$ でかつ $\overline{f^{b_1 \times \cdots \times b_n \to b}} \in A^{b_1} \times \cdots \times A^{b_n} \to A^b$ を満たす．

各基底型 b に対して少なくとも一つの定数 c^b が存在すると仮定する．定数および定数関数によって構成される基底型で添え字付けられた集合の集合 $\{T^b\}$ を以下のように帰納的に定義する．

- 各原子定数 c^b は，T^b の要素である．
- $a_1, \ldots, a_n$ がそれぞれ T^{b_i} の要素であれば，$f^{b_1 \times \cdots \times b_n \to b}(a_1, \ldots, a_n)$ は T^b の要素である．

T^b の要素を（型 b を持つ）代数項と呼ぶ．$\{T^b\}$ が多ソート代数を構成することを確かめよ．

各定数関数 $f^{b_1 \times \cdots \times b_n \to b}$ について，任意の $c_1^{b_1}, \ldots, c_n^{b_n}$ に対して，唯一の c^b が

あって，

$$f(c_1^{b_1},\ldots,c_n^{b_n}) = c^b$$

となるような規則が定められているものとする．この規則，および推論規則

$$x_i = y_i (1 \leq i \leq n) \Longrightarrow f(x_1,\ldots,x_n) = f(y_1,\ldots,y_n)$$

が生成する最小の同値関係を $\cong$ と書き，この同値関係に関する N の同値類を $[N]$ と書く．各 b に対して集合 $T^b/\cong$ を以下のように定義する．

$$T^b/\cong\, = \{[N] | N \in T^b\}$$

集合 $\{T^b/\cong\}$ は多ソート代数を構成することを示せ．

$\{T^b\}$ から構成される多ソート代数から $\{T^b/\cong\}$ から構成される多ソート代数への準同型写像が唯一存在することを証明せよ．

2.2 単純な型付きラムダ計算 Λ の定義

本章で定義する型付きラムダ計算を Λ と書くことにする．Λ の型の集合 Types は以下の文法で与えられる．

$$\tau ::= b \mid (\tau \times \cdots \times \tau) \mid (\tau \to \tau)$$

$(\tau_1 \times \cdots \times \tau_n)$ は型がそれぞれ $\tau_1,\ldots,\tau_n$ である n 組型，$(\tau_1 \to \tau_2)$ は型 τ_1 の引き数を受け取り型 τ_2 の結果を返す関数型を表わす．例えば，

$$((int \times int) \to (int \to int))$$

は整数の組を受け取り整数関数を返す高階の関数型である．型表記上の約束として，関数型構成子 $\to$ は右結合し，組型より結合力が弱いと約束する．この約束のもとで，括弧を適宜省略する．例えば $((\tau_1 \times \tau_2) \to (\tau_3 \to \tau_4))$ は $\tau_1 \times \tau_2 \to \tau_3 \to \tau_4$ と書ける．

Λ の式の集合は以下の文法で与えられる．

$$M ::= c^\tau \mid x \mid \lambda x : \tau.M \mid MM \mid (M,\ldots,M) \mid M.i$$

ここで x は可算無限個の変数の集合 Var を代表するメタ変数，$\lambda x : \tau.M$ は，

仮引き数 x の型 τ を明示的に示したラムダ抽象，$M_1 M_2$ は関数適用である．$(M_1,\ldots,M_n)$ は，式 $M_1,\ldots,M_n$ で表わされる n 個のデータの組，$M.i$ は式 M が表わす n 組の i 番目の要素を取り出す演算を表わす．

ラムダ式 M に含まれる自由変数 $FV(M)$ の定義およびラムダ式の変数への代入 $[N/x]M$ の定義は，型無しラムダ計算の場合の定義に以下の規則を追加したものである．

$$FV(c) = \emptyset$$
$$FV((M_1,\ldots,M_n)) = FV(M_1) \cup \cdots \cup FV(M_n)$$
$$FV(M.i) = FV(M)$$

$$[N/x]c = c$$
$$[N/x](M_1,\ldots,M_n) = ([N/x]M_1,\ldots,[N/x]M_n)$$
$$[N/x](M.i) = ([N/x]M).i$$

以上のラムダ式が型を持つ条件を定義するシステムが，Λ の型システムである．ラムダ式は一般に自由変数を含むから，ラムダ式の型は自由変数の型付けに依存する．自由変数の型付けは，変数の有限集合から型集合への関数である**型環境** Γ で与えられる．型環境 Γ の下でラムダ式 M が型 τ を持つという性質を，以下の形の**型判定**として表わす．

$$\Gamma \triangleright M : \tau$$

Λ の型システムは，型判定が成立するか否かを決定するシステムであり，M の文法構造に基づく型判定の導出システムとして定義される．本書では，導出システムを，論理学の自然演繹システムの枠組みを用いて，以下の形をした型付け規則と呼ばれる推論規則の集合として与えられる．

$$\text{(rule)} \quad \frac{\Gamma_1 \triangleright M_1 : \tau_1 \cdots \Gamma_n \triangleright M_n : \tau_n}{\Gamma \triangleright M : \tau}$$

この規則は，「式 M_i がそれぞれ型環境 Γ_i の下で型 τ_i を持つならば，式 M

(const)　　$\Gamma \triangleright c^\tau : \tau$

(var)　　$\Gamma \triangleright x : \tau \quad (\Gamma(x) = \tau)$

(abs)　　$\dfrac{\Gamma\{x:\tau_1\} \triangleright M : \tau_2}{\Gamma \triangleright \lambda x : \tau_1.\,M : \tau_1 \to \tau_2}$

(app)　　$\dfrac{\Gamma \triangleright M_1 : \tau_1 \to \tau_2 \quad \Gamma \triangleright M_2 : \tau_1}{\Gamma \triangleright M_1\,M_2 : \tau_2}$

(prod)　　$\dfrac{\Gamma \triangleright M_i : \tau_i\ (1 \leq i \leq n)}{\Gamma \triangleright (M_1,\ldots,M_n) : \tau_1 \times \cdots \times \tau_n}$

(proj)　　$\dfrac{\Gamma \triangleright M : \tau_1 \times \cdots \times \tau_n}{\Gamma \triangleright M.i : \tau_i} \quad (1 \leq i \leq n)$

図 2.1　Λ の型判定導出システム

は型環境 Γ の下で型 τ を持つ」という規則を意味する．上段の条件がない規則は常に成り立つ型判定を表わし，型判定導出システムの公理である．Λ の型判定導出システムを図 2.1 に示す．規則 (const) と (var) は，変数と定数に関する自明の型付け規則である．規則 (abs) は，関数 $\lambda x : \tau_1.\,M$ が関数型 $\tau_1 \to \tau_2$ を持つのは，仮引き数の型を τ_1 と仮定したとき，関数本体 M が型 τ_2 を持つときであるという性質を，規則として述べたものである．規則 (app) は，関数が，その定められた型に合った値にのみ適用可能であり，その結果は関数の値の型を持つことを形式的に述べたものである．規則 (prod) および (proj) は，組型に関する自然な性質である．

　型判定 $\Gamma \triangleright M : \tau$ が成立するのは，以上の規則を有限回用いて公理 (var) と (const) から導出できるときである．$\Gamma \triangleright M : \tau$ がこのシステムで導出可能であるとき，$\Lambda \vdash \Gamma \triangleright M : \tau$ と書く．図 2.2 に型判定導出の例を示す．型判定の**導出の大きさ**を，導出のために使用された型付け規則の適用回数とする．図 2.2 の導出の大きさは 5 である．

　これらの規則は，そこに現われる Γ, τ, i などのメタ変数を任意に置き換えて得られる任意の規則を代表する規則のスキーマであることに注意する必

$$\frac{\{f:int\to int, x:int\} \triangleright x:int \quad \{f:int\to int, x:int\} \triangleright f:int\to int}{\dfrac{\{f:int\to int, x:int\} \triangleright f\ x:int}{\dfrac{\{f:int\to int\} \triangleright \lambda x:int.f\ x:int\to int}{\emptyset \triangleright \lambda f:int\to int.\lambda x:int.f\ x:(int\to int)\to int\to int}\,(abs)}\,(abs)}\,(app)$$

図 2.2 Λ における型判定の導出の例

要がある．特に，規則 (abs) では，$\Gamma\{x:\tau_1\}$ の定義により，前提となる型判定から，x の型付けが異なる種々の型判定が導かれる．この性質により，$\lambda x:\tau_1.\ldots(\lambda x:\tau_2.M)\ldots$ の形をした式の型付けが可能になる．この式において，$(\lambda x:\tau_2.M)$ の外側では，x は型 τ_1 を持つが，M の中では型 τ_2 を持つ．この性質は，プログラミング言語の**変数の静的スコープ規則**を表現している．ALGOL の伝統を受け継ぐ PASCAL や ML 等，近代的なプログラミング言語のほとんどは，関数定義等の入れ子を許す**ブロック構造**を持つ言語である．これら言語においては，同一の変数が関数の仮引き数などとして複数回宣言されることがありうる．変数の静的なスコープ規則は，複数回宣言された変数を使用した場合，その変数は，その変数の出現を囲む最も内側の宣言に対応させる規則である．

問 2.2.1 以上の規則 (abs) に関する注意に留意し，型判定

$$\emptyset \triangleright \lambda x:int.(x, \lambda x:bool.x) : int \to int \times (bool \to bool)$$

の導出を示せ．

型判定に関する性質を帰納的に証明するために，型判定の導出の大きさを，導出の中で使われた規則の数とする．導出システムの定義から，以下の性質が直ちに証明できる．

補題 2.2.1 与えられたラムダ式と型環境の組に対して，型判定の導出は高々一つしか存在しない．ラムダ式 M に対して型判定の導出が存在すれば，その導出の大きさとラムダ式 M の大きさ $|M|$ は等しい．

さらに，ラムダ式 M と型環境 Γ が与えられたとき，もし $\Lambda \vdash \Gamma \triangleright M : \tau$ なる型 τ があればそれを返し，なければ失敗を報告するアルゴリズムが定義できる．多くに教科書では，アルゴリズムの記述は手続き的な疑似言語で

なされるが，本書では，より宣言的な関数型言語のスタイルで記述する．すなわち，値を返す式の組み合わせによって，求めるアルゴリズムを関数として記述する．アルゴリズムの実行順序は，構文

$$let\ x = E_1\ in\ E_2$$

で記述する．この式は，まず E_1 を計算し，その結果に x と名前をつけ，E_2 を実行し，その結果を全体の結果として返す．もし E_1 が失敗すれば（つまり *failure* を返せば），この式全体も失敗するものと約束する．さらに，以下の略記法を用いる．

$$(let\ x_1 = E_1\ \cdots\ x_n = E_n\ in\ E)$$
$$= (let\ x_1 = E_1\ in\ let\ x_2 = E_2\ in \cdots in\ let\ x_n = E_n\ in\ E)$$

このような関数型言語のスタイルを用いた宣言的記述のほうが，複雑なアルゴリズムをより簡潔に記述でき，アルゴリズムの正しさ等の理論的分析にも適している．図 2.3 に，型環境 Γ とラムダ式 M を受け取り，M の Γ の下での型を返すアルゴリズム *Typing* の定義を示す．*Typing* は，式 M の構造に従い，自分自身を再帰的に使い M の部分式の型をそれぞれ計算し，それら求めた部分式の型から，M の式構成子の定義に従って，M 全体の型を計算する構造になっている．

以下の四つの性質は Λ の種々の証明に頻繁に使用される基本的なものである．

補題 2.2.2 もし $\Lambda \vdash \Gamma \triangleright M : \tau$ なら，$FV(M) \subseteq dom(\Gamma)$．

証明 式 M の構造に関する帰納法による．■

補題 2.2.3 もし $\Lambda \vdash \Gamma \triangleright M : \tau$ かつ $x \notin dom(\Gamma)$ なら，$\Lambda \vdash \Gamma\{x : \tau'\} \triangleright M : \tau$．

証明 式 M の構造に関する帰納法による．ラムダ抽象以外のケースは練習問題とする．

$Typing(\Gamma, c^\tau) = \tau$

$Typing(\Gamma, x) = \text{if } x \in dom(\Gamma) \text{ then } \Gamma(x) \text{ else } failure$

$Typing(\Gamma, \lambda x : \tau_1.M_1) = \text{let } \tau_2 = Typing(\Gamma\{x : \tau_1\}, M_1)$
$\qquad\qquad\qquad\qquad \text{in } \tau_1 \to \tau_2$

$Typing(\Gamma, M_1\ M_2) = \text{let } \tau_1 = Typing(\Gamma, M_1)$
$\qquad\qquad\qquad\qquad \tau_2 = Typing(\Gamma, M_2)$
$\qquad\qquad\qquad \text{in}$
$\qquad\qquad\qquad\qquad \text{if } \tau_1 = \tau_2 \to \tau_3 \text{ then } \tau_3 \text{ else } failure$

$Typing(\Gamma, (M_1, \ldots, M_n)) = \text{let } \tau_i = Typing(\Gamma, M_i)\ (1 \le i \le n)$
$\qquad\qquad\qquad\qquad\quad \text{in } \tau_1 \times \cdots \times \tau_n$

$Typing(\Gamma, M.i) = \text{let } \tau = Typing(\Gamma, M)$
$\qquad\qquad\qquad \text{in if } \tau = \tau_1 \times \cdots \times \tau_i \times \cdots \times \tau_n \text{ then } \tau_i \text{ else } failure$

図 2.3 Λ の型判定アルゴリズム

$\lambda x : \tau_1.M_1$ の場合．型システムの定義より，$\Lambda \vdash \Gamma\{x : \tau_1\} \rhd M_1 : \tau_2$ である．定義より，$(\Gamma\{x : \tau'\})\{x : \tau_1\} = \Gamma\{x : \tau_1\}$ である．よって，規則 (abs) より $\Lambda \vdash \Gamma\{x : \tau'\} \rhd \lambda x : \tau_1.M_1 : \tau_1 \to \tau_2$ である．

$\lambda y : \tau_1.M_1, x \ne y$ の場合．型システムの定義より，$\Lambda \vdash \Gamma\{y : \tau_1\} \rhd M_1 : \tau_2$ である．帰納法の仮定より，$\Lambda \vdash (\Gamma\{y : \tau_1\})\{x : \tau'\} \rhd M_1 : \tau_2$ である．$x \ne y$ であるから，$(\Gamma\{y : \tau_1\})\{x : \tau'\} = (\Gamma\{x : \tau'\})\{y : \tau_1\}$ である．よって，規則 (abs) より $\Lambda \vdash \Gamma\{x : \tau'\} \rhd \lambda y : \tau_1.M_1 : \tau_1 \to \tau_2$ である．■

補題 2.2.4 もし $\Lambda \vdash \Gamma \rhd M : \tau$ かつ $FV(M) \subseteq X$ なら，$\Lambda \vdash \Gamma|_X \rhd M : \tau$ である．

証明 練習問題とする． ∎

$y \notin dom(\Gamma)$ のとき，Γ の領域の要素 x を y に替えて得られる関数を $[y/x]\Gamma$ と書く．厳密には以下のように定義される．

$$[y/x]\Gamma = \begin{cases} \Gamma & (x \notin dom(\Gamma) \text{ のとき}) \\ \Gamma|_{\overline{x}}\{y : \Gamma(x)\} & (x \in dom(\Gamma) \text{ のとき}) \end{cases}$$

変数の名前替えに関して，以下の性質が成り立つ．

補題 2.2.5 もし $\Lambda \vdash \Gamma \triangleright M : \tau$ かつ $y \notin dom(\Gamma)$ なら，$\Lambda \vdash [y/x]\Gamma \triangleright [y/x]M : \tau$．

証明 式 M の構造に関する帰納法による．ラムダ抽象以外のケースは練習問題とする．

$\lambda x : \tau_1.M_1$ の場合．$x \notin dom(\Gamma)$ のときは，$[y/x]\Gamma = \Gamma, [y/x](\lambda x : \tau_1.M_1) = \lambda x : \tau_1.M_1$ であり，成立する．$x \in dom(\Gamma)$ と仮定する．$x \notin FV(\lambda x : \tau_1.M_1)$ であるから，補題 2.2.4 より，$\Lambda \vdash \Gamma|_{\overline{x}} \triangleright \lambda x : \tau_1.M_1 : \tau_2$ である．よって，補題 2.2.3 より $\Lambda \vdash \Gamma|_{\overline{x}}\{y : \Gamma(x)\} \triangleright \lambda x : \tau_1.M_1 : \tau_2$，すなわち，$\Lambda \vdash [y/x]\Gamma \triangleright [y/x](\lambda x : \tau_1.M_1) : \tau_2$ である．

$\lambda y : \tau_1.M_1, x \neq y$ の場合．型システムの定義より，$\Lambda \vdash \Gamma\{y : \tau_1\} \triangleright M_1 : \tau_2$ である．w を新しい変数とする．帰納法の仮定より，$\Lambda \vdash [w/y](\Gamma\{y : \tau_1\}) \triangleright [w/y]M_1 : \tau_2$ である．$y \notin dom(\Gamma)$ であるから，$[w/y](\Gamma\{y : \tau_1\}) = \Gamma\{w : \tau_1\}$ であり，$\Lambda \vdash \Gamma\{w : \tau_1\} \triangleright [w/y]M_1 : \tau_2$ である．$y \notin dom(\Gamma\{w : \tau_1\})$ であり，また，$[w/y]M_1$ の大きさは M_1 と等しいから，$[w/y]M_1$ に対しても帰納法の仮定が使えて，$\Lambda \vdash [y/x](\Gamma\{w : \tau_1\}) \triangleright [y/x]([w/y]M_1) : \tau_2$，すなわち $\Lambda \vdash ([y/x]\Gamma)\{w : \tau_1\} \triangleright [y/x]([w/y]M_1) : \tau_2$ である．規則 (abs) より $\Lambda \vdash [y/x]\Gamma \triangleright \lambda w : \tau_1.[y/x]([w/y]M_1) : \tau_1 \rightarrow \tau_2$ である．ラムダ式の代入の定義より，$\Lambda \vdash [y/x]\Gamma \triangleright [y/x](\lambda y : \tau_1.M_1) : \tau_1 \rightarrow \tau_2$ である． ∎

問 2.2.2 上記の二つの補題の残りのケースを証明し，それぞれの証明を完成させよ．

以上の性質を用いて，以下の重要な性質が証明できる．

補題 2.2.6 (型に関する代入補題) もし $\Lambda \vdash \Gamma\{x:\tau_1\} \triangleright M_1 : \tau_2$ かつ $\Lambda \vdash \Gamma \triangleright M_2 : \tau_1$ なら, $\Lambda \vdash \Gamma \triangleright [M_2/x]M_1 : \tau_2$ である.

証明 $\Lambda \vdash \Gamma\{x:\tau_1\} \triangleright M_1 : \tau_2$ かつ $\Lambda \vdash \Gamma \triangleright M_2 : \tau_1$ と仮定し, M_1 の構造に関する帰納法により証明する.

c の場合. $x \notin FV(c)$ であるから補題2.2.3および2.2.4 より, $\Lambda \vdash \Gamma \triangleright c : \tau_2$.

x の場合. 型システムの定義より $\tau_1 = \tau_2$ であるから, $\Lambda \vdash \Gamma \triangleright M_2 : \tau_2$, すなわち $\Lambda \vdash \Gamma \triangleright [M_2/x]x : \tau_2$.

$y\ (y \neq x)$ の場合. 補題2.2.3および2.2.4 より $\Lambda \vdash \Gamma \triangleright y : \tau_2$, すなわち $\Lambda \vdash \Gamma \triangleright [M_2/x]y : \tau_2$.

$\lambda x : \tau_2^1 . M_0$ の場合. $x \notin FV(\lambda x : \tau_2^1 . M)$ であるから, 補題2.2.3および2.2.4 より, $\Lambda \vdash \Gamma \triangleright \lambda x : \tau_2^1 . M_0 : \tau_2$, すなわち $\Lambda \vdash \Gamma \triangleright [M_2/x](\lambda x : \tau_2^1 . M_0) : \tau_2$ である.

$\lambda y : \tau_2^1 . M_0, x \neq y$ かつ $y \notin FTV(M_2)$ の場合. 型システムの定義より, ある τ_2^2 があって, $\tau_2 = \tau_2^1 \to \tau_2^2$, $\Lambda \vdash \Gamma\{x:\tau_1\}\{y:\tau_2^1\} \triangleright M_0 : \tau_2^2$ である. $x \neq y$ であるから $\Gamma\{x:\tau_1\}\{y:\tau_2^1\} = \Gamma\{y:\tau_2^1\}\{x:\tau_1\}$. 補題2.2.3および2.2.4 より $\Lambda \vdash \Gamma\{y:\tau_2^1\} \triangleright M_2 : \tau_1$. よって帰納法の仮定より, $\Lambda \vdash \Gamma\{y:\tau_2^1\} \triangleright [M_2/x]M_0 : \tau_2^2$. 規則 (abs) より, $\Lambda \vdash \Gamma \triangleright \lambda y : \tau_2^1 . [M_2/x]M_0 : \tau_2$, すなわち $\Lambda \vdash \Gamma \triangleright [M_2/x](\lambda y : \tau_2^1 . M_0) : \tau_2$ が成り立つ.

$\lambda y : \tau_2^1 . M_0, x \neq y, y \in FV(M_2)$ の場合. 型システムの定義より, ある τ_2^2 があって, $\tau_2 = \tau_2^1 \to \tau_2^2$, $\Lambda \vdash \Gamma\{x:\tau_1\}\{y:\tau_2^1\} \triangleright M_0 : \tau_2^2$ である. z をいずれの型判定にも現われない新しい変数とする. 補題2.2.5より, $\Lambda \vdash \Gamma|_{\overline{y}}\{x:\tau_1\}\{z:\tau_2^1\} \triangleright [z/y]M_0 : \tau_2^2$. $z \neq x$ であるから, $\Lambda \vdash \Gamma|_{\overline{y}}\{z:\tau_2^1\}\{x:\tau_1\} \triangleright [z/y]M_0 : \tau_2^2$. 補題2.2.3より $\Lambda \vdash \Gamma\{z:\tau_2^1\}\{x:\tau_1\} \triangleright [z/y]M_0 : \tau_2^2$. $z \notin FV(M_2)$ であるから, 補題2.2.3および2.2.4 より, $\Lambda \vdash \Gamma\{z:\tau_2^1\} \triangleright M_2 : \tau_1$. また, 式 $[z/y]M_0$ の大きさは M_0 と同一であるから, $[z/y]M_0$ に対する帰納法の仮定より, $\Lambda \vdash \Gamma\{z:\tau_2^1\} \triangleright [M_2/x]([z/y]M_0) : \tau_2^2$. 規則 (abs) より $\Lambda \vdash \Gamma \triangleright \lambda z : \tau_2^1 . [M_2/x]([z/y]M_0) : \tau_2$. 式の代入の定義より, $\Lambda \vdash \Gamma \triangleright [M_2/x](\lambda x : \tau_2^1 . M_0) : \tau_2$.

$M_1^1 \, M_1^2$ の場合. 型システムの定義より, ある τ_2^1 があって, $\Lambda \vdash \Gamma\{x : \tau_1\} \triangleright M_1^1 : \tau_2^1 \to \tau_2$ かつ $\Lambda \vdash \Gamma\{x : \tau_1\} \triangleright M_1^2 : \tau_2^1$. 帰納法の仮定より, $\Lambda \vdash \Gamma \triangleright [M_2/x]M_1^1 : \tau_2^1 \to \tau_2$ かつ $\Lambda \vdash \Gamma \triangleright [M_2/x]M_1^2 : \tau_2^1$. 規則 (app) より, $\Lambda \vdash \Gamma \triangleright [M_2/x]M_1^1 \, [M_2/x]M_1^2 : \tau_2$, すなわち $\Lambda \vdash \Gamma \triangleright [M_2/x](M_1^1 \, M_1^2) : \tau_2$.

$(M_1^1, \ldots, M_1^n)$ の場合. 型システムの定義より, ある $\tau_2^1, \ldots, \tau_2^n$ があって, $\tau_2 = \tau_2^1 \times \cdots \times \tau_2^n$ かつ $\Lambda \vdash \Gamma\{x : \tau_1\} \triangleright M_1^i : \tau_2^i \, (1 \leq i \leq n)$ である. 帰納法の仮定より, $\Lambda \vdash \Gamma \triangleright [M_2/x]M_1^i : \tau_2^i \, (1 \leq i \leq n)$. 規則 (prod) より, $\Lambda \vdash \Gamma \triangleright ([M_2/x]M_1^1, \ldots, [M_2/x]M_1^n) : \tau_2^1 \times \cdots \times \tau_2^n$, すなわち $\Lambda \vdash \Gamma \triangleright [M_2/x](M_1^1, \ldots, M_1^n) : \tau_2$ である.

$M_0.i$ の場合. 型システムの定義より, ある $n(i \leq n), \tau_2^1, \ldots, \tau_2^n$ があって, $\tau_2 = \tau_2^i$ かつ $\Lambda \vdash \Gamma\{x : \tau_1\} \triangleright M_0 : \tau_2^1 \times \cdots \times \tau_2^n$ である. 帰納法の仮定より, $\Lambda \vdash \Gamma \triangleright [M_2/x]M_0 : \tau_2^1 \times \cdots \times \tau_2^n$. 規則 (proj) より, $\Lambda \vdash \Gamma \triangleright ([M_2/x]M_0).i : \tau_2^i$, すなわち $\Lambda \vdash \Gamma \triangleright [M_2/x](M_0.i) : \tau_2$ が成り立つ. ∎

問 2.2.3 ラムダ式の関数定義は, 引き数を一つ取る関数しか定義できない. 複数の引き数を取る関数は組型を使って実現される. しかし, プログラミング言語の観点からは, n 個の引き数を取る関数を定義できると便利である. さらに一般的には, 以下のような**パターン**を許し

$$pat ::= x : \tau \mid (pat, \ldots, pat)$$

パターンを使った以下のような関数定義が書けると便利である.

$$M ::= \cdots \mid \lambda pat.N \mid \cdots$$

ただし, 同一の変数は, 同一のパターンには一回しか現われないものとする.

これにより, 例えば, 以下のような定義が可能である.

$$\lambda(x : int, y : int, z : int).plus(x, times(y, z))$$

以上のように拡張されたラムダ式の型付け規則を定義し, これらの式を純粋な Λ に翻訳する再帰的アルゴリズムを与えよ. さらに, 定義した翻訳アルゴリズムが型を保存することを示せ.

ヒント：上記の拡張されたラムダ式は, 以下のラムダ式に翻訳可能である.

$\lambda w : int \times int \times int.(\lambda x : int.\lambda y : int.\lambda z : int.plus(x, times(y, z)))$
$w.1\ w.2\ w.3$

2.3 de Bruijn インデックスと束縛変数に関する約束

すでに説明した通り，ラムダ式 $\lambda x.M$ の束縛変数 x は，関数の仮引き数を表わす仮の名前であり，仮引き数と実引き数の対応を示すことができれば，具体的な名前を持たなくてもよい．de Bruijn [14] は，束縛変数のこの匿名性をより忠実に反映したラムダ式の表現法を提案した．de Bruijn のシステムでは，ラムダ抽象は変数名を書かず，変数は，その対応するラムダ抽象にいたるまでのラムダ抽象の数で表わす．例えば，$\lambda x.\lambda y.x\ y$ は

$$\lambda.\lambda.2\ 1$$

と表現される．このシステムにおける変数の数字表現を **de Bruijn インデックス**と呼ぶ．このシステムでは，束縛変数の名前の付け替えによって生成される α 同値関係は，すでに式の同一性として表現されている．例えば，$\lambda x.x$ と $\lambda y.y$ はともに，同一の式 $\lambda.1$ で表現される．

この de Bruijn インデックスを用いた表現は，本質的ではない束縛変数の名前を含んでいないため，ラムダ抽象式のより抽象度の高い表現と見なせる．名前の付け替えを必要としないため，ラムダ式が表現する意味の定義やその性質の分析に適している．実際のプログラミング言語の処理系でも，束縛変数は，メモリ領域のインデックス（相対アドレス）で表現され，ほぼ de Bruijn インデックスに対応している．プログラミング言語のモデルの観点から見ると，de Bruijn インデックスを用いたラムダ式の表現は，完成したプログラムをコンパイルした結果に相当する．しかしながら，de Bruijn インデックスに基づくシステムでは，自由変数の表現や，自由変数を含むラムダ式からラムダ抽象式を生成する規則などの表現は，やや不自然なものとなり，プログラムの記述システムのモデルとしては，必ずしも適当なものとはいえない．プログラミング言語においては，プログラムは，自由変数を用いて書かれ，関数は，関数本体を表わす式の自由変数を抽象することによって生成される．したがって，これまで扱ってきた名前を含んだラムダ式の方

が，プログラミング言語のモデルとしてより適している．特に，プログラムの生成規則である静的な型システムの性質を調べる上では，名前を含んだラムダ式の使用は本質的である．例えば，以前説明したように，型システムの(abs) 規則は，変数の静的なスコープ規則を表現しているが，de Bruijn インデックスを使ったシステムにおいて，この現象を自然に表現するのは困難である．本書でこれまで，名前を含んだラムダ計算を扱い，束縛変数の名前替えを明示的に扱ってきた理由は，それがプログラムの持つ型の性質を調べる上で最も妥当なモデルと考えられるからである．

プログラミング言語のモデルとしては，ラムダ抽象された束縛変数の匿名性と自由変数の明示的な名前の両方の性質を持ったシステムが望ましい．そこで本書では，変数の名前を残したまま，束縛変数の名前の付け替えの繁雑さを避け de Bruijn インデックスによる表現と同等の匿名性を保証するために，束縛変数に関して以下の仮定をする．

> ラムダ式の束縛変数はすべて互いに異なり，かつ自由変数とも異なり，さらにこの性質はラムダ式の変数への代入によっても保存される．

この仮定は，以降の議論や証明をより分かりやすくするために便宜的に導入した仮定であり，ラムダ式に関する形式的定義に対する制限ではない．上記の仮定は，ラムダ式の性質等を調べるに当たり，例えば $\lambda x : int.\lambda x : bool.x$ のような式の代わりに，それと (α 規則により) 等しい $\lambda x : int.\lambda y : bool.y$ のような式を暗黙のうちに選ぶに過ぎない．もし要求されるならば，以前同様，束縛変数の名前替えを明示的に扱うことが常に可能である．この意味で，この仮定は**束縛変数に関する（便宜上の）約束**（bound variable convention）と呼ばれる．この約束の下で，ラムダ抽象式に対する代入は

$$[N/x](\lambda y : \tau.M) = \lambda y : \tau.[N/x]M$$

としてよい．これ以降の議論においては，束縛変数の約束を満たす，適当な α 同値なラムダ式が自動的に選ばれるものと仮定する．

2.4 Λ の表示的意味論

これまで定義したラムダ式の構造とその型システムは，プログラミング言語の構文の定義に相当する．ラムダ計算の意味論は，ラムダ式のプログラムとしてのふるまいを厳密に規定する．広い意味での意味論には，**表示的意味論**（denotational semantics），**公理的意味論**（axiomatic semantics），および**操作的意味論**（operational semantics）の三つがある．表示的意味論は，式の意味を，抽象的な数学的な対象と解釈する意味論である．この際用いられる数学的対象の集合が**意味領域**である．公理的意味論は，式の間に成り立つ同値関係を定義することによって，式の意味を定義する方法である．操作的意味論は，式と式を評価した結果の関係を定めることによって，式の意味を定める方法である．この中で表示的意味論は，言語の文法構造に依存しない最も抽象的な意味論であり，通常意味論といった場合，この表示的意味論をさす．以下 Λ の表示的意味論を定義する．

ラムダ式の意味は，直感的にはその式の持つ型に対応する集合の要素と考えるのが自然である．そこで，各型 τ に対応する集合 A^τ と式の解釈に必要な操作を定義する．組型 $\tau_1 \times \cdots \times \tau_n$ および関数型 $\tau_1 \to \tau_2$ の最も自然なモデルはそれぞれ，$A^{\tau_1}, \ldots, A^{\tau_n}$ の直積および A^{τ_1} から A^{τ_2} への関数の集合である．しかしながら Λ の意味を定義するためには，それら具体的な構造は必要ではない．ここでは，文献 [18] および [39] に従い，Λ の意味領域を，直積や関数集合などの集合論的構造を特殊な場合として含むより一般的な，以下の構造と定義する．

$$\mathcal{A} = (A, \mathbf{Apply}, \mathbf{Prod}, \mathbf{Proj}, \mathbf{Const})$$

ここで，各構成要素は，以下の性質を満たす．

- A は型でインデックスされた空でない集合の集合 $\{A^\tau | \tau \in Types\}$ である．
- **Apply** は，型の組でインデックスされた関数の集合

$$\{Apply^{\tau_1, \tau_2} \in A^{\tau_1 \to \tau_2} \times A^{\tau_1} \to A^{\tau_2} | \tau_1, \tau_2 \in Types\}$$

であり，さらに，任意の $f, g \in A^{\tau_1 \to \tau_2}$ に対して以下の性質を満たすものとする．

$$(\forall x \in A^{\tau_1}. Apply^{\tau_1,\tau_2}(f,x) = Apply^{\tau_1,\tau_2}(g,x)) \Longrightarrow f = g$$

この性質は，$A^{\tau_1 \to \tau_2}$ の要素が関数としてふるまうことを保証する．

- ***Prod*** および ***Proj*** はそれぞれ関数の集合

$$\{Prod^{\tau_1,\ldots,\tau_n} \in A^{\tau_1} \to \cdots \to A^{\tau_n} \to A^{\tau_1 \times \cdots \times \tau_n} | \tau_1, \ldots, \tau_n \in Types\}$$

および

$$\{Proj_i^{\tau_1,\ldots,\tau_n} \in A^{\tau_1 \times \cdots \times \tau_n} \to A^{\tau_i} | \tau_1, \ldots, \tau_n \in Types\}$$

であり，かつ以下の二つの性質を満たす．

$$\forall x_1 \in A^{\tau_1} \ldots \forall x_n \in A^{\tau_n}. Proj_i^{\tau_1,\ldots,\tau_n} (Prod^{\tau_1,\ldots,\tau_n} x_1 \cdots x_n) = x_i$$

$$\forall x \in A^{\tau_1 \times \cdots \times \tau_n}. Prod^{\tau_1,\ldots,\tau_n} (Proj_1^{\tau_1,\ldots,\tau_n} x) \cdots (Proj_n^{\tau_1,\ldots,\tau_n} x) = x$$

最初の条件は，$A^{\tau_1 \times \cdots \times \tau_n}$ が組としての性質を持つこと，すなわち要素への射影が定義されていることを保証する．二つ目の条件は，組型の集合が，組構成子によって生成される要素のみを含むことを要求する．

- ***Const*** は，$\mathbf{Const}(c^\tau) \in A^\tau$ である定数の解釈関数である．

関数型の条件および組型の二つ目の条件は，これら構造の**外延性**と呼ばれる条件である．外延性とは，ある概念が，その概念が表示するものによって完全に決定されることを表わす論理学の用語である．上記条件はそれぞれ，関数は，入力と出力との対応によって完全に決定され，組は，構成要素によって決まることを表わしている．関数型 $\tau_1 \to \tau_2$ や組型 $\tau_1 \times \cdots \times \tau_n$ の要素を数学上の関数および直積ととらえれば，外延性は定義そのものに含まれており，改めて述べるまでもない性質であるが，意味領域の定義では，関数や組と仮定していないため，これらの外延性を条件として仮定する必要がある．

問 2.4.1 以上の条件を満たす組型 $\tau_1 \times \tau_2$ は，全射的組型（surjective pairing）と

呼ばれる．$Prod^{\tau_1,\tau_2}$ を，$A^{\tau_1} \times A^{\tau_2}$ から $A^{\tau_1 \times \tau_2}$ への関数とみたとき，全射関数となることを示せ．

任意の意味領域が，Λ のすべての式の意味を与えることができるとは限らない．Λ の式の意味を与えるためには，任意の τ_1, τ_2 に対して集合 $A^{\tau_1 \to \tau_2}$ が，$\tau_1 \to \tau_2$ 型のすべての式に意味を与えうるために必要な要素を含んでいなければならない．そのための条件を指定する方法には，集合 $A^{\tau_1 \to \tau_2}$ がある特定の要素を含むことを要求する方法と，実際に Λ の意味の定義が可能であることを直接要求する方法の二つがある．前者の方が Λ の文法に依らないより抽象的な定義になっているが，その定義はいささか技巧的であり，後者の方法に比べて直感的な理解がより難しいので，ここでは後者の方法を説明する．前者の方法は，例えば文献 [35] や [39] を参照．

まず Λ の式の意味定義の満たすべき条件を定義する．式は一般に自由変数を含んでいるので，式の意味は，その式に含まれる自由変数に代入される値に依存する．$\mathcal{A}$ を意味領域としたとき，自由変数に $\mathcal{A}$ の要素を対応させる $\mathcal{A}$ **環境** η を，Var の部分集合から $\bigcup \{A^\tau | \tau \in Types\}$ への関数とする．$\mathcal{A}$ 環境 η が以下の条件を満たすとき η は Γ を満たすといい，$\eta \models \Gamma$ と書く．

$$dom(\eta) = dom(\Gamma), \quad \forall x \in dom(\eta). \eta(x) \in A^{\Gamma(x)}$$

$\Gamma \triangleright M : \tau$ を任意の型判定，η を $\eta \models \Gamma$ なる $\mathcal{A}$ 環境とする．意味領域 $\mathcal{A}$ における η のもとでの Λ の式 $\Gamma \triangleright M : \tau$ の意味 $\mathcal{A}[\![\Gamma \triangleright M : \tau]\!]\eta$ の満たすべき条件を以下のように定める．

1. $\mathcal{A}[\![\Gamma \triangleright c : \tau]\!]\eta = \boldsymbol{Const}(c)$.
2. $\mathcal{A}[\![\Gamma \triangleright x : \tau]\!]\eta = \eta(x)$.
3. $\mathcal{A}[\![\Gamma \triangleright \lambda x : \tau_1.M : \tau_1 \to \tau_2]\!]\eta$
   $=$ 以下の条件を満たす $f \in A^{\tau_1 \to \tau_2}$.

   $\forall v \in A^{\tau_1}. Apply^{\tau_1,\tau_2}(f,v) = \mathcal{A}[\![\Gamma\{x:\tau_1\} \triangleright M : \tau_2]\!]\eta\{x:v\}$

4. $\mathcal{A}[\![\Gamma \triangleright M_1\ M_2 : \tau]\!]\eta$
   $= Apply^{\tau_1,\tau}(\mathcal{A}[\![\Gamma \triangleright M_1 : \tau_1 \to \tau]\!]\eta, \mathcal{A}[\![\Gamma \triangleright M_2 : \tau_1]\!]\eta)$.

5. $\mathcal{A}[\![\Gamma \rhd (M_1, \ldots, M_n) : \tau_1 \times \cdots \times \tau_n]\!]\eta$
   $= Prod^{\tau_1, \ldots, \tau_n} \mathcal{A}[\![\Gamma \rhd M_1 : \tau_1]\!]\eta \cdots \mathcal{A}[\![\Gamma \rhd M_n : \tau_n]\!]\eta.$
6. $\mathcal{A}[\![\Gamma \rhd M.i : \tau_i]\!]\eta = Proj_i^{\tau_1, \ldots, \tau_n} \mathcal{A}[\![\Gamma \rhd M : \tau_1 \times \cdots \times \tau_n]\!]\eta.$

条件 3. を満たす f は，$\mathcal{A}$ の $A^{\tau_1 \to \tau_2}$ の定義によっては，必ずしも存在するとは限らない．しかし，集合 $A^{\tau_1 \to \tau_2}$ の外延性の条件より，もし存在すれば唯一である．条件 3. を満たす f が，$\Gamma \rhd \lambda x : \tau_1.M : \tau_1 \to \tau_2$ の形の任意の型判定に対して存在すれば，意味の定義に関する上記の等式は，式の構造に関する再帰的な定義となり，型判定 $\Gamma \rhd M : \tau$ と，Γ を満たす $\mathcal{A}$ 環境の任意の組に対して，A^τ の唯一の要素を対応させる関数を定義する．このとき，意味領域 $\mathcal{A}$ を Λ の**モデル**と呼ぶ．

型と意味の属する集合に関して以下の関係がある．

命題 2.4.1 もし $\Lambda \vdash \Gamma \rhd M : \tau$ かつ $\eta \models \Gamma$ なら，$\mathcal{A}[\![\Gamma \rhd M : \tau]\!]\eta \in A^\tau$ である．

問 2.4.2 意味関数の条件 1.～6. は，条件 3. で要求される f が存在するなら，任意の型判定 $\Gamma \rhd M : \tau$ と $\eta \models \Gamma$ なる環境に対して，唯一の意味を定義し，さらに，命題 2.4.1 が成立することを証明せよ．

意味の定義に関して，以下の基本的性質が成立する．これらは，後に公理的意味論と表示的意味論の関係に関する証明で使用される．

補題 2.4.1 $\Lambda \vdash \Gamma_1 \rhd M : \tau$, $\Lambda \vdash \Gamma_2 \rhd M : \tau$, $\eta_1 \models \Gamma_1$, $\eta_2 \models \Gamma_2$ とする．任意の $x \in FV(M)$ に対して $\eta_1(x) = \eta_2(x)$ なら，

$$\mathcal{A}[\![\Gamma_1 \rhd M : \tau]\!]\eta_1 = \mathcal{A}[\![\Gamma_2 \rhd M : \tau]\!]\eta_2$$

である．

補題 2.4.2 $[y/x]\eta$ を $[y/x]\Gamma$ と同様に定義する．$\Lambda \vdash \Gamma \rhd M : \tau$ かつ $\eta \models \Gamma$ なら，$y \notin dom(\Gamma)$ に対して

$$\mathcal{A}[\![[y/x]\Gamma \rhd [y/x]M : \tau]\!][y/x]\eta = \mathcal{A}[\![\Gamma \rhd M : \tau]\!]\eta$$

である．

問 2.4.3 補題 2.4.1 と 2.4.2 を証明せよ．

以上のモデルの定義は，Λ が満たすべき一般的な性質を述べたものであり，各 A^τ がどのような具体的な構造を持つかなどは一切規定していない．実際にモデルを構築するためには，各型 τ に対応する集合 A^τ とそれら集合間の関数 ***Apply***, ***Prod***, ***Proj***, ***Const*** を定義し，それらがモデルの条件を満たすことを示す必要がある．モデルの性格を決める最も重要なポイントは関数型 $A^{\tau_1 \to \tau_2}$ をどのような集合と定義するかである．以下代表的な二つの具体的なモデルを紹介する．

2.4.1 集合論的モデル

関数型の $\tau_1 \to \tau_2$ の直感的な意味は，τ_1 から τ_2 の関数の集合である．この考え方のもとに，型 $\tau_1 \to \tau_2$ の領域を τ_1 の領域から τ_2 の領域への関数全体と取る**集合論的モデル**を構築できる．以下のように定義されるモデル $\mathcal{F}$ を**型フレーム**と呼ぶ．

$$\mathcal{F} = (\{F^\tau\}, \{Apply^{\tau_1,\tau_2}\}, \{Prod^{\tau_1,\ldots,\tau_n}\}, \{Proj_i^{\tau_1,\ldots,\tau_n}\}, \textbf{\textit{Const}})$$

- F^τ は，τ に関して再帰的に以下のように定義する．

  1. F^b は与えられた空でない集合．
  2. $F^{\tau_1 \to \tau_2}$ は，F^{τ_1} から F^{τ_2} への関数の全体の集合．
  3. $F^{\tau_1 \times \cdots \times \tau_n}$ は，$F^{\tau_1}, \ldots, F^{\tau_n}$ の直積．

- $Apply^{\tau_1,\tau_2}$ は関数適用，すなわち

$$Apply^{\tau_1,\tau_2}(f, x) = f(x)$$

- $Prod^{\tau_1,\ldots,\tau_n}$ は組構成子，すなわち

$$Prod^{\tau_1,\ldots,\tau_n}\, x_1 \cdots x_n = (x_1, \ldots, x_n)$$

- $Proj_i^{\tau_1,\ldots,\tau_n}$ は組の i 番目の要素への射影関数，すなわち

$$Proj_i^{\tau_1,\ldots,\tau_n}(x_1, \ldots, x_n) = x_i$$

- $Const$ は, $Const(c^\tau) \in A^\tau$ である与えられた関数.

以上の定義は意味領域の定義を満たすことを容易に確かめることができる. さらに, $A^{\tau_1 \to \tau_2}$ は A^{τ_1} から A^{τ_2} への関数全体の集合であるから, $\lambda x : \tau_1.M$ の意味の定義は常に可能であり, したがって $\mathcal{F}$ は Λ のモデルとなることが確かめられる.

このモデルは最も直感的なモデルであるばかりでなく, 後に示すように, 各基底型に対応する集合が可算無限であるとき, Λ の公理的意味論と完全に一致するモデルである.

問 2.4.4 型フレーム $\mathcal{F}$ における以下のラムダ式の意味を計算せよ.

- $\emptyset \triangleright \lambda x : int.x : int \to int$
- $\emptyset \triangleright \lambda f : int \to int.\lambda x : int.f\, x : (int \to int) \to int \to int$

2.4.2 領域論的モデル

Λ の解釈にとっては, 関数型 $\tau_1 \to \tau_2$ の意味を τ_1 から τ_2 への関数全体の集合と解釈する型フレームで十分であるが, 第 3 章で行うように, Λ を再帰的関数定義や再帰的データ型を導入し拡張しようとすると, この単純なモデルでは解釈不可能になる. **領域論的**モデルは, 関数型 $\tau_1 \to \tau_2$ の意味を, 不動点を持つ関数に制限することによって, これら機能をも解釈可能にしたモデルである.

領域論的モデルでは, 型 τ を単なる集合ではなく, **完備半順序集合** (CPO) と解釈する. そのためにまず, 半順序に関する予備的な定義を行う.

集合 D 上の二項関係 $\sqsubseteq$ が以下の条件を満たすとき, **半順序関係**であるという.

$$\forall x \in D.x \sqsubseteq x \quad (\text{反射律})$$
$$\forall x, y, z \in D.x \sqsubseteq y, y \sqsubseteq z \implies x \sqsubseteq z \quad (\text{推移律})$$
$$\forall x, y \in D.x \sqsubseteq y, y \sqsubseteq x \implies x = y \quad (\text{反対称律})$$

半順序が定義された集合を半順序集合という. $(D, \sqsubseteq)$ を半順序集合とする. y を D の要素, X を D の部分集合とする. 任意の $x \in X$ について $x \sqsubseteq y$

が成り立つとき y は X の**上界**（upper bound）であるといい，$X \sqsubseteq y$ と書く．さらに $X \sqsubseteq y$ でかつ $X \sqsubseteq z$ なる任意の $z \in D$ について $y \sqsubseteq z$ が成り立つとき，y を X の**最小上界** (least upper bound) という．X の最小上界は，存在すれば唯一である．X の最小上界を $\sqcup X$ で表わす．X が空でなく，かつ X の空でない任意の有限部分集合 Y が X の中に上界を持つとき，X を**有向集合**という．

問 2.4.5 最小上界が存在すれば，それは唯一であることを示せ．空集合および全体集合の最小上界は，（もし存在すれば）どのような要素か？

完備半順序集合（CPO）とは，以下の性質を満たす半順序集合 $(D, \sqsubseteq)$ である．

- 任意の $d \in D$ に対して $\bot_D \sqsubseteq d$ であるような最小元 $\bot_D \in D$ が存在する．
- D の任意の有向部分集合 X に対して X の最小上界 $\sqcup X \in D$ が存在する．

領域論的モデルは，各型に対応する集合を完備半順序集合に限定したモデルである．そのようなモデルを定義するためには，基底型や組型，さらに関数型に対応する完備半順序集合がなくてはならない．そのために各型に対応する CPO の構成方法を示す．

1. 原子定数集合．
   A を与えられた集合とする．A に含まれない新たな要素 $\bot$ を加えた集合 $A \cup \{\bot\}$ に対して，

$$x \sqsubseteq y \iff x = y \text{ または } x = \bot$$

   で順序付けられる半順序集合 $(A \cup \{\bot\}, \sqsubseteq)$ を $A_\bot$ と書く．$A_\bot$ は CPO である．

2. 連続関数空間．
   CPO D_1 から D_2 への関数 f が**連続**であるとは，f が有向集合の最小上界を保存するとき，すなわち，任意の有向集合 $X \subseteq D$ について以下の条件を満たすときである．

$$f(\sqcup X) = \sqcup \{f(x) | x \in X\}$$

D_1 から D_2 への連続関数全体の集合を $[D_1 \to D_2]$ と書く．この集合に対して以下の関係を定義する．

$$f \sqsubseteq g \iff \forall x \in D_1. f(x) \sqsubseteq g(x)$$

この関係は半順序関係であり，さらに半順序集合 $([D_1 \to D_2], \sqsubseteq)$ は CPO である．以降この CPO を単に $[D_1 \to D_2]$ と書く．

3. 直積．

$D_1, \ldots, D_n$ を与えられた CPO とし，直積集合 $D_1 \times \cdots \times D_n$ に対して，以下の関係を定義する．

$$(x_1, \ldots, x_n) \sqsubseteq (y_1, \ldots, y_n) \iff \forall i. x_i \sqsubseteq y_i$$

この関係は半順序関係であり，さらに半順序集合 $(D_1 \times \cdots \times D_n, \sqsubseteq)$ は CPO である．以降この CPO を単に $D_1 \times \cdots \times D_n$ と書く．

問 2.4.6 $\{X_i\}$ を，最小上界を持つ D の部分集合の集合とすると，

$$\sqcup(\cup X_i) = \sqcup\{\sqcup X_i\}$$

が成立する．この結果を利用し，$[D \to D]$ が CPO であることを証明せよ．

以上の CPO 構成子を使い，連続型フレーム $\mathcal{D}$ を以下のように定義する．

$$\mathcal{D} = (\{D^\tau\}, \{Apply^{\tau_1, \tau_2}\}, \{Prod^{\tau_1, \ldots, \tau_n}\}, \{Proj_i^{\tau_1, \ldots, \tau_n}\}, \boldsymbol{Const})$$

- D^τ は，τ に関して再帰的に以下のように定義する．
  1. $D^b = A^b_\bot$，ただし A^b は b に対して与えられた原子定数の集合．
  2. $D^{\tau_1 \to \tau_2} = [D^{\tau_1} \to D^{\tau_2}]$．
  3. $D^{\tau_1 \times \cdots \times \tau_n} = D^{\tau_1} \times \cdots \times D^{\tau_n}$．

- $\boldsymbol{Apply}, \boldsymbol{Prod}, \boldsymbol{Proj}, \boldsymbol{Const}$ の定義は集合論的モデルの場合と同一とする．

$\mathcal{D}$ は明らかに外延的な意味領域である．$\mathcal{D}$ がモデルであることを示すためには，任意の型判定 $\Gamma \rhd M : \tau$ と $\eta \models \Gamma$ を満たす任意の $\mathcal{D}$ 環境 η に対

して $\mathcal{D}[\![\Gamma \rhd M : \tau]\!]\eta \in D^\tau$ を示せばよい. M がラムダ抽象以外の場合は明らかである. $\mathcal{D}[\![\Gamma \rhd \lambda x : \tau_1.M : \tau_1 \to \tau_2]\!]\eta \in D^{\tau_1 \to \tau_2}$ を示すためには, 以下の集合論的関数が連続であることを示す必要がある.

$$\lambda v \in D^{\tau_1}.\mathcal{D}[\![\Gamma\{x:\tau_1\} \rhd M : \tau_2]\!]\eta\{x:v\}$$

これは, 以下の補題より帰結する.

補題 2.4.3 $\Lambda \vdash \{x_1 : \tau_1, \ldots, x_n : \tau_n\} \rhd M : \tau$ なら, 集合論的関数

$$\lambda(v_1, \ldots, v_n) \in D^{\tau_1 \times \cdots \times \tau_n}.$$
$$\mathcal{D}[\![\{x_1 : \tau_1, \ldots, x_n : \tau_n\} \rhd M : \tau]\!]\{x : v_1, \ldots, x : v_n\}$$

は連続である. すなわち, $D^{(\tau_1 \times \cdots \times \tau_n) \to \tau}$ の要素である.

この証明のためにはまず, 意味定義に含まれる各操作およびそれらの合成が連続関数であることを示す必要がる. これらは, CPO に関する以下の基本的な性質により保証される. 各証明は困難ではないがここでは省略する. 詳細は, [26, 64] などの領域意味論に関する教科書を参照のこと.

補題 2.4.4

1. $f \in D_1 \times \cdots \times D_n \to D$ が連続であることと, $d_1 \in D_1, \ldots, d_n \in D_n$ を任意の要素としたとき, すべての i について

$$\lambda x \in D_i.f(d_1, \ldots, d_{i-1}, x, d_{i+1}, \ldots, d_n)$$

   が連続であることは同値である.

2. 任意の $f \in [(D_1 \times \cdots \times D_n) \to D]$ について,

   $\lambda x \in D_i.$
   $\quad \lambda(d_1, \ldots, d_{i-1}, d_{i+1}, \ldots, d_n) \in D_1 \times \cdots \times D_{i-1} \times D_{i+1} \times \cdots \times D_n.$
   $\quad f(d_1, \ldots, d_{i-1}, x, d_{i+1}, \ldots, d_n)$

   は連続である.

3. 任意の i について

$$\lambda(x_1,\ldots,x_n) \in D_1 \times \cdots \times D_n.x_i$$

は連続である．

4. 任意の $f_i \in [D \to D_i]$ について，

$$\lambda x \in D.(f_1(x),\ldots,f_n(x))$$

は連続である．

5. 任意の $f \in [D_1 \to D_2]$, $g \in [D_2 \to D_3]$ について $\lambda x \in D_1.g(f(x))$ は連続である．

6. 任意の $f \in [D_1 \to [D_2 \to D_3]], g \in [D_1 \to D_2]$ について，

$$\lambda x \in D.(f(x))(g(x))$$

は連続である．

以上の結果を使えば，補題2.4.3を M の構造に関する帰納法で示すことができる．

Λ を解釈するには集合論的モデルで十分であり，ここで導入した順序構造は，Λ を解釈する上では必要ではない．しかし，前に述べたように，Λ に再帰的関数の定義機構等を導入して拡張した言語のモデルを構築しようとすると，この領域論的モデルで導入した順序構造が重要な役割を果たす．その詳細は，第3章で説明する．

2.5　Λ の公理的意味論

　表示的意味論は，式の意味を数学的な対象として直接定義する抽象的意味論である．これに対して，公理的意味論は，式の間に成立すべき同値関係を定義することによって，式の意味を定義する方法である．Λ の公理的意味論は，式の間の同値関係を導く証明システムとして定義される．

　同一の型環境 Γ のもとで同一の型 τ を持つ二つの式 M_1 と M_2 が同値で

あることを

$$\Gamma \triangleright M = N : \tau$$

と書くことにする．Λ の公理的意味論を，この形の等式を導く証明システムとして定義する．Λ の公理的意味論を図 2.4 に示す．

公理 (β) は，ラムダ抽象式が関数としての意味を持つことを表わす．公理 (proj) は，操作 $M.i$ が組の要素への射影であることを示している．公理 (η) と公理 (prod) は，関数および組型の外延性を表わす．これら外延性の公理は，同一のふるまいを持つ異なったプログラムを同じものとして扱うための規則であり，意味領域の定義における外延性の条件に対応している．規則 (μ) から規則 (cong2) までは，等式理論の性質から要求される規則である．規則 (addvar) と (remvar) は，M の自由変数以外の変数の型に関する仮定を追加または削除しても同値関係は保たれることを表わす．

Λ は定数を含んでいるため，上記の公理および推論規則以外に，Λ が意図する公理的意味を与えるためには，定数の意味を与える追加公理が必要である．我々の定数に対する仮定より，ほとんどの場合，$\emptyset \triangleright f(c_1, \ldots, c_n) = c : b$ のような形の等式を考えれば十分であるが，ここでは，より一般的な公理的意味論の枠組みを与える．E を任意の与えられた等式の集合とし，等式の導出可能性を，E をパラメータとする導出システムの下で考える．

等式 $\Gamma \triangleright M = N : \tau$ が，等式集合 E を証明システムの公理として追加して得られる証明システムから導出できることを

$$E \vdash \Gamma \triangleright M = N : \tau$$

と書く．特に E が空のときは単に

$$\vdash \Gamma \triangleright M = N : \tau$$

と書く．

公理的意味論では，以下の性質が成立する．

命題 2.5.1 $E \vdash \Gamma\{x : \tau_1\} \triangleright M_1 = M_2 : \tau_2$ かつ $E \vdash \Gamma \triangleright N_1 = N_2 : \tau_1$ なら，$E \vdash \Gamma \triangleright [N_1/x]M_1 = [N_2/x]M_2 : \tau_2$ である．

2.5 Λ の公理的意味論

(β) $\Gamma \rhd (\lambda x : \tau_1.M)\ N = [N/x]M\ :\ \tau$

(η) $\Gamma \rhd (\lambda x : \tau_1.M\ x) = M\ :\ \tau \quad (x \notin FV(M))$

(poj) $\Gamma \rhd (M_1, \ldots, M_n).i = M_i\ :\ \tau \quad (1 \leq i \leq n)$

(prod) $\Gamma \rhd (M.1, \ldots, M.n) = M\ :\ \tau$

(μ) $\dfrac{\Gamma \rhd M_1 = N_1\ :\ \tau_1 \to \tau \quad \Gamma \rhd M_2 = N_2\ :\ \tau_1}{\Gamma \rhd M_1\ M_2 = N_1\ N_2\ :\ \tau}$

(ξ) $\dfrac{\Gamma\{x : \tau_1\} \rhd M = N\ :\ \tau_2}{\Gamma \rhd \lambda x : \tau_1.M = \lambda x : \tau_1.N\ :\ \tau_1 \to \tau_2}$

(ref) $\Gamma \rhd M = M\ :\ \tau$

(sym) $\dfrac{\Gamma \rhd M_1 = M_2\ :\ \tau}{\Gamma \rhd M_2 = M_1\ :\ \tau}$

(trans) $\dfrac{\Gamma \rhd M_1 = M_2\ :\ \tau \quad \Gamma \rhd M_2 = M_3\ :\ \tau}{\Gamma \rhd M_1 = M_3\ :\ \tau}$

(cong1) $\dfrac{\Gamma \rhd M_i = N_i\ :\ \tau_i \ (1 \leq i \leq n)}{\Gamma \rhd (M_1, \ldots, M_n) = (N_1, \ldots, N_n)\ :\ \tau_1 \times \cdots \times \tau_n}$

(cong2) $\dfrac{\Gamma \rhd M = N\ :\ \tau_1 \times \cdots \times \tau_n}{\Gamma \rhd M.i = N.i\ :\ \tau_i} \quad (1 \leq i \leq n)$

(addvar) $\dfrac{\Gamma \rhd M = N\ :\ \tau}{\Gamma\{x : \tau\} \rhd M = N\ :\ \tau} \quad (x \notin (FV(M) \cup FV(N)))$

(remvar) $\dfrac{\Gamma\{x : \tau\} \rhd M = N\ :\ \tau}{\Gamma \rhd M = N\ :\ \tau} \quad (x \notin (FV(M) \cup FV(N)))$

図 2.4 Λ の公理的意味論

証明 規則 (ξ) より,$E \vdash \Gamma\{x : \tau_1\} \triangleright M_1 = M_2 : \tau_2$ から $E \vdash \Gamma \triangleright \lambda x : \tau_1.M_1 = \lambda x : \tau_1.M_2 : \tau_1 \to \tau_2$ が成立する.規則 (β) より,$E \vdash \Gamma \triangleright (\lambda x : \tau_1.M_1)N_1 = [N_1/x]M_1 : \tau_2$,かつ $E \vdash \Gamma \triangleright (\lambda x : \tau_1.M_2)N_2 = [N_2/x]M_2 : \tau_2$ である.以上および $E \vdash \Gamma \triangleright N_1 = N_2 : \tau_1$ から,規則 (trans) と (μ) を繰り返し使って,$E \vdash \Gamma \triangleright [N_1/x]M_1 = [N_2/x]M_2 : \tau_2$ が得られる.■

問 2.5.1 E が空集合である純粋な等式証明システムにおいては (addvar) および (remvar) は導出可能な規則であることを示せ.

2.6 公理的意味論の健全性と完全性

表示的意味論は,式の意味を数学的な対象として直接定義する意味論であり,論理学におけるモデル論に対応する.これに対して公理的意味論は,言語の文法構造に従って定義された構文論的意味論であり,論理学における証明システムに対応する.これら二つの意味論の間には,論理学における証明論とモデル論の関係と同様の関係が成り立つことが期待される.そのなかでも特に重要な性質は,公理的意味論の**健全性**(soundness)と**完全性**(completeness)である.

証明システムが健全であるとは,証明システムによって導出された命題が,すべてのモデルで真であるという性質である.表示的意味論は,いわば絶対的な意味の定義であり,証明システムの健全性は,その等式証明システムが意味をなすことを保証する最も基本的な性質である.Λ の公理的意味論の場合は,健全性は,すべてのモデルで同一の意味を持つ等式のみが証明可能であるという性質である.

証明システムが完全であるとは,真であるすべての命題が証明可能であるという性質である.この性質は,言語の意味が,有限の公理系で完全に表現可能であることを示す強い性質である.命題論理学や一階の述語論理学の場合と同様,Λ の公理的意味論は完全である.すなわち,すべてのモデルで真である等式がすべて証明可能である.以下この二つの性質を詳しく説明する.

まず,E からの証明可能性 $E \vdash \Gamma \triangleright M = N : \tau$ に対応する,E のモデ

ル論的帰結の概念を定義する．$\mathcal{A}$ を Λ のモデルとする．Γ を満たす任意の $\mathcal{A}$ 環境 η について，

$$\mathcal{A}[\![\Gamma \triangleright M : \tau]\!]\eta = \mathcal{A}[\![\Gamma \triangleright N : \tau]\!]\eta$$

が成り立つとき，

$$\mathcal{A} \models \Gamma \triangleright M = N : \tau$$

と書く．E を与えられた等式集合とする．任意の $\Gamma \triangleright M = N : \tau \in E$ について

$$\mathcal{A} \models \Gamma \triangleright M = N : \tau$$

であるとき，モデル $\mathcal{A}$ は E を満たすといい，$\mathcal{A} \models E$ と書く．E を満たす任意のモデル $\mathcal{A}$ に対して，

$$\mathcal{A} \models \Gamma \triangleright M = N : \tau$$

となるとき，等式 $\Gamma \triangleright M = N : \tau$ は，E の**モデル論的帰結**であるといい，

$$E \models \Gamma \triangleright M = N : \tau$$

と書く．特に E が空集合のときは E を省略し，

$$\models \Gamma \triangleright M = N : \tau$$

と書くことにする．

2.6.1 公理的意味論の健全性

公理的意味論の健全性は，E から公理的意味論によって証明可能な等式が，E のモデル論的帰結であることを保証するものである．この性質を示すためには，すべての公理の両辺の意味が等しいことを示す必要がある．以下の補題は，公理 (β) の健全性を示す上で有用である．

補題 2.6.1 (意味に関する代入補題) η を $\eta \models \Gamma$ を満たす任意の $\mathcal{A}$ 環境とし,$\mathcal{A}[\![\Gamma \triangleright N : \tau_1]\!]\eta = d$ とする.

$$\mathcal{A}[\![\Gamma \triangleright [N/x]M : \tau_2]\!]\eta = \mathcal{A}[\![\Gamma\{x : \tau_1\} \triangleright M : \tau_2]\!]\eta\{x : d\}$$

証明 M の構造に関する帰納法による.証明の構造は,補題 2.2.6 と同様である.この証明は,ラムダ計算の型システムを扱う上での基本的な要素が数多く含まれており,格好の演習問題である.すべてのケースについて,詳細にわたる証明を各自試みることを勧める.■

問 2.6.1 補題 2.2.6 の証明を参考に補題 2.6.1 を証明せよ.ただし,2.5 節で説明した束縛変数に関する約束を仮定してよい.

定理 2.6.1 (公理的意味論の健全性) もし $E \vdash \Gamma \triangleright M = N : \tau$ なら,$E \models \Gamma \triangleright M = N : \tau$ である.

証明 公理的意味論の各公理の両辺の意味が等しく,かつ各推論規則が意味の同値性を保存することを示すことにより証明する.等式理論の公理および推論規則は自明である.また,公理 (addvar), (remvar) は,補題 2.4.1 より成立する.以下,公理 (β) と (η) について証明する.他の公理は練習問題とする.

(β) の場合.$\Lambda \vdash \Gamma \triangleright (\lambda x : \tau_1.M)N : \tau_2$ と仮定する.$\mathcal{A}$ を任意のモデル,η を Γ を満たす任意の $\mathcal{A}$ 環境とし,$\mathcal{A}[\![\Gamma \triangleright N : \tau_1]\!]\eta = d$ とおく.補題 2.6.1 より,

$$\mathcal{A}[\![\Gamma\{x : \tau_1\} \triangleright M : \tau_2]\!]\eta\{x : d\} = \mathcal{A}[\![\Gamma \triangleright [N/x]M : \tau_2]\!]\eta$$

である.一方,$\mathcal{A}[\![\Gamma \triangleright \lambda x : \tau_1.M : \tau_1 \to \tau_2]\!]\eta = f$ とすると定義より,

$$\begin{aligned}\mathcal{A}[\![\Gamma \triangleright (\lambda x : \tau_1.M)N : \tau_2]\!]\eta &= \mathit{Apply}^{\tau_1,\tau_2}(f, d) \\ &= \mathcal{A}[\![\Gamma\{x : \tau_1\} \triangleright M : \tau_2]\!]\eta\{x : d\}\end{aligned}$$

以上より,$\models \Gamma \triangleright (\lambda x : \tau_1.M)N = [N/x]M : \tau_2$ が成り立つ.

(η) の場合。$\Lambda \vdash \Gamma \triangleright \lambda x : \tau_1.M\ x : \tau$ かつ $x \notin FV(M)$ と仮定する。ある τ_2 があって、$\tau = \tau_1 \to \tau_2$ である。$\mathcal{A}$ を任意のモデル、η を Γ を満たす任意の $\mathcal{A}$ 環境とする。d を A^{τ_1} の任意の要素とし、$\mathcal{A}[\![\Gamma \triangleright \lambda x : \tau_1.M\ x : \tau]\!]\eta = f$ とすると、

$$Apply^{\tau_1,\tau_2}(f,d) = \mathcal{A}[\![\Gamma\{x:\tau_1\} \triangleright M\ x : \tau_2]\!]\eta\{x:d\}$$

である。しかるに $\mathcal{A}[\![\Gamma\{x:\tau_1\} \triangleright x : \tau_1]\!]\eta\{x:d\} = d$ であり d は任意であるから、

$$f = \mathcal{A}[\![\Gamma\{x:\tau_1\} \triangleright M : \tau]\!]\eta\{x:d\}$$

である。$x \notin FV(M)$ であるから補題 2.4.1 より、

$$\mathcal{A}[\![\Gamma\{x:\tau_1\} \triangleright M : \tau]\!]\eta\{x:d\} = \mathcal{A}[\![\Gamma \triangleright M : \tau]\!]\eta$$

したがって

$$\models \Gamma \triangleright \lambda x : \tau_1.M\ x = M : \tau$$

である。■

問 2.6.2 公理 (prod) および (proj) も健全であることを示し、定理 2.6.1 を完成せよ。

2.6.2 公理的意味論の完全性

公理的意味論の完全性は、E のモデル論的帰結である任意の等式が、E から公理的意味論によって証明可能である、という性質であり、以下のように表現される。

定理 2.6.2 (公理的意味論の完全性) もし $E \models \Gamma \triangleright M = N : \tau$ なら、$E \vdash \Gamma \triangleright M = N : \tau$ である。

Λ の公理的意味論では,以下のより強い性質が成立する.

補題 2.6.2 (項モデル[1]の存在補題)　与えられた任意の等式集合 E に対して,$\mathcal{T}_E \models E$ かつ

$$\mathcal{T}_E \models \Gamma \triangleright M = N : \tau \iff E \vdash \Gamma \triangleright M = N : \tau$$

を満たすモデル $\mathcal{T}_E$ が存在する.

この補題が成立すれば,定理 2.6.2 の成立は以下のようにして確立される.

$$E \models \Gamma \triangleright M = N : \tau$$
$$\implies \mathcal{T}_E \models \Gamma \triangleright M = N : \tau$$
$$\iff E \vdash \Gamma \triangleright M = N : \tau$$

以下,項モデルの存在補題を証明する.公理的意味論は健全であるから,$\implies$ の方向のみ証明すればよい.

証明の方針は,型 τ に対応する要素の集合を,公理的意味論で決定される同値関係の同値類の集合と取り,式 M の意味が M を含み M と等しいことが証明可能な式の同値類となるように,$\mathcal{T}_E$ を構築することである.

各変数 x と型 τ に対して,型付き変数 x^τ を考え,型 τ の型付き変数の集合を Var^τ とする.型 τ に対して,集合 T^τ を,以下の条件を満たす最小の集合と定義する.

1. $Var^\tau \subseteq T^\tau$ である.
2. $c^\tau \in T^\tau$ である.
3. もし $M \in T^{\tau_2}$ なら,$\lambda x^{\tau_1} : \tau_1 . M \in T^{\tau_1 \to \tau_2}$ である.
4. もし $M_1 \in T^{\tau_1 \to \tau_2}$ かつ $M_2 \in T^{\tau_1}$ なら,$M_1 \, M_2 \in T^{\tau_2}$ である.
5. もし $M_1 \in T^{\tau_1}, \ldots, M_n \in T^{\tau_n}$ なら,$(M_1, \ldots, M_n) \in T^{\tau_1 \times \cdots \times \tau_n}$ である.
6. もし $M \in T^{\tau_1 \times \cdots \times \tau_n}$ なら,$M.i \in T^{\tau_i}$ である.

---

[1] ここでの「項」はラムダ式の意味である.一般にラムダ式はラムダ項ともいう.「項モデル (term model)」という用語は,ラムダ式そのものから構成されるモデルの意味である.

2.6 公理的意味論の健全性と完全性

任意の型環境 Γ に対して，ρ_Γ を，各 $x \in dom(\Gamma)$ を $x^{\Gamma(x)}$ で置き換える操作とし，

$$E_0 = \{\rho_\Gamma(\Gamma) \triangleright \rho_\Gamma(M_1) = \rho_\Gamma(M_2) : \tau | \Gamma \triangleright M_1 = M_2 : \tau \in E\}$$

と定義する．$M \in T^\tau$ を任意の要素する．$FV(M) = \{x_1^{\tau_1}, \ldots, x_n^{\tau_n}\}$ のとき，型環境 $\{x_1^{\tau_1} : \tau_1, \ldots, x_n^{\tau_n} : \tau_n\}$ を Γ_M と書く．

各集合 T^τ 上に同値関係 $\cong$ を以下のように定義する．

$$M_1 \cong M_2 \iff E_0 \vdash \Gamma_{M_1} \cup \Gamma_{M_2} \triangleright M_1 = M_2 : \tau$$

公理的意味論の定義により，$\cong$ は同値関係である．この同値関係によって定まる M の同値類を $[M]$ と書くことにし，集合 $[T^\tau]$ を以下のように定める．

$$[T^\tau] = \{[M] | M \in T^\tau\}$$

この集合を用いて，Λ のモデル $\mathcal{T}_E$ を以下のように定義する．

$$\mathcal{T}_E = (\{[T^\tau]\}, \{Apply^{\tau_1, \tau_2}\}, \{Prod^{\tau_1, \ldots, \tau_n}\}, \{Proj_i^{\tau_1, \ldots, \tau_n}\}, \boldsymbol{Const})$$

ここで各 $Apply^{\tau_1, \tau_2}, Prod^{\tau_1, \ldots, \tau_n}, Proj_i^{\tau_1, \ldots, \tau_n}$ および $\boldsymbol{Const}$ は以下のような関数である．

- $Apply^{\tau_1, \tau_2} \in [T^{\tau_1 \to \tau_2}] \to [T^{\tau_1}] \to [T^{\tau_2}]$
  $Apply^{\tau_1, \tau_2}([M_1], [M_2]) = [M_1 \ M_2]$
- $Prod^{\tau_1, \ldots, \tau_n} \in [T^{\tau_1}] \to \cdots \to [T^{\tau_n}] \to [T^{\tau_1 \times \cdots \times \tau_n}]$
  $Prod^{\tau_1, \ldots, \tau_n} [M_1] \cdots [M_n] = [(M_1, \ldots, M_n)]$
- $Proj_i^{\tau_1, \ldots, \tau_n} \in [T^{\tau_1 \times \cdots \times \tau_n}] \to [T^{\tau_i}]$
  $Proj_i^{\tau_1, \ldots, \tau_n} [M] = [M.i]$
- $\boldsymbol{Const}(c) = [c]$

命題 2.6.1 以上定義した構造 $\mathcal{T}_E$ は Λ のモデルである．

証明 以下の各性質が成立することによる．

1. 関数 $Apply^{\tau_1,\tau_2}, Prod^{\tau_1,\ldots,\tau_n}, Proj_i^{\tau_1,\ldots,\tau_n}$ の結果は，代表元の選び方によらない．したがってこれらは関数を定義している．（証明は練習問題とする．）また，定義より **Const** は，$Const(c^\tau) \in [T^\tau]$ を満たす．

2. 関数 $Apply^{\tau_1,\tau_2}, Prod^{\tau_1,\ldots,\tau_n}, Proj_i^{\tau_1,\ldots,\tau_n}$ は以下の条件を満たす．

    (i) 任意の $f, g \in [T^{\tau_1 \to \tau_2}]$ について $Apply^{\tau_1,\tau_2}(f,x) = Apply^{\tau_1,\tau_2}(g,x)$ が任意の $x \in [T^{\tau_1}]$ について成り立てば，$f = g$ である．

    (ii) 任意の値 $x_1 \in [T^{\tau_1}] \ldots x_n \in [T^{\tau_n}]$ に対して，
    $$Proj_i^{\tau_1,\ldots,\tau_n}(Prod^{\tau_1,\ldots,\tau_n}\, x_1 \cdots x_n) = x_i$$
    である．

    (iii) 任意の $x \in [T^{\tau_1 \times \cdots \times \tau_n}]$ に対して
    $$Prod^{\tau_1,\ldots,\tau_n}(Proj_1^{\tau_1,\ldots,\tau_n}\, x) \cdots (Proj_n^{\tau_1,\ldots,\tau_n}\, x) = x$$
    である．

ここでは関数型についての性質 (i) のみ証明し，残りは練習問題とする．$f = [F], F \in T^{\tau_1 \to \tau_2}$ かつ $g = [G], G \in T^{\tau_1 \to \tau_2}$ とおき，$x^{\tau_1} \in T^{\tau_1}$ を F, G に現われない変数とする．仮定より $[F\, x^{\tau_1}] = [G\, x^{\tau_1}]$ である．定義より，

$$E_0 \vdash \Gamma_F \cup \Gamma_G \cup \{x^{\tau_1} : \tau_1\} \rhd F\, x^{\tau_1} = G\, x^{\tau_1} : \tau_2$$

である．規則 (ξ) より，

$$E_0 \vdash \Gamma_F \cup \Gamma_G \rhd \lambda x^{\tau_1} : \tau_1.F\, x^{\tau_1} = \lambda x^{\tau_1} : \tau_1.G\, x^{\tau_1} : \tau_1 \to \tau_2$$

が成り立つ．$x^{\tau_1} \notin FV(F) \cup FV(G)$ であるから規則 (η) より，

$$E_0 \vdash \Gamma_F \cup \Gamma_G \rhd \lambda x^{\tau_1} : \tau_1.F\, x^{\tau_1} = F : \tau_1 \to \tau_2$$

かつ

$$E_0 \vdash \Gamma_F \cup \Gamma_G \rhd \lambda x^{\tau_1} : \tau_1.G\, x^{\tau_1} = G : \tau_1 \to \tau_2$$

2.6 公理的意味論の健全性と完全性 　61

が成立する．よって (trans) を繰り返し使うと

$$E_0 \vdash \Gamma_F \cup \Gamma_G \rhd F = G : \tau_1 \to \tau_2$$

を得る．定義より $[F] = [G]$，すなわち $f = g$ である．

3. $\Gamma \rhd M : \tau$ を Λ の式，η を，$\eta \models \Gamma$ を満たす任意の $\mathcal{T}_E$ 環境とする．ϕ_η を，すべての $x \in dom(\Gamma)$ に対して $\phi_\eta(x) \in \eta(x)$ である関数とする．そのような ϕ_η は一般に複数存在するが，そのすべてに対して

$$\mathcal{T}_E[\![\Gamma \rhd M : \tau]\!]\eta = [\phi_\eta(M)]$$

が成り立つ．ここで，$\phi_\eta(M)$ は M の自由変数 x に $\phi_\eta(x)$ を代入して得られるラムダ式である．証明は M の構造に関する帰納法による．以下，M がラムダ抽象 $\lambda x : \tau_1.M_0$ の場合のみを示し，残りのケースは練習問題とする．
$\mathcal{T}_E[\![\Gamma \rhd \lambda x : \tau_1.M_0 : \tau_1 \to \tau_2]\!]\eta = [F]$ とおく．意味の定義より，任意の $N \in T^{\tau_1}$ に対して，

$$Apply^{\tau_1,\tau_2}([F],[N]) = \mathcal{T}_E[\![\Gamma\{x:\tau_1\} \rhd M_0 : \tau_2]\!]\eta\{x:[N]\}$$

である．$\mathcal{T}_E$ の定義，ϕ_η の条件，および帰納法の仮定より，

$$[F\ N] = [\phi_\eta\{x:N\}(M_0)]$$

が成立する．N を x^{τ_1} と取る．定義より，

$$E_0 \vdash \Gamma_F \cup \{x^{\tau_1} : \tau_1\} \rhd F\ x^{\tau_1} = [x^{\tau_1}/x](\phi_\eta(M_0)) : \tau_2$$

である．規則 (ξ) より，

$$E_0 \vdash \Gamma_F \rhd \lambda x^{\tau_1} : \tau_1.F\ x^{\tau_1} = \lambda x^{\tau_1} : \tau_1.[x^{\tau_1}/x](\phi_\eta(M_0)) : \tau_2$$

が成り立つ．$\lambda x^{\tau_1} : \tau_1.[x^{\tau_1}/x](\phi_\eta(M_0)) = \lambda x : \tau_1.(\phi_\eta(M_0))$ であり，また束縛変数の約束より，x^{τ_1} は F に現われないと仮定してよい．そこで，

規則 (η) および (trans) を使えば，

$$E_0 \vdash \Gamma_F \rhd F = \lambda x : \tau_1.\phi_\eta(M_0) : \tau_2$$

が得られる．すなわち，$[F] = [\phi_\eta(\lambda x : \tau_1.M_0)]$ である．∎

問 2.6.3 命題 2.6.1 の証明における性質 1. – 3. の残りのケースを実際に示し，証明を完成せよ．

さらに $\mathcal{T}_E$ の定義より，以下の性質が示せる．

補題 2.6.3

$$E \vdash \Gamma \rhd M_1 = M_2 : \tau \iff E_0 \vdash \rho_\Gamma(\Gamma) \rhd \rho_\Gamma(M_1) = \rho_\Gamma(M_2) : \tau$$

証明 $E \vdash \Gamma \rhd M_1 = M_2 : \tau$ と $E_0 \vdash \rho_\Gamma(\Gamma) \rhd \rho_\Gamma(M_1) = \rho_\Gamma(M_2) : \tau$ は変数名が違うのみで，本質的に同一の命題であることを考えれば明らかである．より厳密には公理的意味論における証明の長さに関する帰納法による．∎

命題 2.6.2 モデル $\mathcal{T}_E$ は等式集合 E を満たす，すなわち，

$$\mathcal{T}_E \models E$$

である．

証明 $\Gamma \rhd M_1 = M_2 : \tau$ を E の任意の等式とする．補題 2.4.1 より $dom(\Gamma) = FV(M_1) \cup FV(M_2)$ として一般性を失わない．$\Gamma = \{x_1 : \tau_1, \ldots, x_n : \tau_n\}$ とし，η を $\eta \models \Gamma$ を満たす任意の $\mathcal{T}_E$ 環境とする．命題 2.6.1 の証明の中で示した性質より，$\eta(x_i) = [\phi(x_i)]$ となる $\phi = \{x_1 : N_1, \ldots, x_n : N_n\}$ に対して

$$\mathcal{T}_E[\![\Gamma \rhd M_1 : \tau]\!]\eta = [\phi(M_1)]$$
$$\mathcal{T}_E[\![\Gamma \rhd M_2 : \tau]\!]\eta = [\phi(M_2)]$$

である．T^τ の定義より，

$$\Lambda \vdash \Gamma_{N_1} \cup \cdots \cup \Gamma_{N_n} \triangleright N_i : \tau_i$$

である．命題 2.5.1 を繰り返し使えば，

$$E_0 \vdash \Gamma_{N_1} \cup \cdots \cup \Gamma_{N_n} \triangleright [N_1/x_1^{\tau_1}, \ldots, N_n/x_n^{\tau_n}](\rho_\Gamma(M_1))$$
$$= [N_1/x_1^{\tau_1}, \ldots, N_n/x_n^{\tau_n}](\rho_\Gamma(M_2)) : \tau$$

しかるに，

$$\phi(M_1) = [N_1/x_1^{\tau_1}, \ldots, N_n/x_n^{\tau_n}](\rho_\Gamma(M_1))$$
$$\phi(M_2) = [N_1/x_1^{\tau_1}, \ldots, N_n/x_n^{\tau_n}](\rho_\Gamma(M_2))$$

であるから，必要なら規則 (addvar) と (remvar) を使って，

$$E_0 \vdash \Gamma_{\phi(M_1)} \cup \Gamma_{\phi(M_2)} \triangleright \phi(M_1) = \phi(M_2) : \tau$$

を得る．したがって

$$\mathcal{T}_E[\![\Gamma \triangleright M_1 : \tau]\!]\eta = \mathcal{T}_E[\![\Gamma \triangleright M_2 : \tau]\!]\eta$$

が成立する．■

$\mathcal{T}_E$ が E を満たすモデルであるから，項モデルの存在補題を証明するには，$\Gamma \triangleright M_1 = M_2 : \tau$ を任意の等式とし，

$$\mathcal{T}_E \models \Gamma \triangleright M_1 = M_2 : \tau$$

と仮定し，

$$E \vdash \Gamma \triangleright M_1 = M_2 : \tau$$

を示せばよい．以前定義した ρ_Γ を使い，$\eta_\Gamma(x) = [\rho_\Gamma(x)]$ とすると $\eta_\Gamma \models \Gamma$ である．したがって，以下の等式が成立する．

$$[\rho_\Gamma(M_1)] = \mathcal{T}_E[\![\Gamma \triangleright M_1 : \tau]\!]\eta_\Gamma$$

$$= \mathcal{T}_E[\![\Gamma \triangleright M_2 : \tau]\!]\eta_\Gamma$$
$$= [\rho_\Gamma(M_2)]$$

同値類の定義より,

$$E_0 \vdash \rho_\Gamma(\Gamma) \triangleright \rho_\Gamma(M_1) = \rho_\Gamma(M_2) : \tau$$

補題 2.6.3 より,

$$E \vdash \Gamma \triangleright M_1 = M_2 : \tau$$

である.

2.7 Λ のモデル間の論理関係

Λ のモデルの定義はおよそ可能なモデルの最低限の構造を規定しているだけであり,性質や構造の異なる種々のモデルが存在しうる.本節では,それら個々のモデルに関する性質や特定のモデル間の関係を調べる有用な道具である**論理関係**,およびその応用例について説明する.

2.7.1 論理関係の定義

二つのモデル $\mathcal{A} = (\{A^\tau\}, \boldsymbol{Apply}_\mathcal{A}, \boldsymbol{Prod}_\mathcal{A}, \boldsymbol{Proj}_\mathcal{A}, \boldsymbol{Const}_\mathcal{A})$ と $\mathcal{B} = (\{B^\tau\}, \boldsymbol{Apply}_\mathcal{B}, \boldsymbol{Prod}_\mathcal{B}, \boldsymbol{Proj}_\mathcal{B}, \boldsymbol{Const}_\mathcal{B})$ の間の論理関係 $\mathcal{R}$ とは,以下の条件を満たす型でインデックスされた関係の集合 $\{R^\tau\}$ である.

1. $R^\tau \subseteq A^\tau \times B^\tau$.
2. $(f, g) \in R^{\tau_1 \to \tau_2} \iff$
   $\forall (x, y) \in R^{\tau_1}.(Apply^{\tau_1, \tau_2}(f, x), Apply^{\tau_1, \tau_2}(g, y))) \in R^{\tau_2}$.
3. $(a, b) \in R^{\tau_1 \times \cdots \times \tau_n} \iff$
   $\forall i \in \{1, \ldots, n\}.(Proj_i^{\tau_1, \ldots, \tau_n}(a), Proj_i^{\tau_1, \ldots, \tau_n}(b)) \in R^{\tau_i}$.
4. $\forall c^\tau.(\boldsymbol{Const}_\mathcal{A}(c^\tau), \boldsymbol{Const}_\mathcal{B}(c^\tau)) \in R^\tau$.

モデル間の論理関係は,それぞれのモデルの環境間の関係に拡張される.モデル $\mathcal{A}, \mathcal{B}$ 間の論理関係 $\mathcal{R}$ と型環境 Γ に対して,Γ を満たす $\mathcal{A}, \mathcal{B}$ の環境

2.7 Λのモデル間の論理関係　65

$\eta_\mathcal{A}, \eta_\mathcal{B}$ 間の関係 $\mathcal{R}^\Gamma$ を以下のように定める.

$$(\eta_\mathcal{A}, \eta_\mathcal{B}) \in \mathcal{R}^\Gamma \iff \forall x \in dom(\Gamma).(\eta_\mathcal{A}(x), \eta_\mathcal{B}(x)) \in R^{\Gamma(x)}$$

補題 2.7.1 (論理関係の基本補題)　$\mathcal{R}$ を $\mathcal{A}$ と $\mathcal{B}$ との論理関係とし, $\eta_\mathcal{A}, \eta_\mathcal{B}$ を $(\eta_\mathcal{A}, \eta_\mathcal{B}) \in \mathcal{R}^\Gamma$ を満たす $\mathcal{A}$ と $\mathcal{B}$ の環境とする. $\Lambda \vdash \Gamma \triangleright M : \tau$ なら,

$$(\mathcal{A}[\![\Gamma \triangleright M : \tau]\!]\eta_\mathcal{A}, \mathcal{B}[\![\Gamma \triangleright M : \tau]\!]\eta_\mathcal{B}) \in R^\tau$$

が成り立つ.

証明　$\Lambda \vdash \Gamma \triangleright M : \tau$ を仮定する. 証明は式 M の構造に関する帰納法による.

c の場合.　$\mathcal{R}$ の定義より成立.

x の場合.　$\eta_\mathcal{A}, \eta_\mathcal{B}$ に関する仮定より成立.

$\lambda x : \tau_1.M_1$ の場合.　$\tau = \tau_1 \to \tau_2$, かつ $\Lambda \vdash \Gamma\{x : \tau_1\} \triangleright M_1 : \tau_2$ である. (a, b) を R^{τ_1} の任意の要素とする. 意味の定義より,

$$Apply^{\tau_1, \tau_2}(\mathcal{A}[\![\Gamma \triangleright \lambda x : \tau_1.M_1 : \tau_1 \to \tau_2]\!]\eta_\mathcal{A}, a)$$
$$= \mathcal{A}[\![\Gamma\{x : \tau_1\} \triangleright M_1 : \tau_2]\!]\eta_\mathcal{A}\{x : a\}$$
$$Apply^{\tau_1, \tau_2}(\mathcal{B}[\![\Gamma \triangleright \lambda x : \tau_1.M_1 : \tau_1 \to \tau_2]\!]\eta_\mathcal{B}, b)$$
$$= \mathcal{B}[\![\Gamma\{x : \tau_1\} \triangleright M_1 : \tau_2]\!]\eta_\mathcal{B}\{x : b\}$$

しかるに $(\eta_\mathcal{A}\{x : a\}, \eta_\mathcal{B}\{x : b\}) \in \mathcal{R}^{\Gamma\{x:\tau_1\}}$ であるから, 帰納法の仮定より,

$$(\mathcal{A}[\![\Gamma\{x : \tau_1\} \triangleright M_1 : \tau_2]\!]\eta_\mathcal{A}\{x : a\},$$
$$\mathcal{B}[\![\Gamma\{x : \tau_1\} \triangleright M_1 : \tau_2]\!]\eta_\mathcal{B}\{x : b\}) \in R^{\tau_2}$$

が成り立つ. したがって $R^{\tau_1 \to \tau_2}$ の定義により,

$$(\mathcal{A}[\![\Gamma \triangleright \lambda x : \tau_1.M_1 : \tau_1 \to \tau_2]\!]\eta_\mathcal{A},$$
$$\mathcal{B}[\![\Gamma \triangleright \lambda x : \tau_1.M_1 : \tau_1 \to \tau_2]\!]\eta_\mathcal{B}) \in R^{\tau_1 \to \tau_2}$$

が成り立つ.

$M_1 M_2$ の場合．ある τ_1 があって，$\Lambda \vdash \Gamma \triangleright M_1 : \tau_1 \to \tau$，$\Lambda \vdash \Gamma \triangleright M_2 : \tau_1$ である．帰納法の仮定より，

$$(\mathcal{A}[\![\Gamma \triangleright M_1 : \tau_1 \to \tau]\!]\eta_\mathcal{A}, \mathcal{B}[\![\Gamma \triangleright M_1 : \tau_1 \to \tau]\!]\eta_\mathcal{B}) \in R^{\tau_1 \to \tau}$$
$$(\mathcal{A}[\![\Gamma \triangleright M_2 : \tau_1]\!]\eta_\mathcal{A}, \mathcal{B}[\![\Gamma \triangleright M_2 : \tau_1]\!]\eta_\mathcal{B}) \in R^{\tau_1}$$

$\mathcal{R}$ の定義と意味の定義より，

$$(\mathcal{A}[\![\Gamma \triangleright M_1 M_2 : \tau]\!]\eta_\mathcal{A}, \mathcal{B}[\![\Gamma \triangleright M_1 M_2 : \tau]\!]\eta_\mathcal{B}) \in R^{\tau}$$

が成り立つ．

$(M_1, \ldots, M_n)$ の場合．ある $\tau_1, \ldots, \tau_n$ があって，$\tau = \tau_1 \times \cdots \times \tau_n$，$\Lambda \vdash \Gamma \triangleright M_i : \tau_i (1 \leq i \leq n)$ である．意味の定義と意味空間の条件より，すべての $i \in \{1, \ldots, n\}$ について

$$Proj_i^{\tau_1,\ldots,\tau_n}(\mathcal{A}[\![\Gamma \triangleright (M_1, \ldots, M_n) : \tau]\!]\eta_\mathcal{A}) = \mathcal{A}[\![\Gamma \triangleright M_i : \tau_i]\!]\eta_\mathcal{A}$$
$$Proj_i^{\tau_1,\ldots,\tau_n}(\mathcal{B}[\![\Gamma \triangleright (M_1, \ldots, M_n) : \tau]\!]\eta_\mathcal{B}) = \mathcal{B}[\![\Gamma \triangleright M_i : \tau_i]\!]\eta_\mathcal{B}$$

である．帰納法の仮定より，すべての $i \in \{1, \ldots, n\}$ について

$$(\mathcal{A}[\![\Gamma \triangleright M_i : \tau_i]\!]\eta_\mathcal{A}, \mathcal{B}[\![\Gamma \triangleright M_i : \tau_i]\!]\eta_\mathcal{B}) \in R^{\tau_i}$$

である．よって $R^{\tau_1 \times \cdots \times \tau_n}$ の定義より，

$$(\mathcal{A}[\![\Gamma \triangleright (M_1, \ldots, M_n) : \tau]\!]\eta_\mathcal{A}, \mathcal{B}[\![\Gamma \triangleright (M_1, \ldots, M_n) : \tau]\!]\eta_\mathcal{B}) \in R^{\tau_1 \times \cdots \times \tau_n}$$

$M_1.i$ の場合．ある $\tau_1, \ldots, \tau_n$ があって，$\tau = \tau_i$，$\Lambda \vdash \Gamma \triangleright M_1 : \tau_1 \times \cdots \times \tau_n$ である．帰納法の仮定より，

$$(\mathcal{A}[\![\Gamma \triangleright M_1 : \tau_1 \times \cdots \times \tau_n]\!]\eta_\mathcal{A}, \mathcal{B}[\![\Gamma \triangleright M_1 : \tau_1 \times \cdots \times \tau_n]\!]\eta_\mathcal{B}) \in R^{\tau_1 \times \cdots \times \tau_n}$$

が成り立つ．意味の定義と意味空間の公理より，

$$\mathcal{A}[\![\Gamma \triangleright M_1.i : \tau_i]\!]\eta_\mathcal{A} = Proj_i^{\tau_1,\ldots,\tau_n}(\mathcal{A}[\![\Gamma \triangleright M_1 : \tau_1 \times \cdots \times \tau_n]\!]\eta_\mathcal{A})$$
$$\mathcal{B}[\![\Gamma \triangleright M_1.i : \tau_i]\!]\eta_\mathcal{B} = Proj_i^{\tau_1,\ldots,\tau_n}(\mathcal{B}[\![\Gamma \triangleright M_1 : \tau_1 \times \cdots \times \tau_n]\!]\eta_\mathcal{B})$$

である．$\mathcal{R}$ の定義より，

$$(\mathcal{A}[\![\Gamma \triangleright M_1 \cdot i : \tau]\!]\eta_\mathcal{A}, \mathcal{B}[\![\Gamma \triangleright M_1 \cdot i : \tau]\!]\eta_\mathcal{B}) \in R^\tau$$

が成立する．■

2.7.2 $\beta\eta$ 同値関係のモデル

論理関係の考え方は，Friedman[18] によって，Λ の純粋な公理的意味論が，基底型の集合が可算無限である型フレームに関して完全であることを証明する際に用いられたものである．以下，公理系があるモデルに関して完全であることの意味を説明し，Friedman の証明を，論理関係の概念を使って再構成する．

Λ の完全性定理は，Λ の公理的意味論が定義する同値性が，意味論的同値性と一致することを示すものである．ここでの意味論的な同値性は，「すべてのモデルにおいて真である」という性質である．この同値性の概念は，意味論における最も基本的なものであり，それに関する性質は，Λ の表現しうる事象に関する普遍的な重要なものである．しかしながら，我々はしばしば，ある特定のモデルを念頭におき，その記述システムとして Λ を考えることが多い．例えば，$int \to int$ 型といった場合，通常我々が考えるモデルは，整数から整数への関数である．では，Λ の公理的意味論が定義する同値性と完全に一致するような，（自然な）ある特定なモデルは存在するであろうか？ もちろんそのようなモデルは，パラメタとして仮定される追加公理集合 E に依存する．以下，E が空集合の場合について，この問題を考えてみよう．通常 E が空である Λ の公理的意味論は，$\beta\eta$ **同値関係**と呼ばれる．$\beta\eta$ 同値関係が完全な公理系となるモデルは，Λ が記述する対象の抽象的な表現と考えることができるので，そのようなモデルを発見することは Λ を理解する上で有用である．

$\beta\eta$ 同値関係を $Theory(\beta\eta)$ と書き，あるモデル $\mathcal{A}$ において真な等式の集合を $Valid(\mathcal{A})$ と書く．

$$Theory(\beta\eta) = \{\Gamma \triangleright M_1 = M_2 : \tau | \vdash \Gamma \triangleright M_1 = M_2 : \tau\}$$

$$Valid(\mathcal{A}) = \{\Gamma \triangleright M_1 = M_2 : \tau | \mathcal{A} \models \Gamma \triangleright M_1 = M_2 : \tau\}$$

である．$\beta\eta$ 同値関係が，$\mathcal{A}$ の完全な公理系となっているとは，

$$Theory(\beta\eta) = Valid(\mathcal{A})$$

が成立することにほかならない．公理的意味論の完全性定理の証明の中で構成した項モデル $\mathcal{T}_\emptyset$ は，この性質を持つモデルである．しかしながら，項モデルは，その名が示す通り，Λ の文法構造をそのまま用いて構築されたモデルであり，そのモデルの同値関係は，Λ の公理的意味論における証明可能性そのものであった．我々が Λ を理解する上で特に興味があるのは，Λ の文法および公理的意味論に依存しない，我々がすでにその構造を理解している数学的なモデルである．

その一つの候補として型フレーム $\mathcal{F}$ を考えてみよう．$\beta\eta$ 理論は $\mathcal{F}$ に関して完全であろうか？ すなわち，

$$Theory(\beta\eta) = Valid(\mathcal{F})$$

は成立するであろうか？ 残念ながら，ある基底型 b に対して F^b が有限である場合は，この等式は成立しない．このことを確認するために，自然数のコード化で使用したラムダ式 C_n を考えてみよう．

$$C_n = \lambda f : b \to b.\lambda x : b.f^n\ x$$

明らかに $\{C_n | n \text{ は自然数}\}$ は可算無限個存在し，しかもそれらのどの二つも $\beta\eta$ 同値ではない．すなわち，$i \neq j$ であれば，

$$\not\vdash \emptyset \triangleright C_i = C_j : (b \to b) \to b \to b$$

となることを容易に確かめることができる．しかしながら F^b が有限であれば，$F^{(b \to b) \to b \to b}$ は高々有限個の要素しか含まないから，$\mathcal{F} \models \emptyset \triangleright C_i = C_j : (b \to b) \to b \to b$ となる相異なる C_i, C_j が必ず存在するはずである．したがって，F^b が有限であるような型フレームに対しては，公理的意味論は完全ではあり得ない．この反例は，すべての基底型 b に対して F^b が無限であれば成立しない．実際に，$\beta\eta$ 同値関係は，そのような型フレームに関

して完全であることを，論理関係を使って示すことができる．

公理的意味論は健全であるから，一般に，任意のモデル $\mathcal{M}$ に対して

$$Theory(\beta\eta) \subseteq Valid(\mathcal{M})$$

が成立する．したがって，$\beta\eta$ 同値関係があるモデル $\mathcal{A}$ の完全な公理系となるためには，

$$Valid(\mathcal{A}) \subseteq Valid(\mathcal{M})$$

が任意のモデル $\mathcal{M}$ に対して成り立つことが必要である．さらに，$\beta\eta$ 同値関係は，項モデル $\mathcal{T}_\emptyset$ に関して完全であることが証明されているから，$\beta\eta$ 同値関係が $\mathcal{A}$ の完全な公理系となることを示すためには，

$$Valid(\mathcal{A}) \subseteq Valid(\mathcal{T}_\emptyset)$$

を示せば十分である．Friedman は，モデルが満たす等式集合間の包含関係を，論理関係を使って特徴付けることによって，すべての基底型の領域が可算無限であれば，型フレームはこの性質を持つこと証明した．

論理関係 $\mathcal{R} \subseteq \mathcal{A} \times \mathcal{B}$ が，任意の τ について，

$$\forall a. \forall b_1. \forall b_2. ((a, b_1) \in R^\tau, (a, b_2) \in R^\tau \implies b_1 = b_2)$$

を満たすとき，**論理部分関数**と呼ぶ．さらに，$\mathcal{A}$ から $\mathcal{B}$ の論理部分関数 $\mathcal{R}$ が任意の τ に対して

$$\{b | R(a, b), a \in A^\tau\} = B^\tau$$

を満たすとき，$\mathcal{A}$ から $\mathcal{B}$ の**全射論理部分関数**という．論理関係の基本補題 2.7.1 から，以下の性質が帰結する．

系 2.7.1 モデル $\mathcal{A}$ からモデル $\mathcal{B}$ への全射論理部分関数 $\mathcal{R} \subseteq \mathcal{A} \times \mathcal{B}$ が存在すれば，任意の等式 $\Gamma \triangleright M = N : \tau$ について $\mathcal{A} \models \Gamma \triangleright M = N : \tau$ ならば $\mathcal{B} \models \Gamma \triangleright M = N : \tau$ である．

問 2.7.1 モデル $\mathcal{A}$ からモデル $\mathcal{B}$ への全射論理部分関数 $\mathcal{R} \subseteq \mathcal{A} \times \mathcal{B}$ が存在すれば，

Γ を満たす任意の $\mathcal{B}$ 環境 $\eta_{\mathcal{B}}$ に対して,Γ を満たす $\mathcal{A}$ 環境 $\eta_{\mathcal{A}}$ で,$(\eta_{\mathcal{A}}, \eta_{\mathcal{B}}) \in \mathcal{R}^{\Gamma}$ を満たすものが存在することを示せ.この性質を使い,系 2.7.1 を証明せよ.

この結果は,全射論理部分関数 $\mathcal{R} \subseteq \mathcal{A} \times \mathcal{B}$ が存在すれば,$Valid(\mathcal{A}) \subseteq Valid(\mathcal{B})$ であることを示している.したがって,あるモデル $\mathcal{A}$ から $\mathcal{T}_{\emptyset}$ への全射論理部分関数が定義できれば,純粋な Λ の公理的意味論は,$\mathcal{A}$ に関しても完全であることが示されたことになる.

全射論理部分関数の存在に関して以下の性質が証明できる.

補題 2.7.2 $\mathcal{A}$ を型フレーム,$\mathcal{B}$ をモデルとする.もし各基底型 b について $|B^b| \leq |A^b|$ なら,$\mathcal{A}$ から $\mathcal{B}$ の全射論理部分関数が存在する.

証明 型に関する帰納法により,条件を満たす R^{τ} が構成できることを示す.

b の場合.$|B^b| \leq |A^b|$ であるから,B^b から A^b への単射関数 ϕ が存在する.$R^b = \{(\phi(x), x) | x \in B^b\}$ と取れば条件を満たす.

$\tau_1 \to \tau_2$ の場合.帰納法の仮定より,条件を満たす R^{τ_1} と R^{τ_2} が存在する.これら二つによって論理関係 $R^{\tau_1 \to \tau_2}$ は一意に決定される.この関係が,全射部分関数となっていることを示せばよい.$f \in B^{\tau_1 \to \tau_2}$ を任意の要素とする.A^{τ_1} から A^{τ_2} の関数 $f_\mathcal{A}$ を以下のように定義する.任意の $x \in A^{\tau_1}$ について,もし $(x, y) \in R^{\tau_1}$ なる $y \in B^{\tau_1}$ がなければ,A^{τ_2} の要素 x_{τ_2} を適当に選択し,$f_\mathcal{A}(x) = x_{\tau_2}$ とする.もし $(x, y) \in R^{\tau_1}$ なる $y \in B^{\tau_1}$ があれば,その y に対して $(x', Apply^{\tau_1, \tau_2}(f, y)) \in R^{\tau_2}$ を満たす適当な x' を選び,それを $f_\mathcal{A}(x)$ の値とする.R^{τ_2} は全射であるから,そのような x' は必ず取ることができる.$\mathcal{A}$ は型フレームであるから,$f_\mathcal{A}$ は $A^{\tau_1 \to \tau_2}$ の要素である.定義から明らかに $(f_\mathcal{A}, f) \in R^{\tau_1 \to \tau_2}$ である.よって $R^{\tau_1 \to \tau_2}$ は全射である.次に,$(f, g_1) \in R^{\tau_1 \to \tau_2}$ かつ $(f, g_2) \in R^{\tau_1 \to \tau_2}$ と仮定する.$y \in B^{\tau_1}$ を任意の要素とする.R^{τ_1} は全射であるから,$(x, y) \in R^{\tau_1}$ なる $x \in A^{\tau_1}$ が存在する.よって,$(f\ x, Apply^{\tau_1, \tau_2}(g_1, y)) \in R^{\tau_2}$ かつ $(f\ x, Apply^{\tau_1, \tau_2}(g_2, y)) \in R^{\tau_2}$ が成り立つ.R^{τ_2} は論理部分関数であるから,$Apply^{\tau_1, \tau_2}(g_1, y) = Apply^{\tau_1, \tau_2}(g_2, y)$ である.y は任意の要素であるから $g_1 = g_2$ である.

$\tau_1 \times \cdots \times \tau_n$ の場合.帰納法の仮定より条件を満たす $R^{\tau_1}, \ldots, R^{\tau_n}$ が存在

する．これらによって論理関係 $R^{\tau_1 \times \cdots \times \tau_n}$ は一意に決定される．この関係が，全射部分関数となっていることを示す．$y \in B^{\tau_1 \times \cdots \times \tau_n}$ を任意の要素とし，$y_i = \mathit{Proj}_i^{\tau_1,\ldots,\tau_n} y$ と置く．$y_i \in B^{\tau_i}$ であるから，帰納法の仮定より，ある $x_i \in A^{\tau_i}$ が存在して，$(x_i, y_i) \in R^{\tau_i}$ である．よって，$\mathcal{R}$ の定義より，$(\mathit{Prod}^{\tau_1,\ldots,\tau_n} x_1 \cdots x_n, y) \in R^{\tau_1 \times \cdots \times \tau_n}$ である．よって $R^{\tau_1 \times \cdots \times \tau_n}$ は全射である．次に，ある要素 $x \in A^{\tau_1 \times \cdots \times \tau_n}$ に対して $(x, y_1) \in R^{\tau_1 \times \cdots \times \tau_n}$ かつ $(x, y_2) \in R^{\tau_1 \times \cdots \times \tau_n}$ と仮定する．$\mathcal{R}$ の定義より，$1 \leq i \leq n$ なる各 i に対して，$(\mathit{Proj}_i^{\tau_1,\ldots,\tau_n} x, \mathit{Proj}_i^{\tau_1,\ldots,\tau_n} y_1) \in R^{\tau_i}$ かつ $(\mathit{Proj}_i^{\tau_1,\ldots,\tau_n} x, \mathit{Proj}_i^{\tau_1,\ldots,\tau_n} y_2) \in R^{\tau_i}$ が成り立つ．帰納法の仮定より，$\mathit{Proj}_i^{\tau_1,\ldots,\tau_n} y_1 = \mathit{Proj}_i^{\tau_1,\ldots,\tau_n} y_2$ である．これがすべての i で成り立つから，意味空間の外延性の条件より，$y_1 = y_2$ である．∎

定理 2.7.1 $\beta\eta$ 理論は，各基底型が可算無限個の要素を含む型フレームに関して完全である．

証明 $\mathcal{F}$ を，各基底型 b に対する集合 F^b が可算無限である型フレームとし，$\mathcal{F} \models \Gamma \rhd M_1 = M_2 : \tau$ と仮定する．$\mathcal{T}_\emptyset$ を項モデルとすると，その定義より，各基底型 B に対応する $[T^b]$ は可算無限である．したがって，$|[T^b]| \leq |F^b|$ である．よって補題 2.7.2 より，$\mathcal{F}$ から $\mathcal{T}_\emptyset$ への全射論理部分関数が存在する．したがって，系 2.7.1 より $\mathcal{T}_\emptyset \models \Gamma \rhd M_1 = M_2 : \tau$ である．補題 2.6.2 の証明から，$\vdash \Gamma \rhd M_1 = M_2 : \tau$ である．∎

2.7.3 式の構文論的性質のモデル論的証明

論理関係は，モデルに関する性質ばかりでなく，Λ の式の構文論的性質の分析にも使用することができる．ここでは，その例として，型とその型を持つ閉じたラムダ式の関係を調べる．

以降簡単のために，Λ は定数を含まず，基底型が b ただ一つであると仮定し，Λ のモデル $\mathcal{A}$ を考える．型 $b \to b$ を持つ閉じた式，すなわち

$$\Lambda \vdash \emptyset \rhd M : b \to b$$

なる式で $\mathcal{A}$ において意味の異なるものはいくつあるであろうか？M の例としては $\lambda x : b.x$ があり，その意味は任意の $v \in A^b$ に対して $f(v) = v$ となる恒等関数 f であることが容易にわかる．この特殊な例に限らず，上記の型を持つ式はすべて $\lambda x : b.x$ に等しく，したがってこの式が型 $b \to b$ を持つ実質的に唯一の式である．純粋な構文論的な議論でこの性質を証明することも不可能ではないが，証明はかなり技巧的である．

問 2.7.2 $\Lambda \vdash \emptyset \triangleright M : b \to b$ なら，$\Lambda \vdash \emptyset \triangleright M = \lambda x : b.x : b \to b$ であることを証明せよ．(ヒント：後に論じる通り Λ は強正規性を持つから，M は正規形であるとして一般性を失わない．)

この性質を，論理関係を用いた意味論的な議論により，より系統的に証明することができる．

$\mathcal{O}$ を $O^b = \{1\}$ から生成される型フレームとする．すると，$\mathcal{O}[\![\emptyset \triangleright M : b \to b]\!]\eta$ は当然 1 を 1 に対応させる関数である．この関数を ID_b と書くことにする．$\mathcal{A}[\![\emptyset \triangleright M : b \to b]\!]\emptyset$ を g とする．v を A^b の任意の要素とし，$\mathcal{O}$ と $\mathcal{A}$ の間に，$R^b = \{(1, v)\}$ なる論理関係 $\mathcal{R}$ を考える．($\mathcal{R}$ は R^b によって一意に決定される．これを確かめよ．) すると基本補題 2.7.1 により，$(ID_b, g) \in R^{b \to b}$ である．さらに $(1, v) \in R^b$ である．よって $R^{b \to b}$ の定義により，

$$(Apply^{b,b}(ID_b, 1), Apply^{b,b}(g, v)) \in R^b$$

となる．ところが $Apply^{b,b}(ID_b, 1) = 1$ であるから，

$$(1, Apply^{b,b}(g, v)) \in R^b$$

が成立しなければならない．R^b の定義により，$Apply^{b,b}(g, v) = v$ である．v は任意の要素であったから，ラムダ抽象の意味の定義より，

$$\mathcal{A}[\![\emptyset \triangleright M : b \to b]\!]\emptyset = \mathcal{A}[\![\emptyset \triangleright \lambda x : b.x : b \to b]\!]\emptyset$$

である．$\emptyset$ は $\emptyset \models \emptyset$ を満たす唯一の環境であるから，

$$\mathcal{A} \models \emptyset \triangleright M = \lambda x : b.x : b \to b$$

$\mathcal{A}$ は任意のモデルであったから,

$$\models \emptyset \rhd M = \lambda x : b.x : b \to b$$

公理的意味論の完全性定理より,

$$\vdash \emptyset \rhd M = \lambda x : b.x : b \to b$$

が成り立つ.

より複雑な例として,以前と同様の条件のもとで,

$$\emptyset \rhd M : (b \to b) \to b \to b$$

を満たす意味の異なる式 M がいくつあるかを考察する. M の例としては

$$C_n = \lambda f : b \to b. \lambda x : b. f^n x$$

がある.以前と同様の議論により, M は C_n のいずれかに等しいことを示すことができる.そのために,

$$F = \mathcal{A}[\![\emptyset \rhd M : (b \to b) \to b \to b]\!] \emptyset$$

と置き,この要素の性質を調べる. $a \in A^b, f \in A^{b \to b}$ を任意の要素とする. F は, $Apply^{b,b}(Apply^{b \to b, b \to b}(F, f), a)$ の取りうる値によって特徴付けられる.

$$f^n \, a = \underbrace{Apply^{b,b}(f, \cdots (Apply^{b,b}(f, a)))}_{n \text{ 個の } f}$$

と書くことにする.

$N^b = \{0, 1, 2, \ldots, n, \ldots\}$ から生成される型フレーム $\mathcal{N}$ を考え,以下の関係 R^b から生成される論理関係を考える.

$$(a, 0) \in R^b \text{ かつ } ((v, n) \in R^b \iff v = f^n \, a \ (n \geq 1))$$

$succ$ を $succ(n) = n + 1$ なる関数とすると,

$$(f, succ) \in R^{b \to b}$$

である.したがって,論理関係の基本補題 2.7.1 および論理関係の定義より,

$(Apply^{b,b}(Apply^{b\to b,b\to b}(F,f),a), \mathcal{N}[\![\emptyset \triangleright M : (b\to b)\to b\to b]\!]\emptyset\ succ\ 0)$
$\in R^b$

である.よってある n があって,

$$Apply^{b,b}(Apply^{b\to b,b\to b}(F,f),a) = f^n\ a$$

となることが示される.これより,以前と同様の議論により,

$$\models \emptyset \triangleright M = \lambda f:b\to b.\lambda x:b.f^n\ x : (b\to b)\to b\to b$$

であり,したがって,

$$\vdash \emptyset \triangleright M = \lambda f:b\to b.\lambda x:b.f^n\ x : (b\to b)\to b\to b$$

が成立することを示すことができる.

問 2.7.3 $\underbrace{b\to\cdots\to b}_{n\text{個}}\to b$ を $b^n \to b$ と書くことにする.以上の議論を,以下のような形の型判定に一般化せよ.

$$\emptyset \triangleright M : (b^{a_1}\to b)\to \cdots \to (b^{a_n}\to b)\to b^m\to b$$

ここで,以上の性質を証明するために使用した「定数含まず,基底型が b ただ一つ」という仮定を振り返ってみよう.定数は任意の性質を持つことができるから,定数を含まないという条件は,型とラムダ式の関係に関する一般的な性質を導くためには当然必要な仮定である.我々は,基底型が b ただ一つであるという条件に現われる基底型 b の性質は何も使用していない.したがって,以上の結果は,基底型の選び方に依存しない.すると,定数を含まないシステムでは,「基底型が b ただ一つであるという条件の下で,閉じた式 M が型 $b\to b$ を持つ」という条件は,「M が,任意の型 τ に対して,型 $\tau\to\tau$ を持つ」という条件と等しいことがわかる.閉じた式 M が任意の型 τ に対して型 $\tau\to\tau$ を持つことを確認するためには,t を未知の型を表わす変数としたとき,仮に t を型とみなしたとき,M が型 $t\to t$ を持つことを確認すれば十分である.我々が仮定した「ただ一つの基底型 b」はこの任意の

型を表わす変数の役割を果たすものであった．M の型に関する以上の性質は，述語論理学での手法を模倣するならば，「M は型 $\forall t.t \to t$」を持つと表現可能である．このような型を**多相型**（polymorphic type）と呼び，多相型を持つようなラムダ式の性質を**多相性**（polymorphism）と呼ぶ．Friedmanらによって，モデル間の性質の分析のために開発された論理関係は，多相型を持つラムダ式の性質の分析にも有用な道具である．多相型をも表現可能な型システムは，第 5 章で詳しく解説する．

2.8 Λ の簡約システム

以上定義した公理的意味論は，ラムダ式の同値性を定義することによってラムダ式の意味を記述するのみで，プログラミング言語が表現する計算の動的な過程を表現していない．ラムダ計算によって計算の動的な過程を表現するための基礎となるものは，ラムダ式を逐次的に変換する簡約システムである．Λ の**簡約公理**と**1 ステップ簡約関係** $M \longrightarrow N$ を図 2.5 に示す．ここで δ 規則は，定数関数の意味に従って与えられた規則である．関数定数 $f : b_1 \times \cdots \times b_n \to b$ に対する δ 規則の集合は，C^{b_i} を，型 b_i を持つ原子定数の集合としたとき，$C^{b_1} \times \cdots \times C^{b_n}$ から C^b への関数を定義していると仮定する．**簡約関係** $M \stackrel{*}{\longrightarrow} N$ を，1 ステップ簡約関係 $M \longrightarrow N$ の反射的推移的閉包と定義する．

Λ の型システムは，ラムダ式の意味や簡約関係に言及せずにラムダ式の文法構造のみからラムダ式の型に関する性質を導出するシステムであり，この意味で**静的な**型システムと呼ばれる．静的型システムが意味を持つためには，それが，ラムダ式の実際の動作に関して正しくなければならない．すなわち，型システムが導出した型が，プログラムが計算する結果の値の型と一致しなければならない．そのためには，以下の性質が成り立つことが必要である．

定理 2.8.1 (型保存定理) もし $\Lambda \vdash \Gamma \rhd M : \tau$ かつ $M \stackrel{*}{\longrightarrow} N$ なら，$\Lambda \vdash \Gamma \rhd N : \tau$ である．

簡約公理

(β) $\quad (\lambda x : \tau.M)\, N \Longrightarrow [N/x]M$

(η) $\quad \lambda x : \tau.Mx \Longrightarrow M \quad (x \notin FV(M))$

(proj) $\quad (M_1, \ldots, M_n).i \Longrightarrow M_i \quad (1 \leq i \leq n)$

(δ) $\quad f(c_1, \ldots, c_n) \Longrightarrow c$
$\quad\quad\quad\quad (f(c_1, \ldots, c_n) = c\, が\, f\, に対して仮定された等式であるとき)$

１ステップ簡約関係

$(\text{axiom}) \quad \dfrac{M \Longrightarrow N}{M \longrightarrow N} \quad (関係 \Longrightarrow は\, (\beta),\ (\eta),\ (\text{proj}),\ (\delta)\, のいずれか)$

$(\xi) \quad \dfrac{M \longrightarrow N}{\lambda x : \tau.M \longrightarrow \lambda x : \tau.N}$

$(\mu_1) \quad \dfrac{M \longrightarrow N}{M\, P \longrightarrow N\, P}$

$(\mu_2) \quad \dfrac{M \longrightarrow N}{P\, M \longrightarrow P\, N}$

$(\mu_3) \quad \dfrac{M \longrightarrow N}{(\ldots, M, \ldots) \longrightarrow (\ldots, N, \ldots)}$

$(\mu_4) \quad \dfrac{M \longrightarrow N}{M.i \longrightarrow N.i}$

図 2.5　Λ の１ステップ簡約関係

証明 各簡約公理が型を保存すれば，M の構造に関する簡単な帰納法で1ステップ簡約が型を保存することが示せ，さらに $\xrightarrow{*}$ 関係に含まれる1ステップ簡約の数に関する帰納法により，定理は証明できる．以下，各簡約公理が型を保存することを示す．

(β) の場合．$\Lambda \vdash \Gamma \triangleright (\lambda x : \tau_1.M)\, N : \tau$ と仮定する．型システムの定義より，$\Lambda \vdash \Gamma\{x : \tau_1\} \triangleright M : \tau$, $\Lambda \vdash \Gamma \triangleright N : \tau_1$ が成立する．型の代入補題 2.2.6 より，$\Lambda \vdash \Gamma \triangleright [N/x]M : \tau$ である．

(η) の場合．$\Lambda \vdash \Gamma \triangleright \lambda x : \tau_1.M\, x : \tau$ かつ $x \notin FV(M)$ と仮定する．型システムの定義より，ある τ_2 があって，$\tau = \tau_1 \to \tau_2$, $\Lambda \vdash \Gamma\{x : \tau_1\} \triangleright M\, x : \tau_2$, $\Lambda \vdash \Gamma\{x : \tau_1\} \triangleright x : \tau_1$ が成立する．よって，型システムの定義より，$\Lambda \vdash \Gamma\{x : \tau_1\} \triangleright M : \tau_1 \to \tau_2$ である．$x \notin FV(M)$ であるから，補題 2.2.3 および 2.2.4 より，$\Lambda \vdash \Gamma \triangleright M : \tau_1 \to \tau_2$ である．

(proj) の場合．$\Lambda \vdash \Gamma \triangleright (M_1, \ldots, M_n).i : \tau$ と仮定する．型システムの定義より，ある $\tau_1, \ldots, \tau_n$ があって，$\Lambda \vdash \Gamma \triangleright (M_1, \ldots, M_n) : \tau_1 \times \cdots \times \tau_n$ かつ $\tau = \tau_i$ である．型システムの定義より，$\Lambda \vdash \Gamma \triangleright M_i : \tau_i$ である．■

簡約システムは，ラムダ式の可能な変換を関係として定めているに過ぎず，その表現する計算は非決定的である．すなわち，与えられたラムダ式 M に対して数多くの変換列が存在する．この非決定性にもかかわらず，簡約システムは，ラムダ式の表現する計算を記述するものと見なしうる．その根拠は，簡約システムが持つ強正規性および合流性の二つの性質に基づく．以下この二つの性質を解説する．

M から始まる簡約の無限系列が存在しない場合，すなわちすべての簡約系列が正規形に至り停止するとき，M は**強正規化性**を持つといい，強正規化性を持つラムダ式の集合を SN とする．

定理 2.8.2 (強正規化定理) もし $\Lambda \vdash \Gamma \triangleright M : \tau$ なら，$M \in SN$ である．

この定理はこれまでに種々の定理と違い，M の構造に関する帰納法では証明できない．帰納法で証明しようとすると，関数適用 $M_1\, M_2$ のケースで行き詰まってしまう．帰納法の仮定から $M_1 \in SN$ と $M_2 \in SN$ はいえる

が，そこから $(M_1\ M_2) \in SN$ は帰結しない．$M_1\ M_2$ の式も含めて帰納法で証明するためには，帰納法の仮定として（M_1 に関して）SN より強い性質が必要である．仮にその望ましい性質を P とすると，$M \in P$ は直感的には，$M \in SN$ であり，かつ「任意の式 N に対して，もし $N \in P$ なら，$(M\ N) \in P$ である」という性質をも保証するようなものである必要がある．Tait[56] は，前節で紹介した論理関係とよく似た方法でそのような望ましい性質を定義し，強正規化定理を証明した．

ラムダ式の集合上に型で添え字付けられた述語 P^τ を以下のように定義する．

- すべての基底型 b について $P^b = SN$．
- $M \in P^{\tau_1 \to \tau_2} \iff \forall N.(N \in P^{\tau_1} \implies (M\ N) \in P^{\tau_2})$．
- $M \in P^{\tau_1 \times \cdots \times \tau_n} \iff \forall i \in \{1, \ldots, n\}.M.i \in P^{\tau_i}$．

任意の型 τ について，$P^\tau \subseteq SN$ であることを示す必要がある．そのために，ラムダ式の**文脈**（context）の概念を用いる．一般に，ラムダ式の文脈とは，穴のあるラムダ式のことである．穴を $[\cdot]$ で表わす．C を文脈とすると，C の中の穴をラムダ式 M で埋めて得られるラムダ式を $C[M]$ と書くことにする．例えば，$C = x\ [\cdot]$ かつ $M = x\ y$ なら，$C[M] = x\ (x\ y)$ である．

S を，SN を代表するメタ変数とし，以下の文法で定義される正規文脈 K を考える．

$$K ::= [\cdot] \mid K.i \mid K\ S$$

目的の性質 $P^\tau \subseteq SN$ を帰納法で証明するために，より強い以下の性質を示す．

補題 2.8.1 P^τ は以下の二つの性質を満たす．

1. $P^\tau \subseteq SN$，
2. 任意の変数または定数 v，正規文脈 K に対して，$K[v] \in P^\tau$．

証明 両方の性質を同時に，型に関する帰納法によって示す．

b の場合．

1. P^b の定義による.
2. 正規文脈の生成に関する帰納法により, $K[v] \in SN$ であることが示せるから, 定義より $K[v] \in P^b$ である.

$\tau_1 \to \tau_2$ の場合.

1. $[\cdot]$ は正規文脈であるから, 帰納法の仮定により $v \in P^{\tau_1}$. M を $P^{\tau_1 \to \tau_2}$ の任意の要素とする. P の定義より $M v \in P^{\tau_2}$ である. 帰納法の仮定により $M v \in SN$. しかるに明らかに, $M v \in SN$ なら, $M \in SN$ である.
2. N を P^{τ_1} の任意の要素とする. 帰納法の仮定より $N \in SN$ であるから, $K N$ も正規文脈である. よって, 帰納法の仮定により $(K[v]\ N) \in P^{\tau_2}$ である. よって P の定義より, $K[v] \in P^{\tau_1 \to \tau_2}$.

$\tau_1 \times \cdots \times \tau_n$ の場合.

1. $M \in P^{\tau_1 \times \cdots \times \tau_n}$ とする. P の定義により, 任意の $i \in \{1,\ldots,n\}$ について $M.i \in P^{\tau_i}$. 帰納法の仮定より $M.i \in SN$. よって $M \in SN$.
2. 定義により, $K.i$ も正規文脈である. 帰納法の仮定により, 任意の $i (1 \leq i \leq n)$ について $K[v].i \in P^{\tau_i}$ である. よって P の定義より $K[v] \in P^{\tau_1 \times \cdots \times \tau_n}$. ∎

われわれの方針は, M が型 τ を持てば, M は P^τ に属することを帰納法で示すことである. ラムダ抽象の式および射影の式を証明するために, P に関する二つの補題を証明する.

C を, 以下の文法で定義される任意の文脈とする.

$$C ::= [\cdot] \mid C.i \mid C\ M$$

補題 2.8.2 任意の $N \in P^{\tau_0}$ について,

$$C[[N/x]M_1] \in P^\tau \implies C[(\lambda x : \tau_0.M_1)\ N] \in P^\tau$$

である.

証明 τ に関する帰納法で証明する．

b の場合．$C[(\lambda x : \tau_0.M_1)\ N] \notin SN$ と仮定する．補題 2.8.1 より $N \in SN$ である．したがって，任意の M_0 に対して $C[M_0] \notin SN$ であるかまたは，$C[(\lambda x : \tau_0.M_1)\ N] \xrightarrow{*} C'[(\lambda x : \tau_0.M_1')\ N']$ かつ $C'[[N'/x]M_1'] \notin SN$ のいずれかである．いずれの場合も $C[([N/x]M_1)] \notin SN$ である．

$\tau_1 \to \tau_2$ の場合．$N_0 \in P^{\tau_1}$ を任意の要素とし，$(C[[N/x]M_1])\ N_0 \in P^{\tau_2}$ と仮定する．$C\ N_0$ も文脈の条件を満たすから，帰納法の仮定より，$C[(\lambda x : \tau_0.M_1)\ N]\ N_0 \in P^{\tau_2}$ である．N_0 は P^{τ_1} の任意の要素であるから，$P^{\tau_1 \to \tau_2}$ の定義より，$C[(\lambda x : \tau_1.M_1)\ N] \in P^{\tau_1 \to \tau_2}$ である．

$\tau_1 \times \cdots \times \tau_n$ の場合．$C[[N/x]M_1] \in P^{\tau_1 \times \cdots \times \tau_n}$ と仮定する．P の定義より，任意の $i \in \{1, \ldots, n\}$ に対して $C[[N/x]M_1].i \in P^{\tau_i}$ である．$C[\cdot].i$ も文脈の定義を満たすから，帰納法の仮定より，$C[(\lambda x : \tau_0.M_1)\ N].i \in P^{\tau_i}$ である．これが任意の i で成り立つから，P の定義より，$C[(\lambda x : \tau_0.M_1)\ N] \in P^{\tau_1 \times \cdots \times \tau_n}$ である．■

問 2.8.1 $C[(\lambda x : \tau_0.M)\ N] \notin SN$ かつ $N \in SN$ なら，以下のいずれかが成り立つことを示せ．

1. $M \notin SN$．
2. 任意の M_0 に対して $C[M_0] \notin SN$．
3. $C[(\lambda x : \tau_0.M)\ N] \xrightarrow{*} C'[(\lambda x : \tau_0.M')\ N']$ かつ $C'[[N'/x]M'] \notin SN$．

補題 2.8.3 $\tau_1, \ldots, \tau_n$ を与えられた型，$M_1, \ldots, M_n$ を与えられた式とする．任意の $C_1, \ldots, C_n$ について，$C_i[M_i] \in P^{\tau_i}$ が各 $i \in \{1, \ldots, n\}$ について成立するなら，$C_j[(M_1, \ldots, M_n).j] \in P^{\tau_j}$ が各 $j \in \{1, \ldots, n\}$ について成立する．

証明 $|\tau_1| + \cdots + |\tau_n|$ に関する帰納法による．

τ_i がすべて基底型の場合．各 $C_i[M_i] \in SN$ なら，$C_j[(M_1, \ldots, M_n).j] \in SN$ である．

$\tau_k = \tau_k^1 \to \tau_k^2$ の場合．N を $P^{\tau_k^1}$ の任意の要素とし，$C_k' = C_k\ N$ とする．命題の仮定および $P^{\tau_k^1 \to \tau_k^2}$ の定義より，$C_k'[M_k] \in P^{\tau_k^2}$ である．よって，

$\tau_1, \ldots, \tau_k^2, \ldots, \tau_n$ および $C_1, \ldots, C'_k, \ldots, C_n$ に対して帰納法の仮定を適用すると,$C'_k[(M_1, \ldots, M_n).k] \in P^{\tau_k^2}$,すなわち,$C_k[(M_1, \ldots, M_n).k] N \in P^{\tau_k^2}$ である.N は任意にとったから,$C_k[(M_1, \ldots, M_n).k] \in P^{\tau_k^1 \to \tau_k^2}$ である.

$\tau_k = \tau_k^1 \times \cdots \times \tau_k^m$ の場合.l を $\{1, \ldots, m\}$ の任意の要素とし,$C'_k = C_k[\cdot].l$ とおく.命題の仮定および $P^{\tau_k^1 \times \cdots \times \tau_k^m}$ の定義より,$C'_k[M_k] \in P^{\tau_k^l}$ である.よって,$\tau_1, \ldots, \tau_k^l, \ldots, \tau_n$ および $C_1, \ldots, C'_k, \ldots, C_n$ に対して帰納法の仮定が適用でき,$C'_k[(M_1, \ldots, M_n).k] \in P^{\tau_k^l}$,すなわち,$C_k[(M_1, \ldots, M_n).k].l \in P^{\tau_k^l}$ である.以上が各 $l \in \{1, \ldots, m\}$ について成り立つから $C_k[(M_1, \ldots, M_n).k] \in P^{\tau_k^1 \times \cdots \times \tau_k^m}$ である.∎

問 2.8.2 上記の証明が,型の大きさの合計に関する帰納的な証明になっていることを確かめよ.関数型および組型の証明において,帰納法の仮定を何回使っているか?

環境 η を変数の部分集合から Λ への関数とする.η が Γ に対して,$dom(\eta) = dom(\Gamma)$ かつ $\eta(x) \in P^{\Gamma(x)}$ を満たすとき $\eta \models \Gamma$ と書くことにする.また,$FV(M) \cap dom(\eta) = \{x_1, \ldots, x_n\}$ のとき,$[\eta(x_1)/x_1, \ldots, \eta(x_n)/x_n]M$ を $\eta(M)$ と書く.以上の準備のもとで,以下の命題を証明する.

命題 2.8.1 $\Lambda \vdash \Gamma \rhd M : \tau$ なら,$\eta \models \Gamma$ を満たす任意の η に対して $\eta(M) \in P^\tau$ である.

証明 式 M の構造に関する帰納法による.

x の場合. η の仮定により成立.

c の場合. 補題 2.8.1 より成立.

$\lambda x : \tau_1.M_1$ の場合. 型システムの定義より,$\tau = \tau_1 \to \tau_2$ なる τ_2 が存在して,$\Lambda \vdash \Gamma\{x : \tau_1\} \rhd M_1 : \tau_2$ である.$N \in P^{\tau_1}$ を任意の式とする.$\eta\{x : N\} \models \Gamma\{x : \tau_1\}$ であるから,帰納法の仮定より,$\eta\{x : N\}(M_1) \in P^{\tau_2}$.ここで,$\eta\{x : N\}(M_1) = [N/x](\eta(M_1))$ であるから,補題 2.8.2 より $\eta((\lambda x : \tau_1.M_1)) N \in P^{\tau_2}$.よって P の定義より,$\eta(\lambda x : \tau_1.M_1) \in P^{\tau_1 \to \tau_2}$ である.

$M_1 M_2$ の場合. 型システムの定義により,ある τ_1 があって,$\Lambda \vdash \Gamma \rhd M_1 :$

$\tau_1 \to \tau$ かつ $\Lambda \vdash \Gamma \triangleright M_2 : \tau_1$ である．帰納法の仮定により，$\eta(M_1) \in P^{\tau_1 \to \tau}$ かつ $\eta(M_2) \in P^{\tau_1}$ である．述語 P の定義により $(\eta(M_1)\ \eta(M_2)) \in P^\tau$，すなわち，$(\eta(M_1\ M_2)) \in P^\tau$ である．

$(M_1, \ldots, M_n)$ の場合．型システムの定義によりある $\tau_1, \ldots, \tau_n$ があって，$\tau = \tau_1 \times \cdots \times \tau_n$ かつ $\Lambda \vdash \Gamma \triangleright M_i : \tau_i$ である．帰納法の仮定により，$\eta(M_i) \in P^{\tau_i}$．補題 2.8.3 より $(\eta(M_1), \ldots, \eta(M_n)).i \in P^{\tau_i}$，つまり，$\eta(M_1, \ldots, M_n).i \in P^{\tau_i}$ である．述語 P の定義により，$\eta(M_1, \ldots, M_n) \in P^{\tau_1 \times \cdots \times \tau_n}$ である．

$M.i$ の場合．型システムの定義により，$\Lambda \vdash \Gamma \triangleright M : \tau_1 \times \cdots \times \tau_i \times \cdots \times \tau_n$ かつ $\tau = \tau_i$ である．帰納法の仮定より，$\eta(M) \in P^{\tau_1 \times \cdots \times \tau_i \times \cdots \times \tau_n}$ である．述語 P の定義より，$\eta(M.i) \in P^{\tau_i}$ である．■

この命題の特殊な場合として，強正規化定理（定理 2.8.2）が以下のように証明できる．$\Lambda \vdash \Gamma \triangleright M : \tau$ と仮定する．任意の変数 $x \in dom(\Gamma)$ に対して，$\eta_{id}(x) = x$ となる η_{id} を考える．補題 2.8.1 より，$x \in P^\tau$ であるから，$\eta_{id} \models \Gamma$ である．よって $\eta_{id}(M) \in P^\tau$ すなわち $M \in P^\tau$ である．よって補題 2.8.1 より，$M \in SN$ である．（定理 2.8.2 の証明終）

以上の強正規化定理は，ラムダ計算の簡約系列が必ず停止することを保証するものであった．次の合流性定理は，簡約の最終結果が，簡約の系列の選び型に依らず一意であることを保証する．

定理 2.8.3 (合流性) $\Lambda \vdash \Gamma \triangleright M : \tau$ なる式 M に対して，$M \xrightarrow{*} N_1$ かつ $M \xrightarrow{*} N_2$ なる二式 N_1, N_2 が存在すれば，$N_1 \xrightarrow{*} P$ かつ $N_2 \xrightarrow{*} P$ となる式 P が存在する．

この定理の直接的な証明は少々複雑である．しかし，簡約関係が型に依存しないため，その構造は型無しラムダ計算の場合とまったく同様であるので，ここではその直接的な証明は省略する．興味のある読者は，型無しラムダ計算の理論を扱った教科書を参照されたい．ここでは，上記に示した強正規化定理と型無しラムダ計算の合流性とを使って，Λ の合流性定理の間接的な証明を与える．

Λ と型無しラムダ計算の関係を調べるために，Λ の式から型情報を取り除

いて得られる式 $erase(M)$ を定義する．ラムダ抽象については，以下のように定義される．

$$erase(\lambda x : \tau.M) = \lambda x.erase(M)$$

$erase(M)$ の完全な定義は，以上の変換を Λ 式の構造に関して再帰的に拡張したものである．

　Λ では型指定が違えば異なった式であるから，型無しラムダ計算の合流性定理から Λ の合流性が直接帰結するとは必ずしもいえない点に注意する必要がある．$\Lambda \vdash \Gamma \triangleright M : \tau$ なる式 M に対して，$M \xrightarrow{*} N_1$ かつ $M \xrightarrow{*} N_2$ と仮定する．簡約公理は型に依存しないから，$erase(M) \xrightarrow{*} erase(N_1)$ かつ $erase(M) \xrightarrow{*} erase(N_2)$ である．型無しラムダ計算の合流性から，ある型無しラムダ式 e が存在して，$erase(N_1) \xrightarrow{*} e$ かつ $erase(N_2) \xrightarrow{*} e$ である．したがって，$erase(L_1) = erase(L_2) = e$ を満たす式 L_1, L_2 が存在することがわかる．しかしながら，$L_1 = L_2$ とは限らない．

問 2.8.3 $\Lambda \vdash \Gamma \triangleright M : \tau$, $M \xrightarrow{*} L_1, M \xrightarrow{*} L_2$, かつ $erase(L_1) = erase(L_2)$ であるが，$L_1 \neq L_2$ となるような簡約の例を挙げよ．

しかしながら，もし L_1, L_2 が正規形であれば $L_1 = L_2$ が証明できる．そのためにまず以下の補題を証明する．

補題 2.8.4 $\Lambda \vdash \Gamma \triangleright M : \tau$, $\Lambda \vdash \Gamma \triangleright N : \tau$, M, N が正規形で，かつ $erase(M) = erase(N)$ であれば，$M = N$ である．

証明 型を持つ正規形のラムダ式 L は，以下の文法で生成される．

$$A ::= c \mid x \mid A\ L \mid A.i$$
$$L ::= A \mid (L, \ldots, L) \mid \lambda x : \tau. \ldots \lambda x : \tau.L$$

補題は，この文法構造に関する帰納法で証明できる．■

問 2.8.4 型を持つ正規形のラムダ式は，上記の文法で生成できることを示せ．
　A_1, A_2 を補題 2.8.4 で定義した文法で生成される式とする．$\Lambda \vdash \Gamma \triangleright A_1\ L_1 : \tau$, $\Lambda \vdash \Gamma \triangleright A_2\ L_2 : \tau$ かつ $erase(A_1) = erase(A_2)$ なら，ある τ_1, τ_2 が存在して，

$\Lambda \vdash \Gamma \triangleright A_1 : \tau_1$, $\Lambda \vdash \Gamma \triangleright A_2 : \tau_1$ $\Lambda \vdash \Gamma \triangleright L_1 : \tau_2$, $\Lambda \vdash \Gamma \triangleright L_2 : \tau_2$ であることを示せ.

上記を用いて補題 2.8.4 の証明を完成せよ.

この補題を用いると，定理 2.8.3 は以下のように証明することができる. $M \in SN$ であるから，上記の L_1, L_2 はともに正規形と仮定してよい. さらに型保存定理より，$\Lambda \vdash \Gamma \triangleright L_1 : \tau$ かつ $\Lambda \vdash \Gamma \triangleright L_2 : \tau$ である. L_1, L_2 は正規形であるから，補題 2.8.4 より $L_1 = L_2$ である.

2.9　Λ の操作的意味論

上で定義した関係 $\stackrel{*}{\longrightarrow}$ は書き換えの順序を規定していないため，この書き換え規則は非決定的であり，プログラミング言語の実行モデルとしては不十分である. 例えばラムダ式 $(\lambda x : int.plus(x, 1))(plus(3, 3))$ には以下の二つの書き換え列が存在する.

$$(\lambda x : int.plus(x, 1))(plus(3, 3)) \tag{1}$$
$$\longrightarrow plus(plus(3, 3), 1) \longrightarrow plus(6, 1) \longrightarrow 7$$
$$(\lambda x : int.plus(x, 1))(plus(3, 3)) \tag{2}$$
$$\longrightarrow (\lambda x : int.plus(x, 1))\ 6 \longrightarrow plus(6, 1) \longrightarrow 7$$

プログラミング言語のモデルとしては，書き換えの順序（評価順序）をも規定した計算のモデルを定義する必要がある. プログラミング言語の代表的な評価順序は以下のようなものである.

1. 同一のレベルの式については左から順に評価する.
2. 関数適用の前に関数の引き数を評価する.
3. 関数定義の内部は評価しない.

この書き換え方式を **call-by-value 評価** [2] または **strict な評価** と呼ぶ．上の例では，(2) の書き換えが call-by-value 評価に対応する．これに対して，関数の引き数を，それが必要になるまで評価しない **call-by-need 評価** または **lazy な評価** と呼ばれる評価方式も可能である．call-by-need 評価方式は，無限のデータ構造等を容易に表現できるという利点があるが，call-by-value 評価方式の方がより効率的な実装が可能であり，また，後に説明する参照型データなどの非関数的機能を取り入れるのも容易である．そのため，call-by-value 評価方式が，汎用のプログラミング言語の評価方式として広く用いられている．そこで本書では，call-by-value 評価を解説する．

call-by-value 評価を定義するための方法はいくつか提案されているが，ここでは Felleisen ら [17] による評価文脈による方法と，Kahn[29] による環境を用いた自然意味論の二つを紹介する．

2.9.1 評価文脈を用いた操作的意味論

Felleisen ら [17] は，**評価文脈** (evaluation context) の概念を用いて，ラムダ式の中に複数存在する書き換え可能な部分式の書き換え順序を定義する方法を提案した．

以前定義した通り，ラムダ式の文脈とは別のラムダ式が埋め込まれる穴を含むラムダ式のことである．評価文脈とは，「ラムダ式の中の次に変換すべき部分式」を文脈の穴によって示した特殊な文脈である．評価文脈をメタ変数 E で代表する．ラムダ式 M が評価文脈 E によって $M = E[M_0]$ と表わされるとき，M の中の部分式 M_0 が最初に変換される部分式である．評価文脈は，書き換え可能な任意のラムダ式 M に対して常に $M = E[M_0]$ となる E と M_0 が一意に定まるように定義される．そのためにまず，プログラムが結果として返す**値**の集合を，V をメタ変数として以下の文法で定義する．

$$V ::= c \mid \lambda x : \tau.M \mid (V, \ldots, V)$$

---

[2] call-by-value とは，「値による関数呼びだし」の意味である．適当な訳語が見当たらないので，英語をそのまま用いることにする．なおこの用語は，関数の引き数の渡し方に関する実装方法を表わす用語としても使用されることがあるが，本書では，関数適用の前に引き数を評価する評価方式をさす．

(β^v) $\quad E[(\lambda x:\tau.M)\ V] \stackrel{\beta}{\Longrightarrow} E[M[V/x]]$

(π^v) $\quad E[(V_1,\ldots,V_i,\ldots,V_n).i] \stackrel{\pi}{\Longrightarrow} E[V_i]$

(δ^v) $\quad E[f(c_1,\ldots,c_n)] \stackrel{\delta}{\Longrightarrow} E[c] \quad (f(c_1,\ldots,c_n) = c)$

図 2.6 call-by-value 戦略でのラムダ式の文脈書き換え規則

以上の定義において，$\lambda x:\tau.M$ の中の M は値でなくてもよいことに注意．この定義は，関数の内部は評価しないことを反映している．call-by-value 戦略に対応する評価文脈は，値の概念を用いて，以下のように定義される．

$$E ::= [\cdot] \mid E\ M \mid V E \mid (V,\ldots,V,E,M,\ldots,M) \mid E.i$$

call-by-value 戦略での文脈書き換え規則を，この評価文脈を用いて，図 2.6のように定義する．これらを用いて，call-by-value 戦略でのラムダ式の書き換え規則を，以下のように定義する．

$M \longrightarrow_v N$
$\iff (\exists E, M_0, N_0)(M = E[M_0], N = E[N_0], E[M_0] \stackrel{X}{\Longrightarrow} E[N_0])$

ここで $\stackrel{X}{\Longrightarrow}$ は $\stackrel{\beta}{\Longrightarrow}$，$\stackrel{\pi}{\Longrightarrow}$，または $\stackrel{\delta}{\Longrightarrow}$ のいずれかである．以前同様に $\stackrel{*}{\longrightarrow}_v$ を $\longrightarrow_v$ の反射的推移的閉包とする．さらに，$M \stackrel{*}{\longrightarrow}_v N$ でかつ，$N \longrightarrow_v L$ なる L が存在しないとき，$M \Downarrow N$ と書く．M に対して $M \Downarrow N$ なる N が存在するとき，$M \Downarrow$ と書き，M に対して $M \Downarrow N$ なる N が存在しないとき，$M \Uparrow$ と書く．

この定義は決定的な書き換え規則となっている．すなわち，与えられた M に対して，$M = E[M_0]$，$E[M_0] \Longrightarrow E[N_0]$ となる E，M_0，N_0 は高々一組しか存在しない．前に例に挙げたラムダ式 $(\lambda x:int.plus(x,1))plus(3,3)$ では，$E = (\lambda x:int.plus(x,1))[\cdot]$，$M_0 = plus(3,3)$ である．

問 2.9.1 与えられた M に対して，$M = E[M_0]$，$E[M_0] \Longrightarrow E[N_0]$ となる E，M_0，N_0 は高々一組しか存在しないことを証明せよ．

この決定的なラムダ式間の書き換え関係 $\stackrel{*}{\longrightarrow}_v$ を，ラムダ式をプログラムと

考えた場合のプログラムの行う計算と考えることにする．以下は，書き換えの例である．評価文脈の穴にあたる部分を下線を付して示す．

$$\underline{(\lambda f:int \to int.f)(\lambda x:int.plus(x,1))}(plus(3,3))$$
$$\longrightarrow_v (\lambda x:int.plus(x,1))\underline{(plus(3,3))}$$
$$\longrightarrow_v \underline{(\lambda x:int.plus(x,1))\,6}$$
$$\longrightarrow_v \underline{plus(6,1)}$$
$$\longrightarrow_v 7$$

以上定義した操作的意味論を用いて，型システムの正しさを確認することができる．静的型システムは，プログラムを実行することなく，プログラムの型を決定するシステムである．正しい型システムは，プログラムがある型を持つと判定したら，実際にそのプログラムを実行すれば，エラーを起こすことなくその型の値を結果として返すことを保証するようなシステムである．この性質は，**型システムの健全性**と呼ばれる．健全性は，簡約関係の節で証明した型保存定理から直接帰結すると考えるかもしれないが，これは必ずしも正しくない．なぜなら，型保存定理は，単に計算途上の式についても，型システムの型の与え方は整合性を持っていることを主張するのみで，プログラムの計算結果がその型の値になることを何ら保証していないからである．例えば，簡約が行き詰まり，ラムダ式のまま計算が止まってしまう可能性などを排除していない．

型の健全性を証明するためには，それぞれの型について，計算の最終結果の値としてどのようなものが許されるかを，式の型システムとは無関係に決定し，プログラムの計算の結果が，たしかにそのような値となることを保証しなければならない．

この性質を確立するために，各型 τ について，その型の値として許されるものの集合を定義する．その候補は，これ以上計算が進まない閉じたラムダ式である．そこで，各型 τ に対して，集合 $Value^\tau$ を以下のように定義する．

$$Value^\tau = \{V | \Lambda \vdash \emptyset \triangleright V : \tau\}$$

条件 $V \in Value^\tau$ は，V が型 τ の計算の結果であるために必要であるが，必

ずしも十分とはいえない．その理由は，例えば $V \in Value^{int \to int}$ であることから，V が，整数を受け取り整数を返す関数であると結論付けることはできないからである．そこで，型 τ を持つプログラムの評価の結果として許容される条件 $P^\tau \subseteq Value^\tau$ を定義する．τ が基底型の場合は必要な条件は単に b の定数であることである．この条件を，モデルの論理関係の考え方を使ってすべての型に拡張する．

- $P^b = Value^b$.
- $V \in P^{\tau_1 \to \tau_2} \iff \forall V_1 \in P^{\tau_1}.\text{if } (V\ V_1) \Downarrow V_2 \text{ then } V_2 \in P^{\tau_2}$.
- $V \in P^{\tau_1 \times \cdots \times \tau_n} \iff V = (V_1, \ldots, V_n), V_i \in P^{\tau_i} (1 \le i \le n)$.

Γ を与えられた型環境とする．環境 η を，変数の部分集合から値への関数とする．η と Γ が，$dom(\eta) = dom(\Gamma)$ かつ $\eta(x) \in P^{\Gamma(x)}$ を満たすとき，$\eta \models \Gamma$ と書く．$dom(\eta) = \{x_1, \ldots, x_n\}$ としたとき $[\eta(x_1)/x_1, \ldots, \eta(x_n)/x_n](M)$ を $\eta(M)$ と書く．

定理 2.9.1　もし $\Lambda \vdash \Gamma \rhd M : \tau$, $\eta \models \Gamma$, かつ $\eta(M) \Downarrow M'$ なら，$M' \in P^\tau$ である．

証明　M の構造に関する帰納法による．

c の場合．P の定義および定数関数に関する仮定より成立．

x の場合．環境 η の仮定により成立．

$\lambda x : \tau_1.M_1$ の場合．$\eta(\lambda x : \tau_1.M_1) = \lambda x : \tau_1.\eta(M_1)$ である．評価文脈の定義より，$\lambda x : \tau_1.\eta(M_1) \Downarrow \lambda x : \tau_1.\eta(M_1)$ である．$V_0 \in P^{\tau_1}$ を任意の要素とし，$((\lambda x : \tau_1.\eta(M_1))\ V_0) \Downarrow V$ と仮定する．評価文脈の定義より，$[V_0/x](\eta(M_1)) \Downarrow V$ である．一方 $\tau = \tau_1 \to \tau_2$ かつ $\Lambda \vdash \Gamma\{x : \tau_1\} \rhd M_1 : \tau_2$ である．また $\eta\{x : V\} \models \Gamma\{x : \tau_1\}$ かつ $[V_0/x](\eta(M_1)) = \eta\{x : V\}(M_1)$ であるから帰納法の仮定より，$V \in P^{\tau_2}$．V_0 は P^{τ_1} の任意の要素であったから，$\lambda x : \tau_1.\eta(M_1) \in P^{\tau_1 \to \tau_2}$ である．

$M_1\ M_2$ の場合．型システムの定義より，ある τ_1 があって，$\Lambda \vdash \Gamma \rhd M_1 : \tau_1 \to \tau$ かつ $\Lambda \vdash \Gamma \rhd M_2 : \tau_1$ である．$(\eta(M_1)\ \eta(M_2)) \Downarrow M$ と仮定する．評

価文脈の定義より，$\eta(M_1) \Downarrow M_1'$ かつ $(M_1' \ \eta(M_2)) \Downarrow M$. 帰納法の仮定より，$M_1'$ は $V_1 \in P^{\tau_1 \to \tau_2}$ なる値である．よって評価文脈の定義より，$\eta(M_2) \Downarrow M_2'$ かつ，$(V_1 \ M_2') \Downarrow M$ である．帰納法の仮定より，M_2' は $V_2 \in P^{\tau_1}$ なる値である．よって P の定義より，$M \in P^\tau$ である．

$(M_1, \ldots, M_n)$ の場合．型システムの定義により，$\tau = \tau_1 \times \cdots \times \tau_n$ かつ $\Lambda \vdash \Gamma \triangleright M_i : \tau_i$ である．$(\eta(M_1), \ldots, \eta(M_n)) \Downarrow M$ と仮定する．評価文脈の定義および帰納法の仮定より，$\eta(M_i) \Downarrow V_i$, $V_i \in P^{\tau_i}$, $(V_1, \ldots, V_i, M_{i+1}, \ldots) \Downarrow M$ がすべての $i (1 \leq i \leq n-1)$ について成り立つから，$M = (V_1, \ldots, V_n)$ かつ $V_i \in P\tau_i$. P の定義により，$M \in P^\tau$ である．

$M_1.i$ の場合．$\Lambda \vdash \Gamma \triangleright M_1 : \tau_1 \times \cdots \times \tau_n$ かつ $\tau = \tau_i$ である．$\psi(M_1.i) \Downarrow M$ と仮定する．評価文脈の定義および帰納法の仮定より，$\eta(M_1) \Downarrow V$, $V \in P^{\tau_1 \times \cdots \times \tau_n}$ である．$P^{\tau_1 \times \cdots \times \tau_n}$ の定義より，$V = (V_1, \ldots, V_n)$, $V_i \in P^{\tau_i}$ である．文脈書き換え規則より，$M = V_i \in P^{\tau_i}$ である．∎

2.9.2 自然意味論

評価文脈を使った操作的意味論の定義は，ラムダ計算の $\beta\eta$ 簡約関係を直接使っており，プログラムの実行とラムダ理論との関係を考える上で便利である．しかし実際のプログラミング言語では，仮引き数を実引き数で置き換えるような操作は行われない．文献 [29] で提案された**自然意味論**と呼ばれる意味論は，プログラミング言語の処理系により近い抽象的なモデルであり，コンパイラの設計やその正しさの証明等のために便利である．

自然意味論の考え方の基本は，式の代入を実際に行う代わりに，仮引き数と実引き数の対応を，変数と値の対応関係を表わす環境によって表現し，式を環境のもとで評価する，というものである．自然意味論は，以下の形の評価関係を定めることによって定義される．

$$E \vdash M \Downarrow v$$

この関係は，環境 E のもとでラムダ式 M が結果 v を計算する，という性質を表わす．v は以下の文法で定義される値の集合を表わす．環境 E は，変

数の集合から値の集合への関数である．

$$v ::= c \mid cls(\lambda x : \tau.M, E) \mid (v, \ldots, v) \mid wrong$$

$cls(\lambda x : \tau.M, E)$ は，引き数 x を受け取り，自由変数の値を与える環境 E のもとで，M の値を計算する関数のモデルであり，**関数閉包**（function closure）と呼ばれる構造である．$wrong$ は，実行時のエラーを表わす．評価関係の定義を図 2.7 に与える．ここで，実行時にエラーとなる推論規則は省略してある．完全な評価関係は，以下のいずれかの場合は $wrong$ を返す規則を追加して得られるものである．

1. 部分式が，規則が要求する形とは違う値を返した場合，評価の結果は $wrong$ である．
2. 部分式のいずれかが $wrong$ となれば，結果は $wrong$ である．

例えば，関数適用 $M_1\ M_2$ の評価に対しては，以下のような規則が暗黙に指定されているものと理解する．

$$\frac{E \vdash M_1 \Downarrow v, v \neq cls(\lambda x : \tau.M, E), v \neq f}{E \vdash M_1\ M_2 \Downarrow wrong}$$

$$\frac{E \vdash M_1 \Downarrow cls(\lambda x : \tau.M_1', E_1) \quad E \vdash M_2 \Downarrow wrong}{E \vdash M_1\ M_2 \Downarrow wrong}$$

その他の規則についても同様である．

図 2.8 に評価の例を示す．字下げし鍵括弧で囲まれた部分は，部分式の再帰的な評価を表わす．

この意味論に対しても，型システムの健全性を証明することができる．そのためにまず，値の型付け規則を以下のように定義する．

- $\models c^\tau : \tau$.
- $\models cls(\lambda x : \tau_1.M, E) : \tau_1 \to \tau_2 \iff$
  $\models v_1 : \tau_1$ なる任意の v_1 について，もし $E\{x : v_1\} \vdash M \Downarrow v_2$ なら，
  $\models v_2 : \tau_2$ である．
- $\models (v_1, \ldots, v_n) : \tau_1 \times \cdots \times \tau_n \iff \models v_i : \tau_i (1 \leq i \leq n)$

$E \vdash c \Downarrow c$

$E \vdash x \Downarrow v \quad (x \in dom(E) \text{ かつ } E(x) = v)$

$E \vdash \lambda x : \tau.M \Downarrow cls(\lambda x : \tau.M, E)$

$$\frac{E \vdash M_1 \Downarrow f \quad E \vdash M_2 \Downarrow (v_1, \ldots, v_n)}{E \vdash M_1\ M_2 \Downarrow v} \quad (f(v_1, \ldots, v_n) = v)$$

$$\frac{E \vdash M_1 \Downarrow cls(\lambda x : \tau.M_1', E_1) \quad E \vdash M_2 \Downarrow v_2 \quad E_1\{x : v_2\} \vdash M_1' \Downarrow v}{E \vdash M_1\ M_2 \Downarrow v}$$

$$\frac{E \vdash M_i \Downarrow v_i\ (1 \le i \le n)}{E \vdash (M_1, \ldots, M_n) \Downarrow (v_1, \ldots, v_n)}$$

$$\frac{E \vdash M \Downarrow (v_1, \ldots, v_n)}{E \vdash M.i \Downarrow v_i}$$

図 2.7 自然意味論の評価関係

$\emptyset \vdash \lambda x : int.plus(x,x) \Downarrow cls(\lambda x : int.plus(x,x), \emptyset)$
$\emptyset \vdash 3 \Downarrow 3$

$$\left[\begin{array}{c} \{x:3\} \vdash plus \Downarrow plus \\ \left[\dfrac{\{x:3\} \vdash x \Downarrow 3 \quad \{x:3\} \vdash x \Downarrow 3}{\{x:3\} \vdash (x,x) \Downarrow (3,3)}\right] \\ \dfrac{\{x:3\} \vdash (x,x) \Downarrow (3,3)}{\{x:3\} \vdash plus(3,3) \Downarrow 6} \\ \{x:3\} \vdash plus(x,x) \Downarrow 6 \end{array}\right]$$

$$\frac{\{x:3\} \vdash plus(x,x) \Downarrow 6}{\emptyset \vdash (\lambda x : int.plus(x,x))\ 3 \Downarrow 6}$$

図 2.8 自然意味論の評価の例

環境 E が, $dom(E) = dom(\Gamma)$ でかつ任意の $x \in dom(E)$ に対して $\models E(x) : \Gamma(x)$ となるとき, E は Γ を満たすといい $E \models \Gamma$ と書く. 以下の定理が証明できる.

定理 2.9.2　もし $\Lambda \vdash \Gamma \triangleright M : \tau$, $E \models \Gamma$, かつ $E \vdash M \Downarrow v$ なら, $\models v : \tau$ である.

証明　M の構造に関する帰納法による. 以下, ラムダ抽象とラムダ適用の場合のみを示し, 残りのケースは読者の練習問題とする.

$\lambda x : \tau_1. M_1$ の場合. $\tau = \tau_1 \to \tau_2$ で, かつ $\Lambda \vdash \Gamma\{x : \tau_1\} \triangleright M_1 : \tau_2$ である. また, $v = cls(\lambda x : \tau_1. M_1, E)$ である. v_1 を $\models v_1 : \tau_1$ となる任意の値とし, $E\{x : v_1\} \vdash M_1 \Downarrow v_2$ と仮定する. $E\{x : v_1\} \models \Gamma\{x : \tau_1\}$ であるから, 帰納法の仮定より, $\models v_2 : \tau_2$ である. よって $\models cls(\lambda x : \tau_1. M_1, E) : \tau_1 \to \tau_2$ である.

$M_1 M_2$ の場合. ある τ_1 が存在して $\Lambda \vdash \Gamma \triangleright M_1 : \tau_1 \to \tau_2$ かつ $\Lambda \vdash \Gamma \triangleright M_2 : \tau_1$ である. $E \vdash M_1 \Downarrow v_1$ とすると, 帰納法の仮定より, $\models v_1 : \tau_1 \to \tau_2$ である. 値の型の定義より, $v_1 = c^{b_1 \times \cdots \times b_n \to b}$ かまたは $v_1 = cls(\lambda y : \tau_1. M_0, E_0)$ の形をした値である. $v = c^{b_1 \times \cdots \times b_n \to b}$ の場合, 定数関数に関する仮定より成立する. $v_1 = cls(\lambda y : \tau_1. M_0, E_0)$ の場合, 帰納法の仮定より $E \vdash M_2 \Downarrow v_2$, かつ $\models v_2 : \tau_1$, $E_0\{x : v_2\} \vdash M_0 \Downarrow v$ である. 値の型の定義より, $\models v : \tau$ である. ■

問 2.9.2　定理 2.9.2 の証明を完成せよ.

第3章 型付きラムダ計算の拡張

本章では，型付きラムダ計算 Λ を拡張してプログラミング言語に必要な種々の機能を導入する．

3.1 種々のデータ構造の導入

前章で学んだ Λ は，基底型以外には，関数型と組型しか含まれていない．本節では Λ に，プログラミング言語にとって有用な種々のデータ構造を表現する型を導入する方法を説明する．

3.1.1 単位型

ラムダ計算では，プログラムを，引き数を受け取りそれに応じた値を返す関数として表現する．しかし例えば，文字列をプリントするプログラムなどのように，引き数や返す値が重要ではない場合もある．そのようなプログラムをラムダ式で表現するために，内容を持たないデータ型があると便利である．そこで，ただ一つの定数のみを含む単位型 $unit$ を導入する．

まず Λ の型とラムダ式の文法を以下のように拡張する．

$$\tau ::= \cdots \mid unit$$
$$M ::= \cdots \mid ()$$

ここで () は $unit$ 型の唯一のデータを表わす．$unit$ 型は，空の組型と考えることが可能である．その連想から，$unit$ 型の定数として () を用いる．Λ の

型システムを $unit$ 型に拡張するには，型付け規則に以下の公理を追加すればよい．

(unit)　　　$\Gamma \rhd () : unit$

表示的意味論は，以下の条件を満たす特殊な定数 $* \in A^{unit}$ を意味領域の定義に導入し，意味の定義を以下のように拡張すればよい．

$$\mathcal{A}[\![\Gamma \rhd () : unit]\!]\eta = *$$

公理的意味論は，() が $unit$ 型の唯一の要素を表わす定数であることを表現する以下の公理を加えることによって拡張される．

(unit)　　　$\Gamma \rhd M = () : unit$

$unit$ 型に対する簡約公理は存在しない．操作的意味論の拡張は，() を値の集合に追加するのみでよい．

問 3.1.1 組型 $\tau_1 \times \cdots \times \tau_n$ において $n = 0$ の場合も許すように Λ の表示的意味論および公理的意味論を拡張せよ．$unit$ 型に対する公理やその意味領域に関する条件は，$unit$ を $n = 0$ の組型と考えた場合の組型の条件と見なせることを確かめよ．

問 3.1.2 $unit$ 型は唯一の要素を持つ集合に対応するから，τ を任意の型とすると，明らかに A^τ から A^{unit} への関数は唯一存在する．以上の性質が Λ の公理的意味論でも成立することを示せ．(ヒント：Λ で型 $\tau \to unit$ を持つ式には $\lambda x : \tau.()$ がある．)

3.1.2　バリアント型

バリアント型は組型と双対をなす概念である．組型データがそれぞれの型のデータを含んだデータであるのに対して，バリアント型は，種々の型のデータを統一的に処理するためのデータ型であり，そのデータは，データの種類を示すタグが付加されたデータと考えられる．型を集合とみなせば，組型が直積集合に対応するのに対して，バリアント型は直和集合に対応する．

Λ にバリアント型データを導入するために，型とラムダ式の文法を以下のように拡張する．

$$\tau ::= \cdots \mid \tau + \cdots + \tau$$

3.1 種々のデータ構造の導入

$$M ::= \cdots \mid (\langle i = M \rangle : \tau + \cdots + \tau) \mid case\ M\ of\ M, \ldots, M$$

型 $\tau_1 + \cdots + \tau_n$ は，n 種類の型 $\tau_1, \ldots, \tau_n$ からなるバリアント型，$(\langle i = M \rangle : \tau_1 + \cdots + \tau_n)$ は，型 τ_i を持つ式 M のバリアント型 $\tau_1 + \cdots + \tau_n$ への埋め込みを表わす．構文 $case\ M\ of\ M_1, \ldots, M_n$ は，バリアント型データ M を，その種類に応じて，処理関数の組 $M_1, \ldots, M_n$ の中から対応する関数を選択し適用する構文である．例えば実数型と整数型を同様に扱いたい場合は，それらを型 $int + real$ のデータとして扱えばよい．この型のデータは例えば以下のようなケース文で扱われる．

$$case\ (\langle 1 = 3 \rangle : int + real)\ of$$
$$\lambda x : int.x + 10,$$
$$\lambda x : real.real\_to\_int(x) + 10$$

バリアントを含むように Λ の型システムを拡張するためには，上記構文のための以下の型付け規則を加えればよい．

(inj) $\dfrac{\Gamma \triangleright M : \tau_i}{\Gamma \triangleright (\langle i = M \rangle : \tau_1 + \cdots + \tau_n) : \tau_1 + \cdots + \tau_n}$

(case) $\dfrac{\Gamma \triangleright M : \tau_1 + \cdots + \tau_n \quad \Gamma \triangleright M_i : \tau_i \to \tau\ (1 \leq i \leq n)}{\Gamma \triangleright case\ M\ of\ M_1, \ldots, M_n : \tau}$

表示的意味論の拡張のためには，バリアント型の集合 $A^{\tau_1 + \cdots + \tau_n}$ を特徴付ける操作とその操作の満たすべき条件を定義すればよい．そのために，意味領域の定義に以下の関数集合を追加する．

$$\boldsymbol{Inj} = \{Inj_i^{\tau_1, \ldots, \tau_n} \mid \tau_1, \ldots, \tau_n \in Types\}$$
$$Inj_i^{\tau_1, \ldots, \tau_n} \in A^{\tau_i} \to A^{\tau_1 + \cdots + \tau_n}$$
$$\boldsymbol{Case} = \{Case_\tau^{\tau_1, \ldots, \tau_n} \mid \tau_1, \ldots, \tau_n, \tau \in Types\}$$
$$Case_\tau^{\tau_1, \ldots, \tau_n} \in A^{\tau_1 + \cdots + \tau_n} \to (A^{\tau_1 \to \tau}) \to \cdots \to (A^{\tau_n \to \tau}) \to A^\tau$$

さらに，以上の関数がバリアントとしてふるまうための条件を定義すればよ

い．最低必要な条件は以下の通りである．

$$\forall y \in A^{\tau_i}. \forall x_j \in A^{\tau_j \to \tau} (1 \leq j \leq n)$$
$$Case_\tau^{\tau_1,\ldots,\tau_n} (Inj_i^{\tau_1,\ldots,\tau_n} y) x_1 \cdots x_n = Apply^{\tau_i,\tau}(x_i, y)$$

以上のように拡張された意味領域を $\mathcal{A}$ とすると，$\mathcal{A}$ における式の解釈関数の定義は，以下のように拡張される．

$\mathcal{A}[\![\Gamma \rhd (\langle i = M \rangle : \tau_1 + \cdots + \tau_n) : \tau_1 + \cdots + \tau_n]\!]\eta$
$= Inj_i^{\tau_1,\ldots,\tau_n} \mathcal{A}[\![\Gamma \rhd M : \tau_i]\!]\eta$
$\mathcal{A}[\![\Gamma \rhd case\ M\ of\ M_1,\ldots,M_n : \tau]\!]\eta$
$= Case_\tau^{\tau_1,\ldots,\tau_n} \mathcal{A}[\![\Gamma \rhd M : \tau_1 + \cdots + \tau_n]\!]\eta$
$\qquad \mathcal{A}[\![\Gamma \rhd M_1 : (\tau_1 \to \tau)]\!]\eta \cdots \mathcal{A}[\![\Gamma \rhd M_n : (\tau_n \to \tau)]\!]\eta$

公理的意味論は，以下の公理を追加して拡張される．

(case) $\qquad \Gamma \rhd case\ (\langle i = M \rangle : \tau')\ of\ M_1,\ldots,M_n = M_i\ M : \tau$

対応する簡略規則は以下の通りである．

(case) $\qquad case\ (\langle i = M \rangle : \tau)\ of\ M_1,\ldots,M_n \Longrightarrow M_i\ M$

さらに組型や関数型の場合と同様に，外延性の条件を意味空間の満たすべき条件として付け加えることも可能であるが，ここでは省略することにする．

問 3.1.3 組型の最も自然なモデルが直積であることに対応して，バリアント型の最も自然なモデルは直和である．n 個の集合 $A_1,\ldots,A_n$ の直和 $A_1 + \cdots + A_n$ を以下のように定義する．

$$A_1 + \cdots + A_n = \{(1,a) | a \in A_1\} \cup \cdots \cup \{(n,a) | a \in A_n\}$$

この直和の定義を用いて，型フレームの定義をバリアント型に拡張せよ．

3.1.3 ラベル付きデータ構造

これまで考察してきた組型やバリアント型では，構造内の要素を，その構造の中の位置を示す数字で指定しなければならない．しかし，プログラミング言語の観点からは，それらを，数字ではなくプログラマが付けた名前で指

定できると，より便利である．例えば，文字列と数字の組を扱う場合でも，その意図に応じて

$$\{Name = "太郎", Age = 21\}$$

と表現し，属性の値の取り出しを

$$get\_name = \lambda x : \{Name : string, Age : int\}.x.Name$$

と表現すれば，より理解しやすいプログラムとなる．

同様に，バリアントについても，データを

$$(\langle Int = 3 \rangle : \langle Int : int, Real : real \rangle)$$

のように表現し，ケース文による処理を

$$\begin{aligned}
&case\ (\langle Int = 3 \rangle : \langle Int : int, Real : real \rangle)\ of \\
&\quad Int \Rightarrow \lambda x : int.x + 10, \\
&\quad Real \Rightarrow \lambda x : real.real\_to\_int(x) + 10
\end{aligned}$$

と書ければ，より理解しやすいプログラムとなる．そこで，組型とバリアント型を**ラベル付きレコード型**と**ラベル付きバリアント型**に拡張する．

ラベルの集合 L が与えられているものとし，L の要素をメタ変数 l で代表する．ラベル付きレコードおよびラベル付きバリアントを導入するために，まず，型の定義と式の定義を以下のように拡張する．

$$\begin{aligned}
\tau ::=&\ \cdots\ |\ \{l : \tau, \ldots, l : \tau\}\ |\ \langle l : \tau, \ldots, l : \tau \rangle \\
M ::=&\ \cdots\ |\ \{l = M, \ldots, l = M\}\ |\ M.l \\
&\ |\ (\langle l = M \rangle : \langle l : \tau, \ldots, l : \tau \rangle)\ |\ case\ M\ of\ l \Rightarrow M, \ldots, l \Rightarrow M
\end{aligned}$$

型 $\{l_1 : \tau_1, \ldots, l_n : \tau_n\}$ は，各ラベル l_i の値の型が τ_i であるようなレコード型であり，$\{l_1 = M_1, \ldots, l_n = M_n\}$ は，各ラベル l_i の値が M_i であるようなレコードである．$M.l_i$ は型 $\{l_1 : \tau_1, \ldots, l_n : \tau_n\}$ を持つレコード M の l_i に対応する値を取り出す演算である．型 $\langle l_1 : \tau_1, \ldots, l_n : \tau_n \rangle$ は，l_i のラベルを持つ τ_i 型のデータの和を表わすバリアント型，$(\langle l_i = M \rangle : \langle l_1 : \tau_1, \ldots, l_n : \tau_n \rangle)$

$$
\text{(record)} \quad \frac{\Gamma \rhd M_i : \tau_i \ (1 \leq i \leq n)}{\Gamma \rhd \{l_1 = M_1, \ldots, l_n = M_n\} : \{l_1 : \tau_1, \ldots, l_n : \tau_n\}}
$$

$$
\text{(field)} \quad \frac{\Gamma \rhd M : \{l_1 : \tau_1, \ldots, l_n : \tau_n\}}{\Gamma \rhd M.l_i : \tau_i}
$$

$$
\text{(inj)} \quad \frac{\Gamma \rhd M : \tau_i}{\Gamma \rhd (\langle l_i = M \rangle : \langle l_1 : \tau_1, \ldots, l_n : \tau_n \rangle) : \langle l_1 : \tau_1, \ldots, l_n : \tau_n \rangle}
$$

$$
\text{(case)} \quad \frac{\Gamma \rhd M : \langle l_1 : \tau_1, \ldots, l_n : \tau_n \rangle \quad \Gamma \rhd M_i : \tau_i \to \tau \ (1 \leq i \leq n)}{\Gamma \rhd case \ M \ of \ l_1 \Rightarrow M_1, \ldots, l_n \Rightarrow M_n : \tau}
$$

図 3.1 ラベル付きレコードおよびラベル付きバリアントの型付け規則

は型 τ_i の値 M にラベル l_i をつけ，型 $\langle l_1 : \tau_1, \ldots, l_n : \tau_n \rangle$ へ埋め込む操作である．これらの型や式の中の，ラベルと型の組 $l : \tau$ およびラベルと式の組 $l = M$ を**フィールド**と呼ぶ．一つのレコード型またはレコード式の中に現われるラベルはすべて異なるものとし，ラベル付きフィールドの出現順序は重要でないものとする．すなわち，フィールドを並べ替えて得られる型や式は同一のものと見なす．

新しく導入された式に対する型付け規則を図 3.1 に与える．

表示的意味論，公理的意味論および簡略システムは，組型およびバリアント型の場合にならって拡張することができる．例えば表示的意味論をラベル付きレコードに拡張するには，関数集合 ***Record*** および ***Field*** の存在を仮定すればよい．

$$\boldsymbol{Record} = \{Record^{\{l_1:\tau_1,\ldots,l_n:\tau_n\}} | l_i \in L, \tau_i \in Types, 1 \leq i \leq n\}$$
$$Record^{\{l_1:\tau_1,\ldots,l_n:\tau_n\}} \in A^{\tau_1} \to \cdots \to A^{\tau_n} \to A^{\{l_1:\tau_1,\ldots,l_n:\tau_n\}}$$
$$\boldsymbol{Field} = \{Field_{l_i}^{\{l_1:\tau_1,\ldots,l_n:\tau_n\}} | l_i \in L, \tau_i \in Types, 1 \leq i \leq n\}$$
$$Field_{l_i}^{\{l_1:\tau_1,\ldots,l_n:\tau_n\}} \in A^{\{l_1:\tau_1,\ldots,l_n:\tau_n\}} \to A^{\tau_i}$$

ここで，レコード型 $\{l_1 : \tau_1, \ldots, l_n : \tau_n\}$ に現われるラベル $l_1, \ldots, l_n$ に関して適当な順序関係を仮定している．さらにこれらの関数は，以下の条件を満

たす.

- $\forall x_1 \in A^{\tau_1} \ldots \forall x_n \in A^{\tau_n}$

$$Field_{l_i}^{\{l_1:\tau_1,\ldots,l_n:\tau_n\}}(Record^{\{l_1:\tau_1,\ldots,l_n:\tau_n\}}\ x_1\ \cdots\ x_n) = x_i$$

- $\forall x \in A^{\{l_1:\tau_1,\ldots,l_n:\tau_n\}}$

$$Record^{\{l_1:\tau_1,\ldots,l_n:\tau_n\}}(Field_{l_1}^{\{l_1:\tau_1,\ldots,l_n:\tau_n\}}x)\ \cdots\ (Field_{l_n}^{\{l_1:\tau_1,\ldots,l_n:\tau_n\}}x)$$
$$= x$$

問 3.1.4 表示的意味論，公理的意味論および簡略システムを，ラベル付きレコード型とラベル付きバリアント型に拡張し，拡張したシステムに対しても公理的意味論の健全性，意味の代入補題，および型保存の定理が成り立つことを証明せよ．

　これらの拡張を実際に行ってみると明らかなように，そこに導入される構造は，組型およびバリアント型の場合と同様である．実際，ラベル付きレコードとラベル付きバリアントは，組型とバリアント型を用いてコード化することが可能である．

　そのためには，ラベル集合 L 上に全順序 $\ll$ を仮定すればよい．ラベル付きレコード型およびラベル付きバリアント型においては，フィールドの順番の違いは無視することになっていたから，$\{l_1:\tau_1,\ldots,l_n:\tau_n\}$ や $\langle l_1:\tau_1,\ldots,l_n:\tau_n\rangle$ において，ラベルは，$l_1 \ll \cdots \ll l_n$ を満たすと仮定して一般性を失わない．レコード $\{l_1 = M_1,\ldots,l_n = M_n\}$ およびケース文 case M of $l_1 \Rightarrow M_1,\ldots,l_n \Rightarrow M_n$ に現われるラベル付きフィールドについても同様の仮定をする．通常のプログラミング言語の場合，具体的には $\ll$ として文字列上の辞書式順序を取ればよい．

　この仮定のもとで，ラベル付きレコード型とラベル付きバリアント型を以下のようにコード化する．

$$\{l_1:\tau_1,\ldots,l_n:\tau_n\} = \tau_1 \times \cdots \times \tau_n$$
$$\langle l_1:\tau_1,\ldots,l_n:\tau_n\rangle = \tau_1 + \cdots + \tau_n$$

レコードに関する式構成子は以下のようにコード化される．

$$\{l_1 = M_1, \ldots, l_n = M_n\} = (M_1, \ldots, M_n)$$

$$M.l_i = M.i$$

ここで，二番目の式の l_i は，M の型の中に現われるラベルの中の i 番目のラベルである．

問 3.1.5 ラベル付きバリアントおよびそれに対応するケース文のコード化を与えよ．

問 3.1.6 $M.l_i$ のコード化には型情報が必要であるから，ラベル付きデータ構造のコード化は，式のみによる定義はできないことが分かる．コード化をより厳密に定義する一つの方法は，型判定の変換として定義することである．上記のレコード型を実現する判定の変換を定義せよ．

このコード化がラベル付きレコードおよびラベル付きバリアントの表現になっていることは，このコード化が型付け規則，表示的意味論，公理的意味論，および簡略関係を保存することを確かめることによって示すことができる．型の保存に関しては，以下の性質を示せばよい．M, τ をそれぞれ，ラベル付きレコードおよびラベル付きバリアントを含む式および型とし，$(M)°, (\tau)°$ をそれぞれ，上記のコード化により，ラベル付きレコードおよびラベル付きバリアントを，組型およびバリアント型で表現したラムダ式および型とする．また $(\Gamma)°$ は，$\{x : (\Gamma(x))° | x \in dom(\Gamma)\}$ を表わすとする．

命題 3.1.1 もし $\Gamma \triangleright M : \tau$ が，図 3.1に示したラベル付きレコード型およびラベル付きバリアントに対する型付け規則を含んで拡張したシステムで導出可能であるなら，$(\Gamma)° \triangleright (M)° : (\tau)°$ は組型およびバリアント型を含むシステムで導出可能である．

表示的意味論に関しては，ラベル付きレコードおよびラベル付きバリアントのコード化によって対応付けられた組型およびバリアント型の意味領域上に，ラベル付きレコードおよびラベル付きバリアントの意味領域に定義されるべき関数集合 *Record* および *Field* の存在を示せばよい．公理的意味論および簡略関係については，それぞれの公理および推論規則が，コード化

したシステムで導出可能であることを示せばよい．

問 3.1.7 問 3.1.4で定義したラベル付きレコードおよびラベル付きバリアントの公理的意味論および簡略関係が，コード化した体系で導出可能であることを示せ．

このようなコード化により新しく導入された構文は，しばしば**構文上の糖衣**（syntactic sugar）と呼ばれる．構文上の糖衣は，言語の表現力を本質的に増強しない表面的な拡張であるが，より少数の原理によって豊富な機能を実現することを可能にする機構であり，プログラミング言語の設計にとって重要である．

3.2 再帰的データ型

これまでに見てきた組型やレコード型などのデータ型は，データの構造が型によって決まっているデータ構造であるが，現実のプログラムではしばしば，実行時に拡張や縮小することが可能な，動的データ構造が必要となる．**再帰的データ型**は，動的データ構造を定義し利用するための一般的な機構である．

関数型言語における動的なデータ構造の代表的な例は，LISP 言語で導入されたリスト構造である．リストは，0 個以上の有限個の要素の列であり，以下の定数および演算によって特徴付けられる．

nil　　空のリストを表わす定数

$null(l)$　　l が空リストか否かを判定する関数

$cons(x, l)$　　リスト l に値 x を付け加えた新しいリストを返す関数

$car(l)$　　リスト l の先頭の要素を返す関数

$cdr(l)$　　リスト l から先頭の要素を除いた残りのリストを返す関数

n が任意の整数を表わすとすると，整数のリスト L は，BNF 文法

$$L ::= nil \mid (n, L)$$

で生成されるデータの集合と考えることができる．したがって，その型は，

以下のような入れ子になった組型の和と考えることができる．

$$ilist = unit + (int \times (unit + int \times (unit + \cdots$$

このような無限の構造を表現するための機構が再帰的データ型である．再帰的データ型は，等式で表現可能である．例えば，上記の集合を表わす型は，変数 $ilist$ を使って以下の等式で表現できる．

$$ilist = unit + int \times ilist$$

これまで分析してきた型付きラムダ計算の枠組みを，このような再帰的データ型に拡張する方法には，以下の二つがある．

1. 実際に上記のような等式が成立するような集合を型の集合とする．今までは型を有限の式と考えていたが，この有限性の条件を取り払えば，実際に上記のような等式の解が存在する集合を考えることができる．
2. 型を有限な式にとどめ，上記の関係を，等式ではなく，異なる二つの型の間に成り立つ同型関係と考える．

以下，この二つの方法を紹介する．

3.2.1 正規木を用いた再帰的データ型の表現

BNF 文法による型の再帰的な定義で生成される型は，有限な式の集合である．有限な式の（真の）部分は必ず全体より小さいから，上記のような再帰的な等式は成立し得ない．しかし，無限の大きさを持つ式をも許すように型の集合を拡張すれば，上記のような同値関係が成立する要素が存在する集合を考えることができる．例えば，

$$ilist = unit + (int \times (unit + int \times (unit + \cdots$$

という無限の式を考えれば，

$$unit + int \times ilist = unit + int \times (unit + int \times (unit + \cdots$$

となり，確かに上に挙げた等式

$$ilist = unit + int \times ilist$$

が成立する．

このような無限の型も厳密に扱うためには，型を，型構成子をノードに持つ木構造と考えたほうが都合がよい．この考え方に従えば，例えば型 $int \to (bool \to int)$ は，以下の木で表現される．

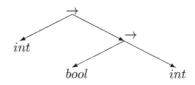

基底型は，それ自身引き数 0 の式構成子と考え，一つのノードのみからなる木で表現する．

木領域を用いた無限正規木の表現

無限の木をも統一的に扱うため，Gorn[25] による木領域という概念を用いた木の表現法を用いる．

N を自然数集合とし，自然数の列の集合 N^* を考える．以下，自然数は長さ 1 の自然数列と見なす．木に含まれるノードの位置を，以下の約束に従い，N^* の要素で表わすことができる．

1. 木のルートの位置を空列 ϵ で表わす．
2. 位置が a のノードから出ている枝の中で，左から数えて n 番目の枝の先についているノードの位置を an で表わす．

例えば，上記の例では，基底型 $bool$ の位置は 21 である．この約束に従って木のノード位置を表わしたとき，木の中のノードの位置の集合を**木領域** (tree domain) と呼ぶ．木領域は木の構造を決定する．上の例の木の木領域は $\{\epsilon, 1, 2, 21, 22\}$ である．一般に集合 $T \subseteq N^*$ が木領域であるのは，以下の三つの性質を満たすときである．

1. $\epsilon \in T$.
2. 任意の $a, b \in N^*$ について，もし $ab \in T$ なら，$a \in T$ である．
3. 任意の $a \in N^*$ と $n \in N$ について，もし $an \in T$ なら，$1 \leq j < n$ なるすべての j についても $aj \in T$ である．

Σ をランク付けられた関数名の集合とする．Σ でラベル付けられた木 t（簡単に Σ 木と呼ぶことがある）を，以下の性質を満たす関数と定義する．

1. $dom(t)$ は木領域をなす．
2. $\forall a \in dom(t).t(a) \in \Sigma$.
3. $\forall a \in dom(t).|\{n|an \in dom(t)\}| = rank(t(a))$.

BNF 文法で与えられる型の集合は，型構成子から生成される有限木の集合として特徴付けられる．例えば，関数型 $\tau_1 \to \tau_2$，n 組型 $\tau_1 \times \cdots \times \tau_n$，および n 要素のバリアント型をそれぞれ $\to^{r(2)} (\tau_1, \tau_2)$，$Prod^{r(n)}(\tau_1, \ldots, \tau_n)$，および $Sum^{r(n)}(\tau_1, \ldots, \tau_n)$ で表わせば，バリアント型を含む Λ の型の集合は，$\Sigma = Const \cup \{\to^{r(2)}\} \cup \{Prod^{r(n)}|n \in N\} \cup \{Sum^{r(n)}|n \in N\}$ とする有限な Σ 木の集合と一致する．

例えば，上に挙げた型 $int \to (bool \to int)$ に対応する木は，以下の関数 t で表現される．

$$dom(t) = \{\epsilon, 1, 2, 21, 22\}$$
$$t(\epsilon) = \to^{r(2)}$$
$$t(1) = int^{r(0)}$$
$$t(2) = \to^{r(2)}$$
$$t(21) = bool^{r(0)}$$
$$t(22) = int^{r(0)}$$

t を与えられた木とする．t の $a \in dom(t)$ における部分木 t/a を以下のように定義する．

$$dom(t/a) = \{b|ab \in dom(t)\}$$

$$t/a(b) = t(ab)$$

木 t の部分木の集合 $Subtrees(t)$ は以下のように定義される.

$$Subtrees(t) = \{t/a | a \in dom(t)\}$$

$dom(t)$ が有限集合であるとき,木 t は有限であるという.

$Subtrees(t)$ が有限集合であるとき,木 t は**正規木**(regular tree)であるという.有限木はすべて正規木であるが,無限な正規木も存在する.例えば,$ilist$ は以下の無限な正規木で表わされる.

$$dom(ilist) = \{2^n | n \in N\} \cup \{2^n 1 | n \in N\}$$
$$ilist(2^{2n}) = +^{r(2)}$$
$$ilist(2^{2n} 1) = unit^{r(0)}$$
$$ilist(2^{2n+1}) = \times^{r(2)}$$
$$ilist(2^{2n+1} 1) = int^{r(0)}$$

ここで 2^n は n 個の 2 からなる文字列を表わす.

問 3.2.1 $ilist$ には四つの異なる部分木が含まれる.それらをすべて列挙し,t が正規木であることを確認せよ.

正規木を表現する一つの方法は,部分木間に成り立つ関係を連立方程式で表わすことである.t を,$Subtrees(t) = \{t_1, \ldots, t_n\}$ かつ $t = t_1$ である正規木とし,$t_i(\epsilon) = f_i^{r(k_i)}$ とする.すると $\{1, \ldots, k_i\} \subseteq dom(t_i)$ である.さらに $t_i(j) \in \{t_1, \ldots, t_n\}$ である.したがって,$t_1, \ldots, t_n$ をそれぞれ変数 $\alpha_1, \ldots, \alpha_n$ で表わせば,$t_1, \ldots, t_n$ は $\alpha_1, \ldots, \alpha_n$ に関する以下のような連立方程式で表現できるはずである.

$$\alpha_1 = f_1^{r(k_1)}(\alpha_1^1, \ldots, \alpha_{k_1}^1)$$
$$\vdots$$
$$\alpha_n = f_n^{r(k_n)}(\alpha_1^n, \ldots, \alpha_{k_n}^n)$$

ここで,$\alpha_i^j \in \{\alpha_1, \ldots, \alpha_n\}$ である.α_1 に着目すれば,この方程式は正規木

t の表現とみることができる．逆に，上記の形の方程式は常に正規木を表わすことを容易に確かめることができる．例えば，$ilist$ は，その四つの部分木を t_1, t_2, t_3, t_4 とすると，以下の方程式で表現される．

$$t_1 = +^{r(2)}(t_2, t_3)$$
$$t_2 = unit^{r(0)}$$
$$t_3 = \times^{r(2)}(t_4, t_1)$$
$$t_4 = int^{r(0)}$$

この方程式による正規木の表現は以下のように，より一般化することができる．$t_i(\alpha_1, \ldots, \alpha_n)$ を，変数 $\alpha_1, \ldots, \alpha_n$ を含み少なくとも一つの関数シンボル $f^{r(n)} \in \Sigma$ を含む有限木とする．すると，正規木は，上記より一般的な以下の形の方程式で表現可能である．

$$\alpha_1 = t_1(\alpha_1^1, \ldots, \alpha_{k_1}^1)$$
$$\vdots$$
$$\alpha_n = t_n(\alpha_1^n, \ldots, \alpha_{k_n}^n)$$

正規木に関する詳しい性質については，文献 [12] を参照．

正規木を型とするラムダ計算 $\Lambda^{\mu 1}$

バリアント型を含む Λ の型の集合は，型構成子の集合 $Const \cup \{\to^{r(2)}\} \cup \{Prod^{r(n)} | n \in N\} \cup \{Sum^{r(n)} | n \in N\}$ から生成される有限な木の集合であったが，この有限性の条件を取り除き，型構成子から構成される正規木の集合を型の集合と定義すると，その他の Λ の定義を変更することなく，再帰的データ型を含む計算系 $\Lambda^{\mu 1}$ が得られる．

式は型指定を含むから，$\Lambda^{\mu 1}$ の式表現のためには，型構成子から生成される正規木の集合を表現するための言語を定義する必要がある．α を変数，τ を，α および通常の型構成子から構成される（有限な）木とする．上記の議論から，τ が α 自身でなければ，方程式

$$\alpha = \tau$$

は唯一の正規木を表現する．正規木を表現するための言語の基本的な考え方は，この方程式の解を表わす以下の新しい文法を導入することである．

$$\mu\alpha.\tau$$

与えられた連立方程式の各変数を，その変数に関する式に対応する上記の形の式で置き換えることによって消去していくと，一般の連立方程式の解が表わす正規木を，式として表現可能である．以下，この方針に従い，正規木表現のための言語を与える．α を，変数集合を表わすメタ変数とし，**型式** (type expression) の集合を以下のように定義する．

$$\tau ::= \alpha \mid b \mid \tau \to \tau \mid \tau + \cdots + \tau \mid \tau \times \cdots \times \tau \mid \mu\alpha.\tau$$

型式には，$\mu\alpha.\alpha$ や $\mu\alpha.\beta$ のような式も含まれるため，型式がすべて正規木の表現であるわけではない．型式が正規木の表現であるための条件は以下の通りである．

1. 型式 τ に含まれる自由な型変数の集合 $FTV(\tau)$ が空集合である．ただし $FTV(\tau)$ の定義は，以下の定義を型式の構造に従って拡張したものである．

$$FTV(\alpha) = \{\alpha\}$$
$$FTV(\mu\alpha.\tau) = FTV(\tau) \setminus \{\alpha\}$$

2. τ の中に $\mu\alpha.\tau'$ の形をした型式が含まれれば，τ' は少なくとも一つの μ 以外の型構成子を含む．ただし基底型も（引き数 0 の）型構成子と見なす．

これら条件は簡単にチェックすることができる．以上の二つの条件を満たす型式を整合的な型式と呼ぶことにする．整合的な型式は，正規木を表現し，また逆に，型構成子 $Const \cup \{\to^{r(2)}\} \cup \{Prod^{r(n)} | n \in N\} \cup \{Sum^{r(n)} | n \in N\}$ から生成される任意の正規木は，整合的型式で表現可能であることが確かめられる（**問** これを確かめよ）．$\Lambda^{\mu 1}$ の型集合を，以上の条件を満たす型式で表わされる正規木の集合とする．

型を型式を使って表記するものとすると，$\Lambda^{\mu 1}$ の式の文法は，Λ の式の文

法と同一である．ただしここで注意しなければならない点は，同一の型に対して，それを表現する無数に多くの型式が存在しうることである．例えば，前に例で挙げたリスト型 $ilist$ は，

$$\mu\alpha.unit + int \times \alpha$$

と表現されるが，これ以外にも，

$$unit + (int \times (\mu\alpha.unit + (int \times \alpha)))$$

や

$$\mu\alpha.unit + (int \times (unit + (int \times \alpha)))$$

などの型式も，同一の型を表現している．$\Lambda^{\mu 1}$ においては，これら型の表現のみが異なる式は，同一であると見なす．以後 $\Lambda^{\mu 1}$ の議論においては，型式 τ は，その型式が表現する正規木としての型を意味するものと見なす．

型の集合を正規木の集合とすることを除き，$\Lambda^{\mu 1}$ の型付け規則の集合は Λ と同一である．このように拡張された型システムによって型判定 $\Gamma \triangleright M : \tau$ が導出可能であるとき，

$$\Lambda^{\mu 1} \vdash \Gamma \triangleright M : \tau$$

と書くことにする．

問 3.2.2 1. $\mu\alpha.unit + int \times \alpha$ を木領域を用いた表現で表わし，以前定義した $ilist$ に対する正規木の表現となっていることを確かめよ．
2. $\mu\alpha.unit + int \times \alpha$, $unit + int \times (\mu\alpha.unit + (int \times \alpha))$ および $\mu\alpha.unit + int \times (unit + (int \times \alpha))$ がすべて同一の正規木の表現であることを確かめよ．
3. 型式 τ のなかの変数 α を τ' で置き換えて得られる型式を $[\tau'/\alpha]\tau$ と書くことにする．$\mu\alpha.\tau$ が整合的な型式であれば，$[\mu\alpha.\tau/\alpha]\tau$ も整合性条件を満たす型式であり，かつ両者は同一の正規木を表現することを示せ．

型システムの定義は Λ と同一であるため，型の導出に関して Λ で示したすべての性質が成立する．ただし，$\Lambda^{\mu 1}$ の場合，型チェックに関しては，注意が必要である．Λ の場合は，式 M と型環境 Γ が与えられると，$\Lambda \vdash \Gamma \triangleright M : \tau$

となる τ が在るか否かを決定する簡単な型チェックアルゴリズムが存在した．$\Lambda^{\mu 1}$ に対して同様のアルゴリズムを構築するためには，二つの型式が表現する型が同一か否かを決定するアルゴリズムが必要となる．この問題を理解するために，式 $M_1 M_2$ を型チェックする場合を考えてみよう．Λ の型チェックアルゴリズムに従い，まず M_1 と M_2 の型チェックを行い，それぞれの型の表現である型式 τ_1 と τ_2 を得たとする．式 $M_1 M_2$ が型を持つ条件は，τ_1 が $\tau_2 \to \tau_3$ の形をした型であることである．型が有限の式の場合は，この条件の確認は何ら問題にならないが，$\Lambda^{\mu 1}$ のように型が型式で表現される抽象的なものの場合は，この条件を確認できるか否かは自明のことではない．この条件を確認するためには，およそ以下の操作が必要である．

1. τ_1 で表現される型のルートノードが $\to$ であることを確認する．
2. τ_1 の左部分木の型を表現する型式 τ_1^1 を求める．
3. τ_1^1 と τ_2 が同一の正規木の表現であるか否かを調べる．

このなかで，本質的な操作はステップ 3. の型式が同一の正規木の表現であるかを調べる操作である．その他は，簡単な操作で実現可能である．幸い，二つの正規木が同一であるか否かの判定は計算可能であることが Ginali[20] によって証明されており，二つの正規木の表現が同一の正規木の表現であるかをチェックする一般的なアルゴリズムが存在する．これを用いれば $\Lambda^{\mu 1}$ の型チェックアルゴリズムは，Λ の型チェックアルゴリズムと同様に構築することができる．

問 3.2.3 正規木 T_1 と T_2 の部分木間の関係 $R \subseteq \mathit{Subtrees}(T_1) \times \mathit{Subtrees}(T_2)$ が以下の条件を満たすとき，整合単純化関係であるという．

- $(T_1, T_2) \in R$.
- $(a, b) \in R$ なら $a(\epsilon) = b(\epsilon)$.
- $(a, b) \in R$ なら，$n \in dom(a)$ なる任意の $n \in N$ について，$(a/n, b/n) \in R$.

以下の問に答えよ．

1. T_1 と T_2 が同一であることと，T_1 と T_2 の部分木間に整合単純化関係が存在することは同値であることを示せ．
2. この性質を参考に，与えられた二つの型式が同一の正規木の表現であるか否かを

決定するアルゴリズムを構築せよ．（ヒント：型式の各ノードは，その型式が表現する正規木の部分木に対応する．したがって，もし二つの型式が同一の正規木を表現していれば，二つの型式のノード間に，整合単純化関係と同様な関係が成立するはずである．そのような関係の構築を試みるアルゴリズムを考えよ．）

以上の拡張は，型システムのみの拡張であるから，式の構造によって決まる公理的意味論，簡約関係，および操作的意味論は Λ のものと同一である．表示的意味論も，その定義自体は Λ のものと同一とすることができる．ただし，後に述べるように，$\Lambda^{\mu 1}$ の具体的なモデルの構築は，Λ の場合のように容易ではない．

再帰的な型を使用して，前に挙げたリスト処理のための定数および関数を定義してみよう．以下 $ilist$ を，正規木 $\mu \alpha.unit + (int \times \alpha)$ の名前として使用する．リスト処理関数の中で，car と cdr は，リストが空であれば返す値がない．この場合，通常のプログラミング言語ではエラーとして処理される．したがって，これら演算を $\Lambda^{\mu 1}$ のラムダ式で表現するためには，エラーを表現する手段が必要になる．エラーの系統的な取り扱いは繁雑であるので，ここではとりあえず，エラーの場合には計算が終了しないものとする．このために，任意の型 τ に対して，計算が無限に続くラムダ式 ω^τ が用意されているものとする．（ω^τ の具体的な例は，後に示す．）以上の準備の下で，リスト処理用の定数および関数は，以下のようなラムダ式で表現できる．

$$nil = (\langle 1 = ()\rangle : unit + int \times ilist)$$
$$null = \lambda x : ilist.case\ x\ of\ \lambda y : unit.true, \lambda y : int \times ilist.false$$
$$cons = \lambda x : int \times ilist.(\langle 2 = x\rangle : unit + int \times ilist)$$
$$car = \lambda x : ilist.case\ x\ of\ (\omega^{unit \to int}, \lambda y : int \times ilist.y.1)$$
$$cdr = \lambda x : ilist.case\ x\ of\ (\omega^{unit \to ilist}, \lambda y : int \times ilist.y.2)$$

問 3.2.4 上記の関数について以下の各問に答えよ．

1. 型が正しいことを確かめよ．すなわち，$\Lambda^{\mu 1} \vdash \emptyset \rhd \omega^\tau : \tau$ であることを仮定し，

$\Lambda^{\mu 1}$ の型システムで以下の型判定が導出できることを確かめよ．

$$\Lambda^{\mu 1} \vdash \emptyset \triangleright nil : ilist$$
$$\Lambda^{\mu 1} \vdash \emptyset \triangleright null : ilist \to bool$$
$$\Lambda^{\mu 1} \vdash \emptyset \triangleright cons : int \times ilist \to ilist$$
$$\Lambda^{\mu 1} \vdash \emptyset \triangleright car : ilist \to int$$
$$\Lambda^{\mu 1} \vdash \emptyset \triangleright cdr : ilist \to ilist$$

2. 以下の手順で，操作的意味論が，意図する関数を表現していることを確かめよ．$M_1, \ldots, M_n$ からなる n 個の要素のリストを $[M_1, \ldots, M_n]$ と略記することにする．特に空のリストは [] で表わす．これらの略記法の定義を与えよ．評価文脈に基づく操作的意味論において，$\omega^\tau \Downarrow$ を仮定し，以下の性質を示せ．

(i) $M_1 \Downarrow V$ かつ $M_2 \Downarrow [V_1, \ldots, V_n]$ なら，$cons(M_1, M_2) \Downarrow [V, V_1, \ldots, V_n]$．
(ii) $M \Downarrow [V_1, \ldots, V_n]$ なら，$null\ M \Downarrow false$．$M \Downarrow []$ なら，$null\ M \Downarrow true$．
(iii) $M \Downarrow [V_1, \ldots, V_n]$ なら，$car\ M \Downarrow V_1$．$M \Downarrow []$ なら，$car\ M \Downarrow$．
(iv) $M \Downarrow [V_1, \ldots, V_n]$ なら，$cdr\ M \Downarrow [V_2, \ldots, V_n]$．$M \Downarrow []$ なら，$cdr\ M \Downarrow$．

自然意味論に基づく操作的意味論において，同様の性質を示せ．

$\Lambda^{\mu 1}$ の特徴

$\Lambda^{\mu 1}$ と Λ の最も大きな違いは，$\Lambda^{\mu 1}$ では型が帰納的に定義された集合ではないことである．したがって，型に関する帰納法で示し得た Λ の型システムや意味論に関する性質は，$\Lambda^{\mu 1}$ では成立するとは限らない．以下，それらの性質の中の代表的なものを解説する．

問 3.2.5 正規木の集合は，定数の集合と構成子の集合から生成される帰納的集合ではないこと，したがって，集合の要素の生成に関する帰納的な証明や再帰的な関数定義が意味をなさないことを確認せよ．

以前述べたように，Λ の表示的意味論の枠組みそのものは，$\Lambda^{\mu 1}$ にも有効であるが，具体的なモデルの構築は Λ のように簡単ではない．Λ の具体的なモデルは，いずれも型の構造に関して再帰的に意味領域を定義することによって構築されているが，この方法は，無限な型を含む $\Lambda^{\mu 1}$ には適用できない．また，モデル間の論理関係の基本補題も，型に関する帰納法を一般化したものであり，$\Lambda^{\mu 1}$ では意味をなさない．したがって，論理関係の考え方を使って示した，公理的意味論の型フレームに対する完全性の証明も，$\Lambda^{\mu 1}$

$$\cfrac{\cfrac{\{x:\mu\alpha.\alpha\to\tau\}\triangleright x:(\mu\alpha.\alpha\to\tau)\to\tau \quad \{x:\mu\alpha.\alpha\to\tau\}\triangleright x:\mu\alpha.\alpha\to\tau}{\cfrac{\{x:\mu\alpha.\alpha\to\tau\}\triangleright (x\ x):\tau}{\emptyset\triangleright(\lambda x:\mu\alpha.\alpha\to\tau.x\ x):(\mu\alpha.\alpha\to\tau)\to\tau}}\quad \cfrac{\emptyset\triangleright(\lambda x:\mu\alpha.\alpha\to\tau.x\ x):(\mu\alpha.\alpha\to\tau)\to\tau}{\emptyset\triangleright(\lambda x:\mu\alpha.\alpha\to\tau.x\ x):\mu\alpha.\alpha\to\tau}}{\emptyset\triangleright(\lambda x:\mu\alpha.\alpha\to\tau.x\ x)\ (\lambda x:\mu\alpha.\alpha\to\tau.x\ x):\tau}$$

図 3.2 ω^τ に対する型判定の導出

には適用できない.

簡約システムは，式同士の関係であり，型に依存しないため，Λ の定義が $\Lambda^{\mu 1}$ にもそのまま適用される．Λ の簡約システム性質の中で，型保存の定理も，$\Lambda^{\mu 1}$ においても成立する．しかし，強正規性は $\Lambda^{\mu 1}$ では成り立たない．その反例は型 $\mu\alpha.\alpha\to\tau$ を使って構築できる．ここで τ は任意の型である．以下の式を考える．

$$\omega^\tau = (\lambda x:\mu\alpha.\alpha\to\tau.x\ x)\ (\lambda x:\mu\alpha.\alpha\to\tau.x\ x)$$

$\mu\alpha.\alpha\to\tau$ と $(\mu\alpha.\alpha\to\tau)\to\tau$ とは同一の型を表現していることに注意すれば，ω^τ に対して，図 3.2 に示す型判定の導出が存在することがわかる．したがって

$$\Lambda^{\mu 1}\vdash\emptyset\triangleright\omega^\tau:\tau$$

が成り立つ．しかしながら，この式に対しては以下のような簡約の無限系列が存在するから，強正規性は成り立たない．

$$\omega^\tau\longrightarrow\omega^\tau\longrightarrow\cdots$$

プログラミング言語の観点からは，ω^τ のような式は，停止しないプログラムに相当する．

操作的意味論は，評価文脈を用いたものも自然意味論も，式の構造のみに基づき定義されており，$\Lambda^{\mu 1}$ にもそのまま有効である．操作的意味論は，プログラミング言語の実装のモデルであるから，この事実は，$\Lambda^{\mu 1}$ の実装は，

Λ の実装と同様に行うことができることを意味する．しかしながら，以前示した Λ の型システムの，操作的意味論に対する健全性の証明は，型の構造に関する再帰的な定義が一部使われているため，$\Lambda^{\mu 1}$ にそのまま適用することはできない．

Λ の型システムの評価文脈に基づく操作的意味論に対する健全性を示している定理 2.9.1 においては，値に対する述語 P^{τ} が型に関して再帰的に定義されているが，この定義の，無限正規木の集合への拡張は容易には行えない．しかし，以下のより弱い性質は，$\Lambda^{\mu 1}$ に対しても容易に示すことができる．

定理 3.2.1 $\Lambda^{\mu 1} \vdash \Gamma \triangleright M : \tau$ とし，$\eta \models \Gamma$ とする．もし $\eta(M) \Downarrow M'$ なら，M' は $\Lambda^{\mu 1} \vdash \emptyset \triangleright V : \tau$ なる値 V である．

型保存の定理が成立するから，上記定理は，以下の補題の直接の帰結である．

補題 3.2.1 $\Lambda^{\mu 1} \vdash \Gamma \triangleright M : \tau$ かつ $\eta \models \Gamma$ なら，$\eta(M) \in Value^{\tau}$ が成立するか，または $\eta(M) = E[M_1]$ かつ $E[M_1] \Longrightarrow^v E[M_2]$ となる評価文脈 $E[\cdot]$ が存在する．

証明 この性質は，M の構造に関する帰納法で示すことができる．定数，変数およびラムダ抽象の場合は，定義より成立する．組の場合は，帰納法の仮定の直接の帰結である．

$M_1\ M_2$ の場合．ある型 τ_1 が存在して，$\Lambda^{\mu 1} \vdash \Gamma \triangleright M_1 : \tau_1 \to \tau$ かつ $\Lambda^{\mu 1} \vdash \Gamma \triangleright M_2 : \tau_1$ である．$\eta(M_1)$ または $\eta(M_2)$ が値でない場合は，帰納法の仮定より成立する．$\eta(M_1) = V_1, \eta(M_2) = V_2$ とする．帰納法の仮定より，$V_1 \in Value^{\tau_1 \to \tau}$ である．値の定義より，$V_1 = \lambda x : \tau_1.M_1'$ または $V_1 = c$ である．$E[\cdot] = [\cdot]$ と取れば，前者の場合は公理より，後者の場合は定数に関する仮定より，$E[V_1\ V_2] \Longrightarrow^v E[M']$ なる M' が存在する．

$M_1.i$ の場合．ある型 $\tau_1, \ldots, \tau_n$ が存在して，$\tau = \tau_i$ かつ $\Lambda^{\mu 1} \vdash \Gamma \triangleright M_1 : \tau_1 \times \cdots \times \tau_n$ である．$\eta(M_1)$ が値でない場合は，帰納法の仮定より成立する．$\eta(M_1) = V_1$ とする．帰納法の仮定より，$V_1 \in Value^{\tau_1 \times \cdots \times \tau_n}$ であるから，$E[\cdot] = [\cdot]$ と取れば，$E[V_1.i] \Longrightarrow^v E[V_i]$ となり成立する．■

次に，自然意味論に関する型システムの健全性定理（定理 2.9.2）を $\Lambda^{\mu 1}$ に拡張する問題を考えてみよう．評価文脈に基づく意味論における述語 P^τ の定義が正規木の集合に対しては適用できなかったのと同様，Λ における自然意味論での値の型判定 $\models v : \tau$ の定義を正規木の集合に適用することはできない．その理由は，P^τ の定義の場合より微妙である．値の型判定 $\models v : \tau$ の定義は，一見すると，値の構造に関して再帰的に定義されているようにみえ，したがって，型の集合が拡張されても成立するようにみえる．しかしながら，無限の大きさを持つ型を含む場合，この定義では，関数閉包 $cls(\lambda x : \tau.M, E)$ が型を持つ条件が決定されない場合がある．この現象を理解するために，$M = \lambda x : \mu\alpha.int \to \alpha.\lambda y : int.x$ とおき，以下の型判定を考えてみよう．

$$\Lambda^{\mu 1} \vdash \emptyset \triangleright M : (\mu\alpha.int \to \alpha) \to (\mu\alpha.int \to \alpha)$$

次節で学ぶように，$\Lambda^{\mu 1}$ では，$Y M \xrightarrow{*} M(Y M)$ を満たす不動点演算子 Y が定義可能である．すると，式 $Y M$ は

$$\lambda y : int.\lambda y : int.\lambda y : int. \ldots \lambda y : int \ldots$$

の形をした無限の式のようなふるまいをするはずである．したがって自然意味論においても，式 $Y M$ は

$$\emptyset \vdash Y M \Downarrow v$$

でかつ，v は，整数に何回適用しても自分自身と同一のふるまいをするような関数閉包であるはずである．このような v に対しては，Λ における $\models v : \tau$ の定義は循環したものとなってしまう．

問 3.2.6 $M = \lambda x : \mu\alpha.int \to \alpha.\lambda y : int.x$ が以下の型判定を持つことを確かめよ．
$$\Lambda^{\mu 1} \vdash \emptyset \triangleright M : (\mu\alpha.int \to \alpha) \to (\mu\alpha.int \to \alpha)$$

関数閉包に関する性質 P_n を以下のように定める．

$cls(\lambda z : int.M, E) \in P_1 \iff$ ある v があって $E\{z : c^{int}\} \vdash M \Downarrow v$

$cls(\lambda z : int.M, E) \in P_n \iff$ ある v があって $E\{z : c^{int}\} \vdash M \Downarrow v, v \in P_{n-1}$

ただし，c^{int} は int 型の任意の定数である．また，次節で詳しく学ぶように，以下の不動点演算子

$$\lambda f.(\lambda x.f\ (\lambda z.(x\ x)z))(\lambda x.f\ (\lambda z.(x\ x)z))$$

に対応する $\Lambda^{\mu 1}$ の式 Y が定義可能である．式 $Y\ M$ は，

$$\emptyset \vdash Y\ M \Downarrow v$$

かつ，任意の自然数 n に対して $v \in P_n$ であることを示せ．

しかしながら，自然意味論の場合，幸い，この問題を回避し，定理 2.9.2 と等価な性質を証明することができる．そのために，まず，関数閉包の型の定義を以下のように変更する．

$$\models cls(\lambda x : \tau_1.M, E) : \tau_1 \to \tau_2 \iff$$
$$E \models \Gamma \text{ かつ } \Lambda^{\mu 1} \vdash \Gamma \rhd \lambda x : \tau_1.M : \tau_1 \to \tau_2 \text{ なる } \Gamma \text{ が存在する．}$$

関数閉包の型を，型判定を使い定義する技法は，後に述べる参照型を含んだ言語の型システムの健全性の証明のために，Tofte[57] によって使用されたものである．この変更により，$\models v : \tau$ の定義は，v の構造に基づく再帰的な定義となり，任意の v と τ に対して，$\models v : \tau$ か否かが決定される．この定義のもとで，Λ 同様，型システムの操作的意味論に関する健全性定理が証明できる．

定理 3.2.2 もし $\Lambda^{\mu 1} \vdash \Gamma \rhd M : \tau$, $E \models \Gamma$ かつ $E \vdash M \Downarrow v$ なら，$\models v : \tau$ である．

証明 関数閉包の型付けの変更により，以前のような式の構造による帰納的な証明は困難である．そこで，$E \vdash M \Downarrow v$ の計算の長さに関する帰納法で証明する．計算が終了するとは限らないが，定理は，操作的意味論において計算が終了する場合の式の性質に関するものであり，$E \models M \Downarrow v$ の長さに関する帰納法によって，すべての場合を尽くすことができる．最後に使用された規則により場合分けを行う．最後に使用された規則が組に関する評価規則の場合は練習問題とする．

$E \vdash c^\tau \Downarrow c^\tau$ の場合．$\models c^\tau : \tau$ である．

$E \vdash x \Downarrow E(x)$ の場合．E の仮定より成立する．

$E \vdash \lambda x : \tau_1.M_1 \Downarrow cls(\lambda x : \tau_1.M_1, E)$ の場合．$\Lambda^{\mu 1} \vdash \Gamma \rhd \lambda x : \tau_1.M_1 :$ $\tau_1 \to \tau_2$ かつ $E \models \Gamma$ であるから，Γ を，関数閉包の型付けで要求されている型環境と取れば，$\models cls(\lambda x : \tau_1.M_1, E) : \tau_1 \to \tau_2$ である．

$E \vdash M_1\, M_2 \Downarrow v$ の場合．ある τ_1 があって，$\Lambda^{\mu 1} \vdash \Gamma \rhd M_1 : \tau_1 \to \tau$ かつ $\Lambda^{\mu 1} \vdash \Gamma \rhd M_2 : \tau_1$ である．自然意味論の定義より，$E \vdash M_1 \Downarrow v_1$ である．帰納法の仮定より $\models v_1 : \tau_1 \to \tau$ である．値の型の定義より，$v_1 = f$（定数関数）または，ある x, M_1^1, E_1, Γ_1 があって，$v_1 = cls(\lambda x : \tau_1.M_1^1, E_1)$，$E_1 \models \Gamma_1$，かつ $\Lambda^{\mu 1} \vdash \Gamma_1 \rhd \lambda x : \tau_1.M_1^1 : \tau_1 \to \tau$ である．$v_1 \neq wrong$ であるから，自然意味論の定義より，$E \vdash M_2 \Downarrow v_2$ である．帰納法の仮定より，$\models v_2 : \tau_1$ である．$v = f$ の場合は定数関数に関する仮定より成立する．$v_1 = cls(\lambda x : \tau_1.M_1^1, E_1)$ とする．$E_1\{x : v_2\} \models \Gamma_1\{x : \tau_1\}$ である．$v_2 \neq wrong$ であるから，自然意味論の定義より，$E_1\{x : v_2\} \vdash M_1^1 \Downarrow v$ である．また，$\Lambda^{\mu 1} \vdash \Gamma_1\{x : \tau_1\} \rhd M_1^1 : \tau$ であるから，帰納法の仮定より，$\models v : \tau$ である．■

- **問 3.2.7** 最後に適用された評価規則が組に関するものである場合，すなわち，$E \vdash (M_1,\ldots,M_n) \Downarrow v$ の場合，および $E \vdash M \bullet i \Downarrow v$ の場合を証明し，上記定理の証明を完成せよ．

3.2.2　同型関係を明示的に用いた再帰的データ型の表現

正規木を用いた再帰的データ型の表現は，$\mu\alpha.unit + int \times \alpha$ のような再帰的データ型を，方程式 $\alpha = unit + int \times \alpha$ の解と考え，型の集合を，このような方程式の解が存在するように拡張することによってなされた．この方式は，型の集合以外の Λ の定義を変更せずにすむという利点がある．一方，この方式では，型はもはや $\mu\alpha.unit + int \times \alpha$ などの式そのものではなく，これら文法が表示する抽象的なものとなる．その結果，型の表現の間には自明でない同値関係が成立し，型チェックはこの同値関係を常に考慮して行わねばならず，また型の文法に基づく帰納法等の手法は使用できなくなるといった複雑な要素も出てくることになる．

3.2 再帰的データ型

再帰的データ構造を型付きラムダ計算で表現するもう一つの方法は，$ilist = unit + int \times ilist$ のような等式を直接満たすような型集合を構築する代わりに，これらの等式に相当する同型関係を成立させる式構成子を導入することである．

この考えに基づき，$\Lambda^{\mu 1}$ の定義で導入した整合的な型式の集合そのものを型の集合とする新しい計算系 $\Lambda^{\mu 2}$ を定義する．$\Lambda^{\mu 2}$ では，$\mu \alpha.unit + int \times \alpha$ や $unit + int \times (\mu \alpha.unit + (int \times \alpha))$ はそれぞれ異なった型である．よって $\Lambda^{\mu 2}$ においては，型の集合は，文法規則で生成された帰納的な集合の部分集合として扱うことができる．

$\Lambda^{\mu 2}$ では，$\mu \alpha.\tau$ の形の型は，それ以外の型構成子からなる型とは異なる新しい型であるから，これらの型を処理する式構成子を新たに導入する必要がある．型変数 α を型 τ で置き換える型の代入を $[\tau/\alpha]$ と書く．$\mu \alpha.\tau$ の直感的な意味は，以下の同型関係が成立するような型である．

$$\mu \alpha.\tau \cong [(\mu \alpha.\tau)/\alpha]\tau$$

この同型関係をラムダ計算の理論の中で成立させるために，まずラムダ式の集合を以下の二つの式構成子を導入し拡張する．

$$M ::= \cdots \mid \mathit{fld}(M) \mid \mathit{ufd}(M)$$

これら式構成子に対して以下の型付け規則を定義する．

(fld) $\quad \dfrac{\Gamma \triangleright M : [(\mu \alpha.\tau)/\alpha]\tau}{\Gamma \triangleright \mathit{fld}(M) : \mu \alpha.\tau}$

(ufd) $\quad \dfrac{\Gamma \triangleright M : \mu \alpha.\tau}{\Gamma \triangleright \mathit{ufd}(M) : [(\mu \alpha.\tau)/\alpha]\tau}$

$\mathit{fld}(\_)$ は，上記の型の同型関係の右から左への同型写像に，$\mathit{ufd}(\_)$ は左から右の同型写像に対応する．

表示的意味論を拡張するには，関数集合 **Fld**, **Ufd** を追加すればよい．

$$\mathbf{Fld} = \{ Fld^{\mu \alpha.\tau} \mid \mu \alpha.\tau \text{ は型 } \}$$
$$Fld^{\mu \alpha.\tau} \in A^{[(\mu \alpha.\tau)/\alpha]\tau} \to A^{\mu \alpha.\tau}$$

$$\mathbf{Ufd} = \{ Ufd^{\mu\alpha.\tau} | \mu\alpha.\tau \text{ は型 } \}$$
$$Ufd^{\mu\alpha.\tau} \in A^{\mu\alpha.\tau} \to A^{[(\mu\alpha.\tau)/\alpha]\tau}$$

さらにこれらの関数は以下の性質を満たすものとする.

$$Fld^{\mu\alpha.\tau} \; (Ufd^{\mu\alpha.\tau} \; x) = x$$
$$Ufd^{\mu\alpha.\tau} \; (Fld^{\mu\alpha.\tau} \; x) = x$$

公理的意味論を拡張するには,以下の公理を追加すればよい.

(rec1) $\quad \Gamma \rhd ufd(fld(M)) = M \; : \; \tau$

(rec2) $\quad \Gamma \rhd fld(ufd(M)) = M \; : \; \tau$

このうちプログラミング言語の評価規則としては,最初のもののみで十分である.そこで簡約公理として以下の公理を追加する.

(rec) $\quad ufd(fld(M)) \Longrightarrow M$

評価文脈に基づく操作的意味論を拡張するためには,値の集合と評価文脈を以下のように拡張し,

$$V ::= \cdots \mid fld(V)$$
$$E ::= \cdots \mid fld(E) \mid ufd(E)$$

上記の簡約公理に対応する以下の文脈書き換え規則を追加すればよい.

$$E[ufd(fld(V))] \Longrightarrow^v E[V]$$

自然意味論を拡張するには,値の集合を同様に拡張し,以下の評価規則を追加すればよい.

$$\frac{E \vdash M \Downarrow V}{E \vdash fld(M) \Downarrow fld(V)}$$

$$\frac{E \vdash M \Downarrow fld(V)}{E \vdash ufd(M) \Downarrow V}$$

$\Lambda^{\mu 2}$ では,前にあげた停止しないラムダ式 ω^τ は以下のような式で表現される.

$$\Omega^\tau = (\lambda x : \mu\alpha.\alpha \to \tau.\mathit{ufd}(x)\ x)\ \mathit{fld}((\lambda x : \mu\alpha.\alpha \to \tau.\mathit{ufd}(x)\ x))$$

型 $\mu\alpha.\alpha \to \tau$ の式を関数として使用するためには,$\mathit{ufd}(\_)$ を用いて明示的に関数型に変換しなければならないことに注意.

問 3.2.8 Ω^τ の型判定の導出を実際に計算することによって,$\Lambda^{\mu 2} \vdash \Gamma \triangleright \Omega^\tau : \tau$ であることを確かめよ.

$\mathit{ilist} = \mu\alpha.\mathit{unit} + \mathit{int} \times \alpha$ とすると,リスト型の基本操作は以下のような式で表現される.

$$\mathit{nil} = \mathit{fld}(((\langle 1 = ()\rangle : \mathit{unit} + \mathit{int} \times \mathit{ilist}))$$
$$\mathit{null} = \lambda x : \mathit{ilist}.\mathit{case}\ \mathit{ufd}(x)\ \mathit{of}\ \lambda y : \mathit{unit}.\mathit{true}, \lambda y : \mathit{int} \times \mathit{ilist}.\mathit{false}$$
$$\mathit{cons} = \lambda x : \mathit{int} \times \mathit{ilist}.\mathit{fld}(((\langle 2 = x\rangle : \mathit{unit} + \mathit{int} \times \mathit{ilist}))$$
$$\mathit{car} = \lambda x : \mathit{ilist}.\mathit{case}\ \mathit{ufd}(x)\ \mathit{of}\ (\Omega^{\mathit{unit} \to \mathit{int}}, \lambda y : \mathit{int} \times \mathit{ilist}.y\mathbf{.}1)$$
$$\mathit{cdr} = \lambda x : \mathit{ilist}.\mathit{case}\ \mathit{ufd}(x)\ \mathit{of}\ (\Omega^{\mathit{unit} \to \mathit{ilist}}, \lambda y : \mathit{int} \times \mathit{ilist}.y\mathbf{.}2)$$

問 3.2.9 以上のリスト処理関数に対して,問 3.2.8と同様の性質が成り立つことを示せ.

問 3.2.10 第 1 章で簡単に紹介した型無しラムダ計算は,等式

$$\mathit{Untype} = \mathit{Untype} \to \mathit{Untype}$$

が成り立つような型 Untype を持つ型付きラムダ式の集合と考えることができる.M を $\Lambda^{\mu 2}$ の任意の式とし,M から型情報を消去して得られる型無しラムダ式を $\mathit{erase}(M)$ を以下のように定義する.

$$\begin{aligned}
\mathit{erase}(x) &= x \\
\mathit{erase}(\lambda x : \tau.M) &= \lambda x.\mathit{erase}(M) \\
\mathit{erase}(M_1\ M_2) &= \mathit{erase}(M_1)\ \mathit{erase}(M_2) \\
\mathit{erase}(\mathit{fld}(M)) &= \mathit{erase}(M) \\
\mathit{erase}(\mathit{ufd}(M)) &= \mathit{erase}(M)
\end{aligned}$$

以下の問に答えよ.

1. 任意の型無しラムダ式 L に対して,$erase(M) = L$ かつ $\Lambda^{\mu 1} \vdash \{x : Untype | x \in FV(L)\} \rhd M : Untype$ である $\Lambda^{\mu 1}$ の式 M があることを示せ.
2. $\Lambda^{\mu 2}$ では型 $Untype$ は $\mu\alpha.\alpha \to \alpha$ と表現できる.この表現を使い,上記と同様の性質を証明せよ.

$\Lambda^{\mu 2}$ の場合も $\Lambda^{\mu 1}$ と同様,型の構造に関する帰納法で証明した Λ の種々の性質はそのまま $\Lambda^{\mu 2}$ に適用することはできない.その原因は,α が型ではないため,再帰的な型 $\mu\alpha.\tau$ に必要な性質を,τ の性質から合成することができないことによる.

3.2.3 再帰的データ型の意味論

$\Lambda^{\mu 1}$ および $\Lambda^{\mu 2}$ の表示的意味論の定義は Λ の場合とほぼ同様であるが,その具体的なモデルを構築するためには,再帰的な型の意味領域を構成するための新しい仕組みが必要である.Λ の具体的なモデルの構成の例で説明したように,型の意味領域を構成するための一般的方法は,型構成子 $\{\to, \times, +\}$ に対応する意味領域構成子を定義し,この構成子を使って,A^τ を型 τ の構造に従って再帰的に定義するというものである.しかしながら再帰的な型は,自分自身を部分として含むため,このような再帰的な構成方法は適用できない.例えば,問 3.2.10 で使用した再帰的データ型 $Untype = \mu\alpha.\alpha \to \alpha$ を考えてみよう.$\Lambda^{\mu 1}$ の場合は,$Untype$ は $\to$ を構成子とする無限の型であり,再帰的な定義は意味をなさない.$\Lambda^{\mu 2}$ の場合は,$Untype = \mu\alpha.\alpha \to \alpha$ そのものが型であるが,その構成要素 α は型ではなく,やはり再帰的な構成は意味をなさない.再帰的な型の意味領域を構成するためには,再帰的な構成とは別の再帰的な領域の構成法が必要となる.

以下,型 $Untype$ の意味領域を例に,再帰的な型の意味領域の構成に必要な概念を導入する.

型 $Untype$ の性質は,$\Lambda^{\mu 1}$ の場合は型そのものが満たす以下の等式によって特徴付けられる.

$$Untype = Untype \to Untype$$

$\Lambda^{\mu 2}$ の場合は，Fld^{Untype} および Ufd^{Untype} によって実現される以下の同型関係によって表わされる．

$$Untype \cong Untype \to Untype$$

したがって，この型の意味領域は，以上の等式または同型関係を満たすものであるはずである．等式は同型関係の特殊な場合であるから，以降同型関係のみを考えることにする．そこで，関数型構成子 $\_ \to \_$ に対応する領域構成子を $[\_ \to \_]$ と表わすと，$Untype$ の意味領域 A^{Untype} は以下の方程式の解と見なすことができる．

$$D \cong [D \to D]$$

$Untype$ の意味領域を構築するためには，上記の方程式の解が存在するような意味領域の空間および領域構成子 $[\_ \to \_]$ を見つければよいことになる．$[D \to D]$ を D から D への関数全体の集合とすると，$[D \to D]$ は D より大きな濃度を持つため，上記の同型関係は成立し得ない．Scott[50] は，意味領域を 2.4.2 の領域論的モデルのなかで導入した CPO とし，領域構成子 $[\_ \to \_]$ を連続関数空間構成子と解釈すると，上記の同型関係を満たすような D を構成可能であることを示した．この領域は，型無しラムダ計算の抽象的なモデルとなるばかりでなく，このモデルを構築する過程で Scott が確立した意味領域構築の技法は，再帰的データ型や，次節で解説する再帰的関数を含んだプログラミング言語の具体的なモデルとして広く使用されている．以下，その概要を説明する．

空でない与えられた CPO D に対して，CPO の系列 D_n を以下のように定義する．

$$D_0 = D$$
$$D_{n+1} = [D_n \to D_n]$$

ここで $[D_n \to D_n]$ は D_n から D_n への連続関数全体の集合から構成される CPO を表わす．D_0 を含み求める領域方程式を満たす CPO は，直感的には，この系列の極限として求めることができる．もしこの系列の極限 D_∞ が存

在すれば，$D_{\infty+1} \cong D_\infty$ と考えられるから，$D_\infty \cong [D_\infty \to D_\infty]$ となると期待できる．以下，この系列の極限を具体的に構築し，実際にこの同型関係が成立することを示す．

まずCPOの系列の極限の概念を定義する．$C_1, C_2, \ldots, C_n, \ldots$ をCPOの無限系列とし，$\{f_n | f_n \in [C_{n+1} \to C_n], n = 1, 2, \ldots\}$ を連続関数の無限系列とする．以下の集合を定義する．

$$C_\infty = \{<x_1, x_2, \ldots, x_n, \ldots> | \forall i. x_i \in C_i, f_i(x_{i+1}) = x_i\}$$

C_∞ の要素 $x = <x_1, x_2, \ldots, x_i, \ldots>$ に対して，x_i を $x(i)$ で表わす．このような系列を**逆順システム**と呼ぶ．C_∞ 上に以下の二項関係 $\sqsubseteq_\infty$ を定義する．

$$x \sqsubseteq y \iff \forall i. x(i) \sqsubseteq y(i)$$

補題 3.2.2 $(C_\infty, \sqsubseteq_\infty)$ はCPOである．

証明 $X \subseteq C_\infty$ を任意の有向集合とすると，$X_i = \{x(i) | x \in X\}$ も有向集合である．さらに，$f_i(\sqcup X_{i+1}) = \sqcup X_i$ である．したがって，

$$<\sqcup X_1, \sqcup X_2, \ldots, \sqcup X_i, \ldots> = \sqcup X$$

が示せる．■

問 3.2.11 1. $X \subseteq C_\infty$ が有向集合なら，$X_i = \{x(i) | x \in X\}$ も有向集合であることを示せ．
2. $f_i(\sqcup X_{i+1}) = \sqcup X_i$ であることを示せ．
3. $<\sqcup X_1, \sqcup X_2, \ldots, \sqcup X_i, \ldots> = \sqcup X$ であることを示せ．

次に，求めたい系列 $\{D_n\}$ の極限を定義するために，D_n を D_{n+1} に埋め込む関数 ϕ_n を定義する．一般に D, E を与えられたCPOとするとき，$\phi \in [D \to E]$ に対して以下の条件を満たす関数 $\psi \in [E \to D]$ が存在するとき ϕ を D の E への**埋め込み**という．

$$\psi \circ \phi = id_D, \quad \phi \circ \psi \sqsubseteq id_E$$

対応する ψ を**射影**という．

問 3.2.12 埋め込み $\phi \in [D \to E]$ に対して，上記の条件を満たす射影 ψ は高々一つしか存在しないことを示せ．

(ϕ, ψ) を**射影対**と呼び，$(\phi, \psi) \in (D \triangleright E)$ と書く．さらに，射影対 (ϕ, ψ) は ϕ によって一意に決まるから，$\phi \in (D \triangleright E)$ とも書くことにする．また，ϕ が埋め込み関数であるとき，対応する射影関数を ϕ^R とも書き，ψ が射影関数であるとき，対応する埋め込み関数を ψ^R とも書く．

D_n から D_{n+1} への射影対 $(\phi_n, \psi_n) \in (D_n \triangleright D_{n+1})$ を定義するために，まず関数空間の間の写像を定義する．$f \in [D_1 \to E_1]$，$g \in [E_2 \to D_2]$ が与えられたとき，$[E_1 \to E_2]$ の任意の要素を $[D_1 \to D_2]$ の要素に移す関数 $[f \to g]$ を以下のように定義する．

$$[f \to g](\phi) = g \circ \phi \circ f$$

この関数は，CPO 間の写像から関数空間の間の写像を構成する一般的な操作である．さらにこの操作は，射影対の構成子とも見なすことができる．すなわち，以下の性質が成立する．

補題 3.2.3 $(\phi_1, \psi_1) \in (D_1 \triangleright E_1)$ かつ $(\phi_2, \psi_2) \in (D_2 \triangleright E_2)$ なら，$([\psi_1 \to \phi_2], [\phi_1 \to \psi_2]) \in ([D_1 \to D_2] \triangleright [E_1 \to E_2])$ である．

証明 $f \in [D_1 \to D_2]$，$g \in [E_1 \to E_2]$ を任意の要素とする．$[\psi_1 \to \phi_2](f) = \lambda x \in E_1. \phi_2(f(\psi_1(x)))$ かつ $[\phi_1 \to \psi_2](g) = \lambda x \in D_1. \psi_2(g(\phi_1(x)))$ であるから，以下の等式が成立する．

$$\begin{aligned}
[\phi_1 \to \psi_2]([\psi_1 \to \phi_2](f)) &= \lambda x \in D_1. \psi_2(\phi_2(f(\psi_1(\phi_1(x))))) \\
&= \lambda x \in D_1. f(x) \\
&= f \\
[\psi_1 \to \phi_2]([\phi_1 \to \psi_2](g)) &= \lambda x \in E_1. \phi_2(\psi_2(g(\phi_1(\psi_1(x))))) \\
&\sqsubseteq \lambda x \in E_1. g(x) \\
&= g
\end{aligned}$$

したがって $([\psi_1 \to \phi_2], [\phi_2 \to \psi_1]) \in ([D_1 \to D_2] \triangleright [E_1 \to E_2])$ である．■

射影対の系列 $(\phi_n, \psi_n) \in (D_n \triangleright D_{n+1})$ は，この射影対構成子を用いて，以下のように再帰的に定義できる．

$$\phi_0(d) = \lambda x \in D_0.d$$
$$\psi_0(f) = f(\bot)$$
$$\phi_{n+1} = [\psi_n \to \phi_n]$$
$$\psi_{n+1} = [\phi_n \to \psi_n]$$

明らかに $(\phi_0, \psi_0) \in (D_0 \triangleright [D_0 \to D_0])$ である．また上記の補題より，任意の $1 \leq i$ について $(\phi_i, \psi_i) \in (D_i \triangleright D_{i+1})$ である．このように射影対によって結ばれた CPO の無限系列 $(\{D_n\}_n, \{(\phi_n, \psi_n)\}_n)$ を**射影システム**と呼ぶ．射影システムは逆順システムであるから，補題 3.2.2 によりその極限 D_∞ が存在する．

D_n から D_m への埋め込みまたは射影を表わす関数 $\phi\psi_{n,m}$ を以下のように定める．

$$\phi\psi_{n,n} = \lambda x \in D_n.x$$
$$\phi\psi_{n,n+k+1} = \lambda x \in D_n.\phi_{n+k}(\phi\psi_{n,n+k}(x))$$
$$\phi\psi_{n+k+1,n} = \lambda x \in D_n.\phi\psi_{n+k,n}(\psi_{n+k}(x))$$

D_∞ に対して以下の関数を定義する．

$$\Psi_n \in [D_\infty \to D_n]$$
$$\Psi_n(d) = d(n)$$
$$\Phi_n \in [D_n \to D_\infty]$$
$$\Phi_n(d) = <\phi\psi_{n,1}(d), \phi\psi_{n,2}(d), \ldots, \phi\psi_{n,k}(d), \ldots>$$

この関数を使うと，D_∞ 上の関数適用 $Apply$ を以下のように定義できる．

$$Apply(x, y) = \sqcup \{\Phi_n((\Psi_{n+1}(x))\ (\Psi_n(y))) | 0 \leq n\}$$

これを用いて D_∞ から $[D_\infty \to D_\infty]$ への関数 F を以下のように定義する.

$$F(x) = \lambda y \in D_\infty.Apply(x,y)$$

問 3.2.13 1. 任意の $x,y \in D_\infty$ に対して

$$x = y \iff \forall z \in D_\infty.Apply(x,z) = Apply(y,z)$$

を示せ.
2. $\lambda(x,y) \in D_\infty \times D_\infty.Apply(x,y)$ が連続であることを示せ.

以上の準備のもとでは,

$$D_\infty \cong [D_\infty \to D_\infty]$$

すなわち, D_∞ は $Untype$ の意味の条件を満たすことを示すことができる. 以下の定理が成り立つ.

定理 3.2.3 F は D_∞ から $[D_\infty \to D_\infty]$ への連続関数であり, かつ同型写像である.

証明は困難ではないが, 相当量の計算を必要とするので, ここでは省略する. 詳細にわたる証明は, 文献 [1, 62, 64] などの教科書を参照されたい.

$Untype$ を $\mu\alpha.\alpha \to \alpha$ で表わされる無限正規木とする. $Untype$ を唯一の基底型として含み, 関数型構成子に関して閉じた集合を型の集合とし, 定数を含まない $\Lambda^{\mu 1}$ を考える. $Untype \to Untype = Untype$ であるから, この計算系の型の集合は $\{Untype\}$ である. 問 3.2.10 から, この計算系は型無しラムダ計算と考えることができる. $D^{Untype} = D_\infty$ とおく. $D_\infty \cong [D_\infty \to D_\infty]$ の同型写像 F を使えば, $D^{Untype \to Untype} = D^{Untype}$ 上に関数適用操作を以下のように定義できる.

$$Apply^{Untype,Untype}(x,y) = F(x)y$$

問 3.2.13 の結果より, この定義は外延性の条件を満たす. よって

$$\mathcal{D} = (\{D_{Untype}\}, \{Apply^{Untype,Untype}\})$$

は外延的作用構造である. さらに, 任意のラムダ抽象は, D^{Untype} の要素と

して解釈可能であることを示すことができるから，$\mathcal{D}$ はこの計算系のモデルである．

問 3.2.14 $\Lambda^{\mu 1} \vdash \Gamma \triangleright M : Untype$, $d \in D_\infty$ を任意の要素，η を $\eta \models \Gamma$ なる D_∞ 環境とすると，補題 2.4.3 より $\lambda d \in D_\infty . [\![\Gamma\{x : Untype\} \triangleright M : Untype]\!]\eta\{x : d\}$ が連続であることが示せる．この性質を使い，$Untype$ を唯一の基底型として含み定数を含まない $\Lambda^{\mu 1}$ の任意の要素は，D_∞ において解釈可能であることを確認せよ．

D_∞ の構築の基礎となっている領域理論は，型無しラムダ計算の表示的意味を定義するために，Scott によって構築されたものである．その根底となった洞察は，停止しない計算が表示する値は，停止する計算の表示するいかなる値より「情報量が少ない」と見なし，意味領域に半順序関係を導入し，計算可能な関数の意味をこの半順序関係に関して連続なものに制限することによって，関数空間をも含む意味空間を構築可能にする，というものである．この考え方に従えば，$\bot \in D_\infty$ は，停止しない計算の意味となっているはずである．停止しない計算を表わす $\Lambda^{\mu 1}$ の式には ω^{Untype} がある．実際，

$$\mathcal{D}[\![\emptyset \triangleright \omega^{Untype} : Untype]\!]\emptyset = \bot$$

が成り立つことを確かめることができる．

以上の D_∞ の構成の基礎となった操作は，D_n と D_{n+1} の射影対から $[D_n \to D_n]$ と $[D_{n+1} \to D_{n+1}]$ の射影対を構成する方法を用いて CPO 系列 D_n を射影対で結びつけ，その極限を求めるということであった．この構成方法は，一般の再帰的な型にも適用可能である．以上の D_∞ の構築を，再帰的な型 $\mu\alpha.\tau$ の領域の構築の例と考えると，その一般的な構造は以下のようなものと理解される．

1. 与えられた再帰的な型 $\mu\alpha.\tau$ を方程式 $\alpha = \tau(\alpha)$ と見なし，α に対応する領域が X のとき型 $\tau(\alpha)$ に対応する領域 $F_\tau(X)$ を構成する領域構成子 F_τ を，τ の構造に関して再帰的に定義する．
2. D から E への射影対 (ϕ, ψ) から，$F_\tau(D)$ から $F_\tau(E)$ への射影対を作る変換 $\overline{F_\tau}(\phi, \psi) = (Emb_\tau(\phi, \psi), Proj_\tau(\phi, \psi))$ を定義する．
3. D_0 を適当な CPO とし，$D_{n+1} = F_\tau(D_n)$ で構成される CPO の系列を定義する．この系列に対して，射影対 $(\phi_0, \psi_0) \in (D \triangleright F_\tau(D))$ を定義する．

さらに，射影対構成子 $\overline{F_\tau}$ を用いて，再帰的に射影対の系列 $(D_n \triangleright D_{n+1})$ を定義し，その結果得られる射影システム $\{D_n\}_n$ の極限を求める．

このなかで，領域構成子 F_τ の定義およびそれに対応する射影対構成子 $\overline{F_\tau}$ の構築以外は，型が $\mu\alpha.\alpha \to \alpha$ 以外の型の場合でも同様である．そこで，型変数 α を含む型 τ が与えられたとき，型 τ に対応する領域構成子 F_τ および射影対構成子 $\overline{F_\tau}$ を定義できれば，再帰的な型 $\mu\alpha.\tau$ の意味領域を，D_∞ の場合と同様に構築できるはずである．以下，与えられた再帰的な型 $\mu\alpha.\tau$ の τ が別の再帰的型構成子を含まない場合について，その概要を説明する．詳細に渡る具体的な構築方法は，例えば，文献 [33] を参照のこと．

系統的な定義を行うために，基底型 b も $F(X) = b$ なる型構成子と考える．すると，$\tau(\alpha)$ に対応する領域構成子 F および対応する射影対構成子を τ の構造に関して再帰的に，以下のように定義できる．

1. 型変数：α．

$$F_\alpha(X) = X$$
$$Emb_\alpha(\phi, \psi) = \phi$$
$$Proj_\alpha(\phi, \psi) = \psi$$

2. 基底型：b．
各基底型 b に対して，CPO B が与えられているとする．

$$F_b(X) = B$$
$$Emb_b(\phi, \psi) = id_B$$
$$Proj_b(\phi, \psi) = id_B$$

ただし id_B は B 上の恒等関数 $\lambda x \in B.x$ を表わす．

3. 関数型：$\tau_1 \to \tau_2$．

$$F_{\tau_1 \to \tau_2}(X) = [F_{\tau_1}(X) \to F_{\tau_2}(X)]$$
$$Emb_{\tau_1 \to \tau_2}(\phi, \psi) = [Proj_{\tau_1}(\phi, \psi) \to Emb_{\tau_2}(\phi, \psi)]$$
$$Proj_{\tau_1 \to \tau_2}(\phi, \psi) = [Emb_{\tau_1}(\phi, \psi) \to Proj_{\tau_2}(\phi, \psi)]$$

4. 組型：$\tau = \tau_1 \times \cdots \times \tau_n$．

$D_1, \ldots, D_n$ を CPO とするとき，以前定義したように $D_1 \times \cdots \times D_n$ でその直積 CPO を表わす．各 $1 \leq i \leq n$ について関数 $f_i \in [D_i \to E_i]$ が与えられたとき，$D_1 \times \cdots \times D_n$ の要素を $E_1 \times \cdots \times E_n$ の要素に移す関数を以下のように定義する．

$$(f_1 \times \cdots \times f_n)(d_1, \ldots, d_n) = (f_1(d_1), \ldots, f_n(d_n))$$

これらを用いて，$F, Emb, Proj$ は以下のように与えられる．

$$F_{\tau_1 \times \cdots \times \tau_n}(X) = (F_{\tau_1}(X) \times \cdots \times F_{\tau_n}(X))$$
$$Emb_{\tau_1 \times \cdots \times \tau_n}(\phi, \psi) = (Emb_{\tau_1}(\phi, \psi) \times \cdots \times Emb_{\tau_n}(\phi, \psi))$$
$$Proj_{\tau_1 \times \cdots \times \tau_n}(\phi, \psi) = (Proj_{\tau_1}(\phi, \psi) \times \cdots \times Proj_{\tau_n}(\phi, \psi))$$

5. バリアント型：$\tau = \tau_1 + \cdots + \tau_n$．

$D_1, \ldots, D_n$ を CPO とするとき，直和 CPO $(D_1 + \cdots + D_n, \sqsubseteq)$ を以下のように定義する．

$D_1 + \ldots + D_n$
$\quad = \quad \{\langle i = d_i \rangle | d_i \in D_i, d_i \neq \bot_{D_i}, 1 \leq i \leq n\} \cup \{\bot_{D_1 + \ldots + D_n}\}$

$x \sqsubseteq y$
$\quad \iff \quad x = \bot_{D_1 + \ldots + D_n}$ または $(x = \langle i = d \rangle, y = \langle i = d' \rangle$ かつ $d \sqsubseteq_{D_i} d')$

ここで $\bot_{D_1 + \cdots + D_n}$ は新たに導入された要素である．
各 $1 \leq i \leq n$ について関数 $f_i \in [D_i \to E_i]$ が与えられたとき，$D_1 + \cdots + D_n$ の要素を $E_1 + \cdots + E_n$ の要素に移す関数を以下のように定義する．

$$(f_1 + \cdots + f_n)(\bot_{D_1 + \cdots + D_n}) = \bot_{E_1 + \cdots + E_n}$$
$$(f_1 + \cdots + f_n)(\langle i = d \rangle) = \langle i = f_i(d) \rangle$$

これらを用いて，$F, Emb, Proj$ は以下のように与えられる．

$$F_{\tau_1 + \cdots + \tau_n}(X) = (F_{\tau_1}(X) + \cdots + F_{\tau_n}(X))$$

$$Emb_{\tau_1+\cdots+\tau_n}(\phi,\psi) = (Emb_{\tau_1}(\phi,\psi) + \cdots + Emb_{\tau_n}(\phi,\psi))$$

$$Proj_{\tau_1+\cdots+\tau_n}(\phi,\psi) = (Proj_{\tau_1}(\phi,\psi) + \cdots + Proj_{\tau_n}(\phi,\psi))$$

問 3.2.15 1. $(\phi_i, \psi_i) \in (D_i \triangleright E_i)$ なら, $(\phi_1 \times \cdots \times \phi_n, \psi_1 \times \cdots \times \psi_n) \in ((D_1 \times \cdots \times D_n) \triangleright (E_1 \times \cdots \times E_n))$ であることを示せ.

2. $(\phi_i, \psi_i) \in (D_i \triangleright E_i)$ なら, $(\phi_1 + \cdots + \phi_n, \psi_1 + \cdots + \psi_n) \in ((D_1 + \cdots + D_n) \triangleright (E_1 + \cdots + E_n))$ であることを示せ.

以上の結果から, 関数型, 組型, バリアント型から構成される任意の型方程式 $\alpha = \tau(\alpha)$ に対応する領域構成子 F を再帰的に定義でき, さらに対応する射影対構成子 $\overline{F}$ を定義できる. 例えば, $\tau = \alpha \to \alpha$ の場合は,

$$F_\tau(X) = [X \to X]$$
$$Emb_\tau(\phi, \psi) = [\psi \to \phi]$$
$$Proj_\tau(\phi, \psi) = [\phi \to \psi]$$

となり, 以前の D_∞ の構築において使用した定義と一致することが分かる. これらを用いれば, $Untype$ で行ったと同一の方法により, 再帰的データ型 $\mu\alpha.\tau$ の意味領域を定義することができる.

問 3.2.16 $\tau = unit + int \times \alpha$ のとき, F_τ と $\overline{F_\tau}$ を構築せよ. これらを用いて, リスト型 $ilist$ に対応しる領域を構築せよ.

型の方程式 $\alpha = \tau(\alpha)$ において, τ が再帰的データ型を含むような一般の再帰的データ型の場合も, 意味領域が構成できる. さらに, より系統的な再帰的領域構成法が提案されている. 教科書 [64] で, カテゴリー論を用いた一般的な領域方程式の解の求め方が分かりやすく解説されている.

3.3 再帰的関数の定義

リストなどの再帰的データ型を処理するには, 再帰的な関数が最も便利である. 再帰的な関数の例として, リストの長さを計算する関数 $length$ の構造を考えてみよう.

$$fun\ length\ (l:ilist) = if\ (null\ l)\ then\ 0$$
$$else\ 1 + (length\ (cdr\ l))$$

この定義では，リストが空でない場合は，先頭を除いたリストに対して自分自身を再帰的に呼び出してその長さを計算し，それに 1 を足したものを結果の値として返している．型無しラムダ計算のところで説明した通り，このような自分自身を使って定義されている関数は，以下のような方程式の解と考えることができる．

$$length = \lambda l:ilist.if\ (null\ l)\ then\ 0\ else\ 1 + (length(cdr\ l))$$

ラムダ計算の枠組みでは，この方程式の解は，以下の関数の不動点として求められる．

$$LENGTH = \lambda length:ilist \to int.\lambda l:ilist.$$
$$if\ (null\ l)\ then\ 0\ else\ 1 + (length(cdr\ l))$$

型無しラムダ計算では，任意の（ラムダ定義可能な）関数の不動点を計算する不動点演算子 Y が存在した．型付きラムダ計算の体系でも，任意の型 τ に対して，不動点演算子

$$Y^\tau : (\tau \to \tau) \to \tau$$

が定義できれば，新たな機構を導入することなく，再帰的関数定義の文法

$$fun\ f(x:\tau) = body$$

を，以下のラムダ式の糖衣構文として導入することが可能である．

$$Y^{\tau \to \tau'}\ \lambda f:\tau \to \tau'.\lambda x:\tau.body$$

ここで τ' は，$f:\tau \to \tau', x:\tau$ を含む型環境での $body$ の型である．
一般の再帰的関数定義が可能になれば，例えば

$$fun\ f(x:\tau) = f\ x$$

のような，どのような入力に対しても停止しない関数が定義可能になる．この性質は，Λ の強正規性に反するから，不動点演算子は Λ では型付け不可能なはずである．不動点演算子の例としては，1.4 節で紹介し Turing の不動点演算子 Y_{Turing} および，以下の Curry の不動点演算子 Y_{Curry} がよく知られている．

$$Y_{Curry} = \lambda f.(\lambda x.f(x\ x))\ (\lambda x.f(x\ x))$$

Curry の不動点演算子 Y_{Curry} を例に，不動点演算子の型について調べてみよう．Y_{Curry} が Λ で型付けできない主な理由は，Y に含まれる自己適用式 $(x\ x)$ による．$(x\ x)$ がある型 τ を持つためには，

$$\tau' = \tau' \to \tau$$

を満たす型 τ' がなければならないが，有限の型はこのような性質を持たない．しかし Morris [41] が示した通り，再帰的データ型が存在するシステムでは，不動点演算子は型付け可能である．したがって，$\Lambda^{\mu 1}$ や $\Lambda^{\mu 2}$ のような再帰的データ型を含んだシステムでは，不動点演算子は定義可能である．例えば，x を再帰的な型 $\mu \alpha.\alpha \to \tau$ とすれば，$x\ x$ が型を持つための条件を満たすことが容易に分かる．したがって $\Lambda^{\mu 1}$ や $\Lambda^{\mu 2}$ では，この型を途中に使えば，Y_{Curry} 演算子に型を与えることができる．関数 $\tau \to \tau$ に対する Y_{Curry} 演算子は，$\Lambda^{\mu 1}$ と $\Lambda^{\mu 2}$ ではそれぞれ以下の各式で表現される．

$$Y_\tau^1 = \lambda f : \tau \to \tau.(\lambda x : \mu\alpha.\alpha \to \tau.f\ (x\ x))\ (\lambda x : \mu\alpha.\alpha \to \tau.f\ (x\ x))$$
$$Y_\tau^2 = \lambda f : \tau \to \tau.(\lambda x : \mu\alpha.\alpha \to \tau.f\ (ufd(x)\ x))$$
$$\qquad fld((\lambda x : \mu\alpha.\alpha \to \tau.f\ (ufd(x)\ x)))$$

これらはそれぞれ以下の型を持つことを示すことができる．

$$\Lambda^{\mu 1} \vdash \emptyset \triangleright Y_\tau^1 : (\tau \to \tau) \to \tau$$
$$\Lambda^{\mu 2} \vdash \emptyset \triangleright Y_\tau^2 : (\tau \to \tau) \to \tau$$

他の不動点演算子についても同様である．

問 3.3.1 上記の型判定の導出を実際に構築することにより，上記の型判定が成立することを確かめよ．

問 3.3.2 Y_{Turing}, Y_{Curry} いずれも Λ の型システムでは型付けできないことを示せ．すなわち，$erase(M) = Y_{Turing}$ または $erase(M) = Y_{Curry}$ となる Λ の式 M で $\Lambda \vdash \Gamma \triangleright M : \tau$ となる Γ, τ は存在しないことを示せ．

τ を任意の型とする．定数を含まない純粋な単純な型付きラムダ計算では，

$$\emptyset \triangleright M : (\tau \to \tau) \to \tau$$

なる閉じた式 M は存在しないことを示せ．

これら不動点演算子は，再帰的な型を用いて定義されるラムダ式であるから，再帰的な型が解釈可能な意味領域である D_∞ では，その意味を与えることができる．一般に，関数の不動点は複数存在する．任意の $d \in D_\infty$ は恒等関数 $\lambda x \in D_\infty.x$ の不動点である．再帰的関数定義の意味に対応するのは，最小の不動点である．$D_\infty \to D_\infty$ の**最小不動点演算子**は，

$$\mathit{fix} = \sqcup\{\lambda f \in D_\infty.f^n \perp | n > 0\}$$

で与えられる．

問 3.3.3 任意の $f \in [D_\infty \to D_\infty]$ について，$\mathit{fix}(f)$ は f の最小不動点であることを示せ．

命題 3.3.1 G を $[D_\infty \to D_\infty]$ から D_∞ への同型写像とする．

$$\mathcal{D}[\![\emptyset \triangleright Y_{curry} : \mathit{Untype}]\!]\emptyset = G\,\mathit{fix}$$

が成り立つ．

証明は，前にあげたプログラム意味論に関する教科書を参照．

Y_τ^1 や Y_τ^2 の存在により，再帰的データ型を含むシステムでは不動点演算子が定義可能であることが確かめられた．そこで，再帰的関数定義は，上に説明した通り，不動点演算子を用いて構成されるラムダ式の略記法として与えることができるはずである．しかし，そのようにして得られる再帰的関数定義が，2.9 節で説明した操作的意味論のもとで，再帰的関数としてふるまうためには，複数ある不動点演算子のなかで適当なものを選ばなければなら

ない. 以上の Curry の Y 演算子は, 公理的意味論においては確かに不動点を与える演算子であるが, プログラミング言語の操作的意味論の枠組みで, 関数 F の不動点 $(Y\ F)$ を計算しようとすると, 実際に F の適用を無限に繰り返し, 停止せず, 再帰的関数定義にそのまま使用することはできない.

問 3.3.4 評価文脈に基づく操作的意味論でも, 自然意味論でも, $(Y_\tau^1\ LENGTH)$ の評価は停止しないことを確かめよ. 同様の分析を, Turing の不動点演算子 Y_{Turing} に対しても行え.

call-by-value 評価の操作的意味論のもとで, 再帰的関数定義に使用可能にするには, Y_{Curry} を以下のように変形した不動点演算子 Y^{cbv} を用いればよい.

$$Y_{\tau\to\tau}^{cbv} = \lambda f : (\tau \to \tau) \to (\tau \to \tau). (\lambda x : \mu\alpha.\alpha \to (\tau \to \tau).f(\lambda y : \tau.x\ x\ y)) \\ (\lambda x : \mu\alpha.\alpha \to (\tau \to \tau).f(\lambda y : \tau.x\ x\ y))$$

公理 (η) によって, $x\ x$ と $\lambda y : \tau.x\ x\ y$ は同値であるから, $Y_{\tau\to\tau}^{cbv}$ は $Y_{\tau\to\tau}^1$ と同値である. $Y_{\tau\to\tau}^{cbv}$ の Y_τ との違いは, $f(x\ x)$ が η 拡張されているため, (1) f の型が関数型に限定されること, および (2) $f(x\ x)$ の評価が, 引き数が与えられるまで遅延されること, の二点である. $f(x\ x)$ は再帰的定義展開後の関数を意味するから, この評価が遅延されることによって, 再帰的関数定義が可能になる.

問 3.3.5 評価文脈に基づく操作的意味論と自然意味論の双方に対して以下の性質を示せ.

1. $(Y_{ilist\to int}^{cbv} LENGTH)$ は停止することを示せ.
2. $(Y_{ilist\to int}^{cbv} LENGTH)\ [1,2]$ を実際に評価し, 結果が 2 となることを示せ.

問 3.3.6 プログラミング言語において不動点を計算する主な目的は再帰的関数を定義するためであるから, $Y_{\tau\to\tau}^{cbv}$ の型の不動点演算子があれば十分である. Y_{cbv} から型情報を消去して得られる以下の式

$$\lambda f.(\lambda x.f(\lambda y.x\ x\ y))(\lambda x.f(\lambda y.x\ x\ y))$$

を考える.

任意の $\lambda f.\lambda x.M$ の形をした高階関数式に対して, $Y_{cbv}\ M \Downarrow$ であることを確かめよ.

b を与えられた基底型とする. $\lambda x : b.x$ の不動点は $\perp_b$ であることを確かめよ.

以上から Y は型 $b \to b$ の式の不動点演算子ではあり得ないはずである．Y の持ちうる型は

$$((\tau_1 \to \tau_2) \to (\tau_1 \to \tau_2)) \to (\tau_1 \to \tau_2)$$

の形に限ることを確かめよ．

3.4 ユーザ定義のデータ型とパターンマッチング

種々のデータ構造を，プログラマが必要に応じて定義できる機構があると便利である．そこで，再帰的データ型とラベル付きバリアントを用いて，ユーザ定義のデータ型の定義機構を導入する．

そのためにまず，再帰的データ型とバリアント型を組み合わせた

$$\mu\alpha.\langle C_1 : \tau_1, \ldots, C_n : \tau_n \rangle$$

の形をした型を導入するための構文を以下のように定める．

$$\mathit{datatype}\ T = C_1\ \mathit{of}\ \tau_1\ |\ \cdots\ |\ C_n\ \mathit{of}\ \tau_n$$

ここで T はこの定義によって新たに定義される型の名前であり各 τ_i に現われてもよい．C_i は型 $\tau_i \to T$ を持つデータ構成子である．このデータ構造定義文によって，型 T および関数 $C_1, \ldots, C_n$ が以下のように定義されるものとする．

$$\begin{aligned}
T &= \mu T.\langle C_1 : \tau_1, \ldots, C_n : \tau_n \rangle \\
C_1 &= \lambda x : \tau_1.\mathit{fld}(\langle C_1 = x \rangle : \langle C_1 : \tau_1, \ldots, C_n : \tau_n \rangle) \\
&\ \ \vdots \\
C_n &= \lambda x : \tau_n.\mathit{fld}(\langle C_n = x \rangle : \langle C_1 : \tau_1, \ldots, C_n : \tau_n \rangle)
\end{aligned}$$

ここで，C_i はバリアントのラベルと関数の名前の両方に使われているが，どちらを意味するかは，その現われる文脈により常に区別できるので，混乱を招くことはない．

この構文を使えば，整数のリスト型は以下のように定義される．

3.4 ユーザ定義のデータ型とパターンマッチング

$$datatype\ ilist = Nil\ of\ unit\ |\ Cons\ of\ int \times ilist$$

この宣言文は以下の定義と理解できる．

$$ilist = \mu\alpha.\langle Nil : unit, Cons : int \times \alpha\rangle$$
$$Nil = \lambda x : unit.\mathit{fld}(\langle Nil = x\rangle : \langle Nil : unit, Cons : int \times ilist\rangle)$$
$$Cons = \lambda x : int \times ilist.\mathit{fld}(\langle Cons = x\rangle : \langle Nil : unit, Cons : int \times ilist\rangle)$$

以上の構文で導入されたデータをより簡単に処理するために，ラベル付きバリアントの処理機構であるケース文と再帰的データ型の処理機構である $ufd()$ 文を組み合わせた以下の構文を導入する．

$$\begin{aligned}
case\ M\ of\ &C_1(x_1) \Rightarrow M_1 \\
|\ &C_2(x_2) \Rightarrow M_2 \\
&\vdots \\
|\ &C_n(x_n) \Rightarrow M_n
\end{aligned}$$

この構文の意味を，以下の構文の略記法と定義する．

$$case\ ufd(M)\ of\ C_1 \Rightarrow \lambda x_1 : \tau_1.M_1, \ldots, C_n \Rightarrow \lambda x_n : \tau_n.M_n$$

型 τ_i は，関数としての C_i の領域の型であり，常に自動的に決定することができる．この構文を使えば，例えば $length$ 関数を以下のように簡潔に書くことができる．

$$\begin{aligned}
fun\ length\ L = case\ L\ of\ &Nil(x) \Rightarrow 0 \\
|\ &Cons(y) \Rightarrow 1 + (length\ y.2)
\end{aligned}$$

さらに，以上の $case$ 構文を，問 2.2.3 で導入した組型パターンおよび再帰的な関数の定義機構と組み合わせれば，以下のようなより簡潔な記述が可能になる．

$$\begin{aligned}
fun\ &length(Nil(x)) = 0 \\
|\ &length(Cons((x, y))) = 1 + (length\ y)
\end{aligned}$$

$Cons((x,y))$ のような，変数に代入される値が持つべき形を表わす式を**パターン**と呼び，変数の位置にパターンを書くことによって，引き数を自動的にその成分に分解し処理する機構を**パターンマッチング**と呼ぶ．再帰的データ型の処理機構と組型パターンを組み合わせることによって，以下のような一般的なパターンが可能である．

$$pat ::= x \mid C\ pat \mid (pat, \ldots, pat)$$

これらパターンを含んだ式は，以上説明した機構および問 2.2.3 の結果を組み合わせることによって，ラベル付きバリアントと再帰的データを含んだ言語に変換することができる．この機構は，プログラミング言語 HOPE[6] で導入され，プログラミング言語 ML に受け継がれ発展した．

問 3.4.1 $ilist$ 処理関数の定義においては，エラーの場合は停止しない計算返すことにした．エラーを処理するためのもう一つの方法は，

$$datatype\ IntOrError = Normal\ of\ int \mid Error\ of\ unit$$

で定義されるバリアント型を使用する方法である．$car, cdr, length$ を，この型の値を返す関数として定義せよ．

問 3.4.2 プログラミングにおいてリストと同様によく使われるデータ構造に二分木がある．整数をデータとして持つ二分木を以下のように定義する．

- 空の木 $EmptyTree$ は二分木である．
- T_1, T_2 がそれぞれ二分木であり，n が整数なら，$Node(n, T_1, T_2)$ は二分木である．

1. 二分木を表わすデータ構造を定義せよ．
2. 与えられた二分木の中の最小の整数を求める関数を，パターンマッチングを用いて再帰的な関数として定義せよ．ただし返す値の型は $IntOrError$ とする．
3. 任意のノード $Node(n, T_1, T_2)$ について，T_1 に含まれる整数の最大値が n より小さく，T_2 に含まれる整数の最小値が n より小さくないような二分木を二分探索木という．整数のリストを受け取り，その要素からなる二分探索木を作成する再帰的関数を定義せよ．

3.5 手続き型言語機能の導入

ラムダ計算の理論の中核は関数を表現するための等式理論であり，手続き型言語における，変数の値の変更や広域的なジャンプなどを直接プログラムする機能はない．しかしアルゴリズムの性質によっては，それら機能があるとプログラムの可読性と効率が向上する場合がある．本節では，これらの機能をラムダ計算の中に導入する方法を紹介する．

3.5.1 参照型の導入

手続き型言語では，変数を，値に付けられた名前ではなく，値を格納する記憶領域の名前と考え，変数の参照を記憶領域に格納された値の取り出しとして，また，変数への代入を記憶領域の値の更新として実現する．例えば，手続き型言語においては，式 $x := y$ の右辺に現われる y は記憶領域の中の値を意味するのに対して，左辺に現われる変数 x は，記憶領域の値に関係なく，その記憶領域そのものをさす．プログラミング言語の伝統では，このような式における y の示す値を変数の**右辺値** (R-value)，x の示す記憶領域そのものを**左辺値** (L-value) と呼ぶ．左辺値は，具体的には計算機のメモリのアドレスである．以上の分析から明らかなように，手続き型言語における変数は，右辺値の表現と左辺値の表現という二つの違った役割を果たしている．このような手続き型言語の変数を系統的に説明する一つの方法は，値への参照という概念を導入し，手続き型言語の変数が担う二つの役割を分離することである．値への参照も値として取り扱えるので，参照を操作する適当な演算を導入すれば，ラムダ計算の中で手続き型言語の変数が表現可能である．

参照型を含んだラムダ計算 Λ^{ref}

型付きラムダ計算に**参照型**を導入するために，値 τ の参照の型 $ref(\tau)$ を導入し，型集合を以下のように拡張する．

$$\tau ::= b \mid \tau \to \tau \mid \tau \times \cdots \times \tau \mid ref(\tau)$$

さらに式の集合を，$ref(\tau)$ を操作するための式構成子を導入し，以下のように拡張する．

$$M ::= \cdots \mid ref(M) \mid !M \mid M := M$$

$ref(M)$ は M を初期値とする新しい参照を生成する演算，$!M$ は参照 M の指す値を取り出す演算，$M_1 := M_2$ は，参照 M_1 の指す値を M_2 に変更する演算を表わす．

上記の構成子の型付け規則は，その意図する機能を考えれば，以下のように与えられる．

(ref) $\quad \dfrac{\Gamma \triangleright M : \tau}{\Gamma \triangleright ref(M) : ref(\tau)}$

(deref) $\quad \dfrac{\Gamma \triangleright M : ref(\tau)}{\Gamma \triangleright !M : \tau}$

(asgn) $\quad \dfrac{\Gamma \triangleright M_1 : ref(\tau) \quad \Gamma \triangleright M_2 : \tau}{\Gamma \triangleright M_1 := M_2 : unit}$

参照型構成子を導入し拡張された Λ を Λ^{ref} とよび，この拡張された型システムで型判定 $\Gamma \triangleright M : \tau$ が導出可能であるとき，$\Lambda^{ref} \vdash \Gamma \triangleright M : \tau$ と書く．

参照型を含んだラムダ計算の意味論

以上の拡張に対する公理的意味論とそれに対応する表示的意味論を作るのは，そう簡単なことではない．困難の原因は，新たに導入した式構成子が関数としての性質を備えていないことにある．以下のラムダ式を考えてみよう．

$$M = (\lambda x : ref(int).(\lambda y : unit.!x)\ x := 3)(ref(0))$$

通常のラムダ計算の公理的意味論では，M は，β 変換して得られる以下のラムダ式と同一の意味を持つはずである．

$$N = (\lambda y : unit.!ref(0))\ (ref(0) := 3)$$

しかるに，参照型の意図するところに依れば，M を call-by-value 戦略で評価した結果は 3 となるはずであり，一方 N の結果の値は 0 となるはずである．以上の結果から，参照型を追加したシステムでは，公理的意味論の枠組みの基本である**参照透明性**，すなわち「同じものを同じもので置き換えても結果が変わらない」という性質が保たれないことが分かる．参照型の操作とラムダ計算の理論との以上のミスマッチは，参照型を操作するプログラムの「手続き的な性質」による．すなわち，参照型を含んだプログラムは，（暗黙に与えられた）記憶領域の状態の変更を行う手続きであり，それ自身で独立した意味を持っていないことによる．参照型の操作を含んだプログラムの意味は，そのプログラムを囲む全体のプログラムと，そのプログラム各部分の評価順序に依存する．

問 3.5.1 論理学の用語を用いて，ラムダ計算の公理的意味論が**無矛盾**であることを，$\Gamma \triangleright M = N : \tau$ が導出できない型の等しい相異なる M, N が存在することと定義する．公理的意味論が無矛盾でないとき，矛盾的であるという．Λ は無矛盾であることを確かめよ．Λ に参照型を追加したシステムでは公理的意味論は矛盾的であることを示せ．（ヒント：上記の例を参考にして，任意の与えられた $\Gamma \triangleright M : \tau, \Gamma \triangleright N : \tau$ に対して，$P\,M\,N \stackrel{*}{\longrightarrow} M$ かつ $P\,M\,N \stackrel{*}{\longrightarrow} N$ なる式 P を構成することを試みよ．）

ラムダ計算は，歴史的には関数のふるまいを記述する論理学として構築された．参照透明性や簡約関係の合流性を持たないシステムは，論理学としては意味を持たない．しかしながら，プログラミング言語のモデルとしては，これらの性質は必須ではない．実際，現実的な汎用プログラミング言語のほとんどは実世界との入出力を行うための機構が用意されており，それらを使用するプログラムは，参照透明性を持ち得ない．同様の理由から，プログラミング言語の行う計算を簡約関係とみた場合，それは合流性を持ち得ない．このため，現実のプログラミング言語の意味は，表示的意味論や公理的意味論によってではなく，評価順序に依存した操作的意味論によって記述される．

参照型を含んだラムダ計算に対しても，ある特定の評価順序を仮定し，式の意味を，その式が評価される時点での記憶領域の状態を引き数とする関数とみなせば，Λ の表示的意味論の形式と同様の形式の意味論を与えることが可能である．しかし，その意味論は，その表示的性格を保っているとはいい難い．Λ の意味論の枠組みでは，表示的意味論は，プログラムの表現する抽

象的意味そのものであり，いわば絶対的な意味であり，構文論的な証明システムである公理的意味論や，操作的意味論はすべて，この絶対的意味に関して健全でなければならなかった．しかし，参照型を含むプログラムの表示的意味論は，そのような性質を持ち得ない．例えば，組 (M_1, M_2) の操作的意味論は，M_1 と M_2 のどちらを先に評価するかに応じて二つの違ったものが存在するが，それらが共に健全であるような表示的意味論は存在し得ない．したがって，参照型を含む言語の表示的意味論はむしろ，ある特定の操作的意味論を表示的意味論の形式で表現したものとみるのが妥当であろう．

以上のような理由から，表示的意味論の拡張は試みず，以下操作的意味論の参照型への拡張のみを解説する．Λ の操作的意味論としては，評価文脈を用いる方法と，より実装システムに近い自然意味論の二つを考えたが，参照型のような手続き的機能を表現するためには，自然意味論の方が柔軟性に富み便利である．また，自然意味論のほうがより現実のプログラミング言語の実装に近い．そこで以下，自然意味論を参照型に拡張する．

参照のモデルである可算無限のアドレスの集合を仮定し，アドレスを表わすメタ変数として a を用いる．値の集合を記憶領域のアドレスを含めて以下のように拡張する．

$$v ::= c \mid cls(\lambda x : \tau.M, E) \mid (v, \ldots, v) \mid a \mid wrong$$

記憶領域 S をアドレスの有限集合から値への関数で表現する．自然意味論は，

$$S, E \vdash M \Downarrow (v, S')$$

の形をした評価関係で定義される．この関係は，記憶領域 S，環境 E の下で式 M を評価した結果，式の値が v となり記憶領域は S' になることを表わす．これまでの意味論と違い，評価関係は，M の評価の結果の値 v のみならず新しい記憶領域 S' も結果として返すことに注意する必要がある．M は，その型に依らず記憶領域を変更する可能性があり，この更新はそれ以降の式の評価に反映されなければならない．これは，M 以降の式の評価を，更新された記憶領域 S' のもとで行うことによってなされる．たとえば関数適用 $M_1 M_2$ の評価では，M_2 の評価は，M_1 の評価の結果得られる新しい

記憶領域の下で行われる．評価関係を導出する規則の集合を図3.3に与える．

操作的意味論の満たすべき基本的な性質は，型システムの健全性である．記憶領域はサイクルを含んでいる可能性があり，このため，健全性の証明は以前の場合より複雑である．サイクルを含んだ構造は，帰納的な集合の要素ではなく，その性質の帰納法による証明は一般にうまくいかない．サイクルを含んだ構造の種々の性質を証明する上で有効な技法に，帰納法の双対をなす技法である co-induction がある．Tofte [57] は co-induction を使い，参照型を含む自然意味論の健全性を証明した．co-induction について，Milner と Tofte[37] が分かりやすく解説しているので，興味のある読者はこの論文を参照されたい．Tofte の証明はこの種の問題に対する典型的なものといえる．しかし Leroy[32] は，Λ^{ref} の型システムの健全性の問題に限れば co-induction のような新たな強力な手法を使用しない帰納的な証明が可能であることを示した．以下，Leroy[32] による Λ^{ref} の健全性の証明を紹介する．

値の持つ型を定義する．拡張された言語では，アドレスも値であり，その型は当然記憶領域の内容に依存する．そこで，値の型付けを行うためには，記憶領域の型を与えなければならない．記憶領域型 $\mathcal{S}$ をアドレスの有限集合から型への関数とする．v が記憶領域型 $\mathcal{S}$ を持つ記憶領域のもとで型 τ を持つとき，

$$\mathcal{S} \models v : \tau$$

と書くことにする．環境 E が，記憶領域型 $\mathcal{S}$ を持つ記憶領域のもとで型環境 Γ を満たすことを

$$\mathcal{S} \models E : \Gamma$$

と書く．この二つの関係は，v の構造に応じて以下のように与えられる．

- $\mathcal{S} \models c^\tau : \tau$.
- $\mathcal{S} \models a : ref(\tau) \iff a \in dom(\mathcal{S})$ かつ $\mathcal{S}(a) = \tau$.
- $\mathcal{S} \models cls(\lambda x : \tau_1.M, E) : \tau_1 \to \tau_2 \iff \Gamma \triangleright \lambda x : \tau_1.M : \tau_1 \to \tau_2$ かつ $\mathcal{S} \models E : \Gamma$ となる型環境 Γ が存在する．

$$S, E \vdash c \Downarrow (c, S)$$

$$S, E \vdash x \Downarrow (v, S) \quad (x \in dom(E) \text{ かつ } E(x) = v)$$

$$S, E \vdash \lambda x : \tau.M \Downarrow (cls(\lambda x : \tau.M, E), S)$$

$$\frac{S_1, E \vdash M_1 \Downarrow (f, S_2) \quad S_2, E \vdash M_2 \Downarrow ((v_1, \ldots, v_n), S_3)}{S_1, E \vdash M_1\ M_2 \Downarrow (v, S_3)} \quad (f(v_1, \ldots, v_n) = v)$$

$$\frac{S_1, E \vdash M_1 \Downarrow (cls(\lambda x : \tau.M'_1, E'), S_2) \quad S_2, E \vdash M_2 \Downarrow (v_2, S_3) \quad S_3, E'\{x : v_2\} \vdash M'_1 \Downarrow (v, S_4)}{S_1, E \vdash M_1\ M_2 \Downarrow (v, S_4)}$$

$$\frac{S_i, E \vdash M_i \Downarrow (v_i, S_{i+1}) \ (1 \leq i \leq n)}{S_1, E \vdash (M_1, \ldots, M_n) \Downarrow ((v_1, \ldots, v_n), S_{n+1})}$$

$$\frac{S_1, E \vdash M \Downarrow ((v_1, \ldots, v_n), S_2)}{S_1, E \vdash M.i \Downarrow (v_i, S_2)}$$

$$\frac{S_1, E \vdash M \Downarrow (v, S_2)}{S_1, E \vdash ref(M) \Downarrow (a, S_2\{a : v\})} \quad (a \notin dom(S_2))$$

$$\frac{S_1, E \vdash M \Downarrow (a, S_2)}{S_1, E \vdash\ !M \Downarrow (S_2(a), S_2)} \quad (a \in dom(S_2))$$

$$\frac{S_1, E \vdash M_1 \Downarrow (a, S_2) \quad S_2, E \vdash M_2 \Downarrow (v, S_3)}{S_1, E \vdash M_1 := M_2 \Downarrow ((), S_3\{a : v\})}$$

図 3.3 自然意味論の評価関係

- $\mathcal{S} \models (v_1, \ldots, v_n) : \tau_1 \times \cdots \times \tau_n \iff$ 各 i について $\mathcal{S} \models v_i : \tau_i$.
- $\mathcal{S} \models E : \Gamma \iff dom(E) = dom(\Gamma)$ かつ任意の $x \in dom(E)$ に対して $\mathcal{S} \models E(x) : \Gamma(x)$.

関数閉包の型付けは，3.2.1で $\Lambda^{\mu 1}$ の場合と同様型判定を使って定義されている．Λ で使用したようなより直感的な定義は，関数閉包に含まれるアドレスが特定の記憶領域に依存するため，うまくいかない．

記憶領域 S が，$dom(S) = dom(\mathcal{S})$ かつ任意の $a \in dom(S)$ について $\mathcal{S} \models S(a) : \mathcal{S}(a)$ を満たすとき，S は $\mathcal{S}$ を満たすといい，$S \models \mathcal{S}$ と書く．記憶領域型 $\mathcal{S}_1$ が $\mathcal{S}_2$ の拡張であるとは，$dom(\mathcal{S}_2) \subseteq dom(\mathcal{S}_1)$ かつ任意の $a \in dom(\mathcal{S}_2)$ について，$\mathcal{S}_1(a) = \mathcal{S}_2(a)$ であるときである．以下の性質は簡単に証明できる．

補題 3.5.1 $\mathcal{S} \models v : \tau$ かつ $\mathcal{S}'$ が $\mathcal{S}$ の拡張なら，$\mathcal{S}' \models v : \tau$ である．同様に，$\mathcal{S} \models E : \Gamma$ かつ $\mathcal{S}'$ が $\mathcal{S}$ の拡張なら，$\mathcal{S}' \models E : \Gamma$ である．

以上の定義のもとで，以下の健全性定理が証明できる．

定理 3.5.1 もし $\Lambda^{ref} \vdash \Gamma \triangleright M : \tau$, $S \models \mathcal{S}$, $\mathcal{S} \models E : \Gamma$, かつ $S, E \vdash M \Downarrow (v, S_1)$ なら，$\mathcal{S}$ の拡張である $\mathcal{S}_1$ が存在して，$S_1 \models \mathcal{S}_1$ かつ $\mathcal{S}_1 \models v : \tau$ である．

証明 定理 3.2.2 と同様，操作的意味論における計算

$$S, E \models M \Downarrow v$$

の長さに関する帰納法により証明する．

M の構造により場合分けを行う．組および射影の場合は練習問題とする．

c^τ の場合． 定数関数に関する仮定および値の定義より成立．

x の場合． E の仮定より成立する．

$\lambda x : \tau_1.M_1$ の場合． $v = cls(\lambda x : \tau_1.M_1, E)$ かつ $\mathcal{S}_1 = \mathcal{S}$ である．よって，関数閉包の型付けの定義より，$\mathcal{S} \models cls(\lambda x : \tau_1.M_1, E) : \tau_1 \to \tau_2$ である．

$M_1 \, M_2$ の場合．$S, E \vdash M_1 \, M_2 \Downarrow (v, S_1)$ と仮定する．操作的意味論の定義より，$S, E \vdash M_1 \Downarrow (v_1, S_2)$ となる v_1, S_2 が存在する．型システムの定義より，ある τ_1 があって，$\Lambda^{ref} \vdash \Gamma \triangleright M_1 : \tau_1 \to \tau$ である．帰納法の仮定より，$\mathcal{S}$ の拡張である $\mathcal{S}_2$ が存在して，$S_2 \models \mathcal{S}_2$ かつ $\mathcal{S}_2 \models v_1 : \tau_1 \to \tau$ である．v_1 は型を持つから $v_1 \neq wrong$ である．よって，操作的意味論の定義より，$S_2, E \vdash M_1 \Downarrow (v_2, S_3)$ となる v_2, S_3 が存在する．また，型システムの定義より，$\Lambda^{ref} \vdash \Gamma \triangleright M_2 : \tau_1$ である．帰納法の仮定より，$\mathcal{S}_2$ の拡張である $\mathcal{S}_3$ が存在して，$S_3 \models \mathcal{S}_3$，かつ $\mathcal{S}_3 \models v_2 : \tau_1$ である．値の型付けの定義より，v_1 は，定数関数 f か，または以下の性質を満たす $cls(\lambda x : \tau_1. M_1', E_1)$ の形をした値のはずである．ある Γ' が存在して，$\mathcal{S}_2 \models E_1 : \Gamma'$ かつ $\Gamma' \triangleright \lambda x : \tau_1, M_1' : \tau_1 \to \tau$ である．定数関数の場合は，$\mathcal{S}_1 = \mathcal{S}_3$ と取れば，定数関数に関する仮定より，$\mathcal{S}_1 \models v : \tau$ である．$v_1 = cls(\lambda x : \tau_1. M_1', E_1)$ とする．操作的意味論の定義より，$S_3, E_1\{x : v_2\} \vdash M_1' \Downarrow (v, S_1)$ である．また補題 3.5.1 より，$\mathcal{S}_3 \models E_1\{x : v_2\} : \Gamma'\{x : \tau_1\}$ である．よって帰納法の仮定より，$\mathcal{S}_3$ の拡張である $\mathcal{S}_4$ が存在して $S_1 \models \mathcal{S}_4$ かつ $\mathcal{S}_4 \models v : \tau$ である．しかるに記憶領域型の拡張の定義より，$\mathcal{S}_4$ は $\mathcal{S}$ の拡張である．よって，$\mathcal{S}_1$ を $\mathcal{S}_4$ と取ればよい．

$ref(M_1)$ の場合．$\tau = ref(\tau_1)$ であり，$\Lambda^{ref} \vdash \Gamma \triangleright M : \tau_1$ である．$S, E \vdash ref(M_1) \Downarrow (v, S_1)$ とする．操作的意味論の定義より，$S, E \vdash M_1 \Downarrow (v_1, S_2)$ となる v_1, S_2 が存在する．帰納法の仮定より，$\mathcal{S}$ の拡張である $\mathcal{S}_2$ が存在して，$S_2 \models \mathcal{S}_2$ かつ $\mathcal{S}_2 \models v_1 : \tau_1$ である．v_1 は型を持つから $v_1 \neq wrong$ である．よって，操作的意味論の定義より，$S_1 = S_2\{a : v_1\} \, (a \notin dom(S_2))$，$v = a$ である．よって，$\mathcal{S}_1 = \mathcal{S}_2\{a : \tau_1\}$ と取ると，$\mathcal{S}_1$ は $\mathcal{S}$ の拡張であり，$S_1 \models \mathcal{S}_1$ かつ $\mathcal{S}_1 \models a : ref(\tau_1)$ である．

$!M_1$ の場合．$\Lambda^{ref} \vdash \Gamma \triangleright M_1 : ref(\tau)$ である．$S, E \vdash ref(M_1) \Downarrow (v, S_1)$ と仮定する．操作的意味論の定義より，$S, E \vdash M_1 \Downarrow (v_1, S_2)$ となる v_1, S_2 が存在する．帰納法の仮定より，$\mathcal{S}$ の拡張である $\mathcal{S}_2$ が存在して，$S_2 \models \mathcal{S}_2$ かつ $\mathcal{S}_2 \models v_1 : ref(\tau)$ である．$S_2 \models \mathcal{S}_2$ および値の意味の定義より，$a \in dom(S_2)$，$S_2 \models S_2(a) : \mathcal{S}_2(a)$ かつ $\tau = \mathcal{S}_2(a)$ である a が存在し，$v_1 = a$ である．操作的意味論の定義より，$S_1 = S_2$，$v = S_2(a)$ である．よって，$\mathcal{S}_1 = \mathcal{S}_2$ と取ると，$\mathcal{S}_1$ は $\mathcal{S}$ の拡張でありまた $\mathcal{S}_1 \models v : \tau$ である．

$M_1 := M_2$ の場合．ある τ_1 があって，$\Lambda^{ref} \vdash \Gamma \triangleright M_1 : ref(\tau_1)$, かつ $\Lambda^{ref} \vdash \Gamma \triangleright M_2 : \tau_1$ である．$S, E \vdash M_1 := M_2 \Downarrow (v, S_1)$ と仮定する．操作的意味論の定義より，$S, E \vdash M_1 \Downarrow (v_1, S_2)$ となる v_1, S_2 が存在する．帰納法の仮定より，$\mathcal{S}$ の拡張である $\mathcal{S}_2$ が存在して，$S_2 \models \mathcal{S}_2$ かつ $\mathcal{S}_2 \models v_1 : ref(\tau_1)$ である．値の型の定義より，$a \in dom(S_2)$ なる a があって，$v_1 = a$ である．操作的意味論の定義より，$S_2, E \vdash M_2 \Downarrow (v_2, S_3)$ である．帰納法の仮定より，$\mathcal{S}_2$ の拡張である $\mathcal{S}_3$ が存在して，$S_3 \models \mathcal{S}_3$ かつ $\mathcal{S}_3 \models v_2 : \tau_1$ である．操作的意味論の定義より，$v = ()$, $S_1 = S_3\{a : v_2\}$ である．$\mathcal{S}_2(a) = \mathcal{S}_3(a) = \tau_1$ であるから，$S_1 = S_3\{a : v_2\} \models \mathcal{S}_3$ である．よって $\mathcal{S}_1$ を $\mathcal{S}_3$ と取ればよい．■

問 3.5.2 $M = (M_1, \ldots, M_n)$ の場合および $M = M.i$ の場合を証明し，定理 3.5.1 の証明を完成せよ．

代入文を含む手続き型言語の表現

参照型を使用すれば，通常のプログラミング言語の機能を表現することができる．以下に，手続き型プログラミング言語の中で使用される種々の代表的な構造を Λ^{ref} で表現する方法を示す．簡単な手続き型言語のモデルとして，以下の文法で定義される言語を考える．

$program ::= \mathtt{Main}\ blcok\ \mathtt{end}$
$block ::= decls\ \mathtt{begin}\ statements\ \mathtt{end}$
$decls ::= \epsilon \mid decl;\ decls$
$decl ::= \mathtt{var}\ x{:}\tau \mid \mathtt{procedure}\ f(x{:}\tau){=}block$
$statements ::= \epsilon \mid statement\ ;\ statements$
$statement ::= x\mathtt{:=}expr \mid \mathtt{while}\ expr\ \mathtt{do}\ statement \mid f(x)$
$expr ::= x \mid c \mid expr\ \mathtt{<}\ expr \mid \cdots$

この言語を Λ^{ref} に翻訳する方法を以下に示す．

そのためにまず，プログラム $M_1, \ldots, M_n$ をこの順に実行し，その結果を $x_1, \ldots, x_n$ に束縛しそれに続く構文 M で使用可能にする構文を定義する．

$\mathtt{let}\ x_1 : \tau_1 = M_1;$

$$\vdots$$
$$x_n : \tau_n = M_n$$
$$in \ M \ end$$

この構文は，以下のラムダ式の略記法と定義する．

$$(\lambda x_1 : \tau_1.(\lambda x_2 : \tau_2.\cdots.(\lambda x_n : \tau_n.M)\cdots)) \ M_1 \cdots \ M_n$$

ここで τ_i は型システムによって一意に決まる M_i の型である．$M_1, \ldots, M_n, M$ をこの順に逐次評価し，M の計算する値を返す構文

$$M_1; \cdots; M_n; M$$

は上記の特殊な場合であり，$x_1, \ldots, x_n$ を，$M_1, \ldots, M_n$ に現われない相異なる変数に選ぶことによって実現できる．

この言語のプログラムを，Λ^{ref} の式に翻訳する．翻訳の構造は以下の通りである．

$$\mathcal{P}[\![\texttt{Main} \ B \ \texttt{end}]\!] = \mathcal{B}[\![B]\!]$$
$$\mathcal{B}[\![D \ \texttt{begin} \ SS \ \texttt{end}]\!] = \texttt{let} \ \mathcal{DS}[\![D]\!] \ \texttt{in} \ \mathcal{SS}[\![SS]\!] \ \texttt{end}$$
$$\mathcal{DS}[\![d;D]\!] = \mathcal{D}[\![d]\!]; \ \mathcal{DS}[\![D]\!]$$
$$\mathcal{DS}[\![\epsilon]\!] = \epsilon$$
$$\mathcal{SS}[\![s;SS]\!] = \mathcal{S}[\![s]\!]; \ \mathcal{SS}[\![SS]\!]$$
$$\mathcal{SS}[\![\epsilon]\!] = \epsilon$$

完全な翻訳の定義を完成するためには，各宣言文の翻訳 $\mathcal{D}[\![d]\!]$，各文の翻訳 $\mathcal{S}[\![s]\!]$，および文の翻訳の中で使用される各式の翻訳 $\mathcal{E}[\![e]\!]$ を定義しなければならない．

変数宣言は参照型の生成に対応する．通常のプログラミング言語では，代入される前の変数の値は未定義である．しかし Λ^{ref} では未定義の値は存在せず，何らかの値を与えなければ，参照型は生成できない．そこで，ここでは，以前リスト処理におけるエラーを表現するために用いた停止しない計算 ω^τ を用いることにする．ただし，$var \ x : \tau$ を $let \ x = ref(\omega^\tau)$ で表現して

しまうと，この宣言文自体が停止しなくなり，プログラム不能となる．そこで，ここでは τ 型の変数を $unit$ 型から τ 型を返す関数への参照型で表現する．すると変数の宣言は以下のように翻訳される．

$$\mathcal{D}[\![\texttt{var}\ x\!:\!\tau]\!] = x = ref(\lambda z : unit.\omega^\tau)$$

手続き宣言は，宣言に記されている引き数を取り $unit$ 型の値を返すラムダ抽象に翻訳すればよい．この際，引き数の受け渡し方によって翻訳の仕方が変わってくる．手続き型言語における引き数の受け渡し方法には，引き数の参照を渡す方法，引き数の値を渡す方法[1]，および引き数の値を渡しさらに関数の終了時呼び出した変数へ結果を代入する方法がある．これらいずれも Λ^{ref} で表現可能であるが，ここでは，参照を渡す方法を仮定する．すると手続き宣言の翻訳は以下のように与えられる．

$$\mathcal{D}[\![\texttt{procedure}\ f(x\!:\!\tau)\ =\ B]\!] = (f = \lambda x : ref(unit \to \tau).\mathcal{B}[\![B]\!])$$

ただし簡単のために，手続き宣言は再帰的ではないものと仮定した．

次に実行文の翻訳を行う．変数への代入は，τ 型の変数が $unit$ 型から τ 型への関数の参照として実現されていることに注意すると，以下のように与えられる．

$$\mathcal{S}[\![x\!:=\!E]\!] = (\lambda y : \tau.x := \lambda z : unit.y)\mathcal{E}[\![E]\!]$$

繰り返し文は，再帰的関数を使って以下のように翻訳可能である．

$\mathcal{S}[\![\texttt{while}\ C\ \texttt{do}\ S]\!]$

$= (Y^{unit \to unit}$

　　$(\lambda f : unit \to unit.\lambda x : unit.\texttt{if}\ \mathcal{E}[\![C]\!]\ \texttt{then}\ \mathcal{SS}[\![S]\!]; f\ x\ \texttt{else}\ ()))()$

---

[1] 文献によっては，この方式を call-by-value 方式と呼ぶ場合があるが，本書では，ラムダ計算に関する多くの文献に従い，call-by-value をラムダ式の評価方式を表わす用語として用いている．

手続き呼び出しの翻訳は，以下のように行えばよい．

$$\mathcal{S}[\![f(x)]\!] = f\ x$$

x は参照であるから，f を x そのものに適用すれば，参照渡しが実現する．

問 3.5.3 今考えている簡単な言語の文法では，手続きの引き数は変数に限定されている．手続きの引き数として一般の式（expr）を許すように，翻訳を拡張せよ．

翻訳を完成させるためには，各式の翻訳を与えればよい．関数の引き数以外の変数の翻訳は，以下のようにすればよい．

$$\mathcal{E}[\![x]\!] = (!x\ ())$$

式は，ラムダ式同様，値を返す式であるから，その他の式の翻訳は，簡単である．

問 3.5.4 繰り返し構文

$$\text{while } C \text{ do } E$$

は，不動点演算子を使用して翻訳したが，不動点演算子がなくても，参照型を使えば，以下のように翻訳可能である．

$$\begin{aligned}
&let\ \ next = ref(\lambda x : unit.()) \\
&in\ \ next := \lambda x : unit. if\ \ [\![C]\!]\ \ then\ \ [\![E]\!]; (!next)()\ \ else\ \ (); \\
&\quad (!next)()
\end{aligned}$$

この例を参考に，Λ に参照型を追加して得られるシステムでは，不動点演算子が定義可能であることを示せ．

3.5.2 継続計算を用いた広域的なジャンプの導入

ラムダ計算に基づく関数型プログラミング言語の枠組みでは表現できない手続き型プログラミング言語のもう一つの機能に，広域的なジャンプがある．広域的なジャンプの無制限な使用は，プログラムの読みやすさを損ない，保守を難しくすると考えられているが，適当な抽象化と統合すれば，例外的な処理の記述に適したプログラムの構造化の仕組みとなりうる．

広域的なジャンプを導入するための抽象化の一つに，**継続計算**の考えがあ

る．ある計算の継続計算とは，その計算の「残りすべての計算」のことである．例えば以下の簡単なプログラムにおいて，

$$1 + \underline{expr}$$

下線を付した式 $expr$ で表わされる計算の継続計算は，$expr$ の結果を r とすると，$1+r$ で表わされる．一般に，$C[M]$ を，M を部分として含むプログラムとすると，M で表わされる計算の継続計算は，M の結果 r から，$C[r]$ を計算する計算であり，直観的には M を囲む文脈 $C[\ ]$ に対応する．現在の時点での継続計算を捕捉し，それを別の文脈において，別な式の本来の継続計算と入れ替えることができれば，その別な式から継続計算を捕捉した時点へのジャンプを行ったものと同様の効果があり，プログラムの正常な流れを変える広域的なジャンプが実現できる．そこで，現時点での継続計算を捕捉する機構と，本来の継続計算を，捕捉された継続計算と入れ替える機構を実現するために，以下の式構成子を導入する．

$$M ::= \cdots \mid letcc\ x\ in\ M \mid throw(M, M)$$

$letcc\ k\ in\ M$ は，Scheme 言語で提案された call/cc (call with current continuation) に相当する機能であり，変数 k に現時点での継続計算，すなわちこの構文の残りの計算に相当する計算が与えられ，このもとで M が評価される．$throw(M_1, M_2)$ は，この式の本来の継続計算を捨て，捕捉された継続計算 M_1 を M_2 の継続計算とする操作を表わす．M_1 に束縛されている継続計算は，$throw(M_1, M_2)$ を囲む文脈 $C[\ ]$ の中で $C[letcc\ k\ in\ N]$ として捕捉した計算であるはずである．すると，$throw(M_1, M_2)$ の実行は，継続計算を捕捉したこの時点に戻って，$C[letcc\ k\ in\ N]$ の代わりに $C[M_2]$ を実行することに対応する．したがって，$throw(M_1, M_2)$ の実行は，M_2 の評価の後，現在の計算を中断し，M_1 に束縛されている継続計算を捕捉した時点に戻ることに相等する．

継続計算を含むプログラムの動作を具体的に理解するために，整数のリストの要素の積を計算する以下の関数を考えてみよう．

$fun\ prod\_list\ L =$

$$if\ (null\ L)\ then\ 1\ else\ (car\ l) * (prod\_list\ (cdr\ L))$$

このプログラムはリストのすべての要素の積を計算しているが，もしリストに 0 が含まれていれば積は 0 であるから，それ以後の計算は無駄である．継続計算を使えばこの無駄な計算を抑止することができる．

$fun\ prod\_list\_cont\ L\ k =$
  $if\ (null\ L)\ then\ 1$
  $else\ if\ (car\ l) = 0\ then\ throw(k, 0)$
  $else\ (car\ l) * (prod\_list\_cont\ (cdr\ L)\ k)$

$fun\ prod\_list\ L = letcc\ k\ in\ prod\_list\_cont\ L\ k$

$prod\_list\_cont$ の引き数 k は 0 の要素が見つかったとき起動すべき継続計算である．$letcc\ k\ in\ prod\_list\_cont\ L\ k$ によって，$prod\_list\_cont$ の引き数 k にこの時点の継続計算が与えられる．したがって，$throw(k,0)$ の効果は，関数の残りの処理を打ち切り，値 0 をこの関数の値として返すことである．

これらを Λ の型システムの中に導入するためには，継続計算の型を与えなければならない．そこで，型の集合を以下のように拡張する．

$$\tau ::= \cdots \mid cont(\tau)$$

$cont(\tau)$ は，τ 型の計算の継続計算を表わす．この型を用いて，継続計算の操作は以下のように型付けられる．

(callcc) $\dfrac{\Gamma\{x : cont(\tau)\} \rhd M : \tau}{\Gamma \rhd letcc\ x\ in\ M : \tau}$

(throw) $\dfrac{\Gamma \rhd M_1 : cont(\tau) \quad \Gamma \rhd M_2 : \tau}{\Gamma \rhd throw(M_1, M_2) : \tau'}$

規則 (throw) における τ' は τ と関係のない任意の型でよい．$throw(M_1, M_2)$ 自身は値を返さないので，この式に対する型に関する制約がないからである．以上拡張された Λ を Λ^{cont} と呼び，$\Gamma \rhd M : \tau$ がこの拡張された型システムで導出可能なとき，$\Lambda^{cont} \vdash \Gamma \rhd M : \tau$ と書く．

3.5 手続き型言語機能の導入

継続計算を含むラムダ計算の意味論

以上の説明から明らかなように，継続計算の概念は，対象となる式の表現する計算以外に，「プログラム全体の中でのその計算の残りの計算」という概念に依存しており，関数型言語の意味論の基本である合成的な意味論とは相容れない要素を含む．例えば，以下の例を考えてみよう．

$$letcc\ k\ in\ ((\lambda x : int.1)throw(k, 0))$$

この例において，β 変換を先に実行すると結果は 1 となるが，$throw(k, 0)$ を先に評価すると，継続計算の意図によれば，結果は 0 となるはずである．この例から分かるように，継続計算の意味は，ラムダ計算の公理的意味論の枠組みでは表現できない．しかし参照型で行ったように，その動作を操作的意味論として厳密に記述することは可能である．Λ に対する操作的意味論のところで解説した評価文脈を用いた意味論と自然意味論のどちらも，継続計算に拡張可能であるが，ここでは，文献 [16] で与えられた自然意味論を紹介する．評価文脈を用いた意味論は，文献 [17] を参照．

以下の分析では，式の集合と型の集合が以下のように与えられる最小のシステムを考える．

$$M ::= c^b\ |\ x\ |\ \lambda x : \tau.M\ |\ M\ M\ |\ letcc\ x\ in\ M\ |\ throw(M, M)$$
$$\tau ::= b\ |\ \tau \to \tau\ |\ cont(\tau)$$

これまでに導入したデータ型への拡張は容易である．

継続計算の捕捉が可能な計算系では，式 M の評価は，M の継続計算に依存する．そこで，式 M の評価関係を，式 M の継続計算が K，環境が E のとき，M を評価すると値 V を得ることを表わす以下の形をした関係として定義する．

$$E; K \vdash M \Downarrow V$$

この関係は当然，継続計算の動作に依存する．継続計算 K を値 V_1 のもと

で起動すると値 V_2 が得られることを表わす関係を

$$V_1 \vdash K \Downarrow V_2$$

と書く．継続計算を含むラムダ計算の自然意味論は，この二つの関係を定義する相互再帰的な規則の集合で与えられる．

V で表わされる値の集合と K で表わされる継続計算の集合をそれぞれ以下の文法で与える．

$$V ::= c^b \mid Cls(\lambda x : \tau.M, E) \mid Cnt(K) \mid Wrong$$
$$K ::= Empty \mid Farg(M, E, K) \mid App(V, K) \mid Targ(M, E) \mid Thr(V)$$

継続計算の直感的な意味は以下の通りである．$Empty$ は空の継続計算，すなわち受け取った値をそのまま返す継続計算を表わす．$Farg(M, E, K)$ は，関数を受け取り，その関数を，M を E の下で評価した結果に適用し，その結果を継続計算 K に渡す継続計算を表わす．$App(V, K)$ は，関数 V を，受け取った値に適用し，その結果を継続計算 K に渡す継続計算を表わす．$Targ(M, E)$ は，継続計算を表わす値を受け取り，M を E の下で評価した値を，その継続計算に渡す継続計算を表わす．$Thr(V)$ は，受け取った値を，V が表わす継続計算に渡す継続計算を表わす．

継続計算を含む自然意味論の評価規則の集合を図 3.4 に示す．ただし，以前同様，エラーのケースは省略してある．上の直感的な意味を念頭におけば，これら規則を読み取ることができるであろう．

この操作的意味論を用いて，型システムの健全性を証明する．Λ の場合と違い，継続計算を含む計算系では，計算の最終結果は，式の継続計算に依存する．例えば，式 $throw(x, M)$ の結果は x に代入される継続計算の性質に依存する．したがって，型システムの健全性を証明するためには，継続計算のふるまいに関する仮定が必要である．継続計算以外の値のふるまいは，その型によって特徴付けられるが，継続計算の場合，その型は，継続計算が受け取るべき値の型を記述しているだけで，継続計算の最終結果に関する情報を含んでいない．そこで，継続計算 K が型 τ の継続計算である条件を，型

3.5 手続き型言語機能の導入

$$\frac{E(x) \vdash K \Downarrow V}{E; K \vdash x \Downarrow V}$$

$$V \vdash Empty \Downarrow V$$

$$\frac{c \vdash K \Downarrow V}{E; K \vdash c \Downarrow V}$$

$$\frac{E; App(V_1, K) \vdash N \Downarrow V_2}{V_1 \vdash Farg(N, E, K) \Downarrow V_2}$$

$$\frac{Cls(\lambda x : \tau.M, E) \vdash K \Downarrow V}{E; K \vdash \lambda x : \tau.M \Downarrow V}$$

$$\frac{E\{x : V_1\}; K \vdash M \Downarrow V_2}{V_1 \vdash App(Cls(\lambda x : \tau.M, E), K) \Downarrow V_2}$$

$$\frac{E; Farg(N, E, K) \vdash M \Downarrow V}{E; K \vdash M \; N \Downarrow V}$$

$$\frac{E; Thr(V_1) \vdash N \Downarrow V_2}{V_1 \vdash Targ(N, E) \Downarrow V_2}$$

$$\frac{E\{k : Cnt(K)\}; K \vdash M \Downarrow V}{E; K \vdash letcc \; k \; in \; M \Downarrow V}$$

$$\frac{V_1 \vdash K \Downarrow V_2}{V_1 \vdash Thr(Cnt(K)) \Downarrow V_2}$$

$$\frac{E; Targ(N, E) \vdash M \Downarrow V}{E; K \vdash throw(M, N) \Downarrow V}$$

図 3.4 継続計算を含むラムダ計算の自然意味論

τ の値が与えられたとき，エラーを引き起こさないこととし，

$$\models K :: \tau$$

と書く．また，以前同様，値 V が型 τ を持つ条件を

$$\models V : \tau$$

と書く．これら二つの関係は，相互再帰的に，以下のように与えられる．

- $\models c^b : b$.
- $\models Cls(\lambda x : \tau_1.M, E) : \tau_1 \to \tau_2 \iff \models V_1 : \tau_1$ となる任意の値 V_1 と $\models K_2 :: \tau_2$ なる任意の継続計算 K_2 について，もし $E\{x : V_1\}; K_2 \vdash M \Downarrow V$ なら，$V \neq Wrong$ である．
- $\models Cnt(K) : cont(\tau_1) \iff \models K :: \tau_1$.
- $\models K :: \tau \iff \models V : \tau$ なる任意の V に対して，もし $V \vdash K \Downarrow V'$ な

ら，$V' \neq Wrong$ である．

さらに，以前同様，$E \models \Gamma \iff dom(E) = dom(\Gamma)$ かつ $\models E(x) : \Gamma(X)$ と定義する．

以下の健全性定理が証明できる．

定理 3.5.2 もし $\Lambda^{cont} \vdash \Gamma \triangleright M : \tau,\ E \models \Gamma,\ \models K :: \tau$ かつ $E; K \vdash M \Downarrow V$ なら，$V \neq Wrong$ である．

証明

$\Lambda^{cont} \vdash \Gamma \triangleright M : \tau,\ E \models \Gamma,\ \models K :: \tau$ かつ $E; K \vdash M \Downarrow V$ を仮定し，M の構造に関する帰納法により証明する．

c^b の場合．$\models K :: \tau$ の定義より成立．

x の場合．$E \models \Gamma$ の仮定および $\models K :: \tau$ の定義より成立．

$\lambda x : \tau_1.M_1$ の場合．操作的意味論の定義より，$Cls(\lambda x : \tau_1.M_1, E) \vdash K \Downarrow V$ である．型システムの定義より，ある τ_2 があって，$\tau = \tau_1 \to \tau_2,\ \Lambda^{cont} \vdash \Gamma\{x : \tau_1\} \triangleright M_1 : \tau_2$ である．V_1, K_2 を，$\models V_1 : \tau_1,\ \models K_2 :: \tau_2$ を満たす任意の値および継続計算とする．$E\{x : V_1\} \models \Gamma\{x : \tau_1\}$ であるから，帰納法の仮定より，もし $E\{x : V_1\}; K_2 \vdash M_1 \Downarrow V'$ なら $V' \neq Wrong$ である．よって $\models Cls(\lambda x : \tau_1.M_1, E) : \tau_1 \to \tau_2$ が成り立つ．$\models K :: \tau_1 \to \tau_2$ であるから，継続計算の型の定義より，$V \neq Wrong$ である．

$M_1\ M_2$ の場合．操作的意味論の定義より，$E; K \vdash M_1\ M_2 \Downarrow V$ なら，$E; Farg(M_2, E, K) \vdash M_1 \Downarrow V$ である．型システムの定義より，ある τ_1 があって $\Lambda^{cont} \vdash \Gamma \triangleright M_1 : \tau_1 \to \tau$ かつ $\Lambda^{cont} \vdash \Gamma \triangleright M_2 : \tau_1$ である．V_1 を $\models V_1 : \tau_1 \to \tau$ なる任意の値とし，$V_1 \vdash Farg(M_2, E, K) \Downarrow V_2$ と仮定する．操作的意味論の定義より，$E; App(V_1, K) \vdash M_2 \Downarrow V_2$ である．$\models V_1 : \tau_1 \to \tau$ であるから，$V_1 = Cls(\lambda x : \tau_1.M', E')$，かつ任意の $\models V_3 : \tau_1,\ \models K_1 :: \tau$ について，もし $E'\{x : V_3\}; K_1 \vdash M' \Downarrow V_4$ なら $V_4 \neq Wrong$ である．よって，$V_3 \vdash App(V_1, K) \Downarrow V_4$ なら $V_4 \neq Wrong$ であり，したがって，$\models App(V_1, K) :: \tau_1$ である．M_2 に対する帰納法の仮定より $V_2 \neq Wrong$ であり，したがって，$\models Farg(M_2, E, K) :: \tau_1 \to \tau$ である．よって M_1 に

対する帰納法の仮定より $V \neq Wrong$ である.

$letcc\ k\ in\ M_1$ の場合. 操作的意味論の定義より,$E\{k:Cnt(K)\};K \vdash M_1 \Downarrow V$ である.型システムの定義より,$\Lambda^{cont} \vdash \Gamma\{k:cont(\tau)\} \triangleright M_1 : \tau$ である.$\models K :: \tau$ より,$\models Cnt(K) : cont(\tau)$ であるから,$E\{x:Cnt(K)\} \models \Gamma\{x:cont(\tau)\}$ である.よって帰納法の仮定より,$V \neq Wrong$ である.

$throw(M_1, M_2)$ の場合. 操作的意味論の定義より,$E;Targ(M_2, E) \vdash M_1 \Downarrow V$ である.型システムの定義より,ある τ_i があって $\Lambda^{cont} \vdash \Gamma \triangleright M_1 : cont(\tau_1)$ かつ $\Lambda^{cont} \vdash \Gamma \triangleright M_2 : \tau_1$ である.V_1 を $\models V_1 : cont(\tau)$ なる任意の値とし,$V_1 \vdash Targ(M_2, E) \Downarrow V_2$ と仮定する.操作的意味論の定義より,$E;Thr(V_1) \vdash M_2 \Downarrow V_2$ である.$\models V_1 : cont(\tau_1)$ であるから,$V_1 = Cnt(K)$ かつ $\models K :: \tau_1$ である.よって操作的意味論の定義より,$\models Thr(V_1) :: \tau_1$ である.また $E \models \Gamma$ であるから,帰納法の仮定より $V_2 \neq Wrong$ である.よって $\models Targ(M_2, E) :: cont(\tau_1)$ である.よって,帰納法の仮定より,$V \neq Wrong$ である.∎

問 3.5.5 以上操作的意味論を用いて式 $letcc\ k\ in\ (\lambda x : int.throw(k, 3))\ 1$ を $Empty$ 継続計算の下で評価せよ.

問 3.5.6 以下のような継続計算を定義することにより,以上の操作的意味論を組 (M_1, M_2) および射影 $M.1$, $M.2$ に拡張せよ.

- $Pair_1(M_2, E, K)$
「(M_1 を評価した結果の)値 V_1 を受け取り,M_2 を E の下で評価し,その結果 V_2 との組を作りそれを継続計算 K に渡す」処理を表わす継続計算.
- $Pair_2(V_1, K)$
「(M_2 を評価した結果の)値 V_2 を受け取り,組 (V_1, V_2) を作りそれを継続計算 K に渡す」処理を表わす継続計算.
- $Proj_1(K)$
「組の値 (V_1, V_2) を受け取り,V_1 を継続計算 K に渡す」処理を表わす継続計算.
- $Proj_2(K)$
「組の値 (V_1, V_2) を受け取り,V_2 を継続計算 K に渡す」処理を表わす継続計算.

拡張された操作的意味論を用いて式 $letcc\ k\ in\ (throw(k, 0), 2).2$ を $Empty$ 継続計算の下で評価せよ.

以上の操作的意味論を一般の n 組型データに一般化せよ.

第4章 型推論システム

　これまで学んできたシステムは，プログラムの型が，プログラムの実行前に常に完全に決定される，静的型システムを持つプログラミング言語のモデルである．静的型システムを持つ言語は，LISP などの型無し言語に比べ，プログラムに潜むエラーをプログラム作成時に検出し，取り除くことができ，また，静的型情報により，プログラムをより効率よいコードへコンパイルすることができるという利点がある．しかし一方，静的型システムが要求する変数の型宣言は繁雑であり，複雑なデータ構造を含んだプログラムを書く上での大きな負担となる．静的型システムの利点を持ち，かつ型宣言の必要のない言語は可能であろうか？ 一つの可能性は，型を省略したプログラムから，その持つべき型を自動的に推論するアルゴリズムを構築することである．これが**型推論問題**である．Λ の型推論問題は，Curry と Fey[13] によって解決可能であることが示唆され，Hindley[28] によって厳密な解が与えられた．

4.1 暗黙に型付けられたラムダ計算

　型推論の機構を厳密に分析するためには，「型の情報を省略したラムダ式の持つべき型」を厳密に定義する必要がある．そのためにまず，明示的な型宣言を含まない，暗黙に型付けられた型付きラムダ計算 λ を定義する．

(var)　　　$\Gamma \triangleright x : \tau$　　　$(\Gamma(x) = \tau)$

(const)　　$\Gamma \triangleright c^\tau : \tau$

(abs)　　$\dfrac{\Gamma\{x:\tau_1\} \triangleright e : \tau_2}{\Gamma \triangleright \lambda x.e : \tau_1 \to \tau_2}$

(app)　　$\dfrac{\Gamma \triangleright e_1 : \tau_1 \to \tau_2 \quad \Gamma \triangleright e_2 : \tau_1}{\Gamma \triangleright e_1\, e_2 : \tau_2}$

図 4.1　型無しラムダ式の型付け規則

4.1.1　λ の定義

　λ の式は，Λ の式から型宣言を取り除いて得られるラムダ式である．ここでは，型推論システムの分析にとって本質的な以下の文法で与えられるラムダ式と型の集合を考える．

$$e ::= c^\tau \mid x \mid \lambda x.e \mid e\,e$$
$$\tau ::= b \mid \tau \to \tau$$

ラムダ式の集合は型無しラムダ計算の式に定数を加えたものと同一であるが，型無しラムダ計算と違い，λ では，型を持つ式のみが計算系の中で意味を持つ式である．Λ の場合と同様，型 τ と型環境 Γ を定義し，型無しラムダ式が型を持つ条件を，$\Gamma \triangleright e : \tau$ の形をした型判定の導出システムとして定義する．型付け規則の集合を図 4.1 に示す．$\Gamma \triangleright e : \tau$ がこのシステムで導出可能であるとき，$\lambda \vdash \Gamma \triangleright e : \tau$ と書く．

　λ の規則は，Λ の型付け規則から式に含まれる型情報を取り除いて得られるものであり，Λ の場合と本質的に同一である．この対応から，以下の性質が成り立つことが容易にわかる．

命題 4.1.1　Λ の型判定の導出と λ の型判定の導出は一対一に対応する．

問 4.1.1　公理的意味論および簡約関係も，Λ と同様に定義でき，それらに対して，Λ と同様の性質が成立することを確かめることができる．

1. λ に対して簡約関係を定義し，型保存定理を証明せよ．

2. λ に対して強正規化定理を証明せよ．すなわち，型を持つ λ の式 e は，無限の簡約系列をも持たないことを示せ．(ヒント：Λ の強正規化定理を利用せよ．)
3. λ に対して公理的意味論を定義せよ．

4.1.2 λ の表示的意味論

Λ には明確な意味論が存在するが，Λ に対応する型推論システムである λ に対する意味論の一般的な枠組みは，確立しているとはいえない．ここでは，λ のモデルの一般的定義を与える代わりに，λ に表示的意味を与える二つの方法を紹介する．λ は型付きラムダ計算と型無しラムダ計算の中間的な性質を持っており，どちらの性質に注目するかによって，型付きラムダ計算に基づく意味の定義と型無しラムダ計算に基づく意味の定義が可能である．

Λ の意味論を基礎とする λ の意味論

命題 4.1.1 で述べられた関係から分かるように，λ の型システムは Λ の型システムと同一である．そこで，λ を Λ の型情報を省略したものと考えることが可能である．λ に表示的意味を与える第一の方法は，この考え方に従い，λ を Λ のモデルによって解釈するというものである．

この枠組みでは，Λ と同様，λ の意味を与える対象を，型付けられた式，すなわち型判定と考え，型判定の意味を，その型の意味領域の要素に対応させる．しかし，Λ 同様，型判定の意味を式の構造に関して再帰的に定義しようとすると，関数適用式 $e_1 \, e_2$ の場合，行き詰まってしまう．例えば，以下の型判定を考えてみよう．

$$\emptyset \triangleright (\lambda x.1)(\lambda y.y) : int$$

上記の型判定を導出するためには，$\lambda x.1$ と $\lambda y.y$ に対する型判定を導出する必要がある．しかし，これらの式に対しては以下の形をした無数の型判定が存在する．

$$\emptyset \triangleright \lambda x.1 : (\tau \to \tau) \to int$$
$$\emptyset \triangleright \lambda y.y : \tau \to \tau$$

これらは τ の型に応じて当然意味が異なるはずである．以上の性質より，λ

の型判定の意味は，単純な再帰的定義によっては与えられないことが分かる．Λの場合は，型判定にはただ一つの導出が対応したため，このような問題は生じなかったが，λの場合は，与えられた型判定に対応する無数に多くの型判定の導出が存在し，この多様性が，意味を定義する上で障害となっている．

しかし以上の洞察はまた，λの型判定の導出に対してなら，Λと同様再帰的な意味の定義が可能であることを示している．命題4.1.1により，与えられたλの型判定の導出に対して，Λの型判定の導出が一意に決まる．そこで，与えられたλの型判定の導出の意味を，対応するΛの型判定の意味と定義することができる．$\mathcal{A}$を任意のΛのモデルとする．Dを型判定 $\Gamma \triangleright e : \tau$ の導出とし，D の $\mathcal{A}$ における意味を

$$\mathcal{A}[\![(\Gamma \triangleright e : \tau)_D]\!]$$

と書く．

問 4.1.2 命題4.1.1を使用せずに，λの型判定の意味を，Λの意味定義同様に直接定義することも可能である．型判定の導出の意味 $[\![(\Gamma \triangleright e : \tau)_D]\!]$ を，導出木 D の高さに関して再帰的に直接定義せよ．その定義が，上記の対応関係を用いて得られる定義と一致することを確かめよ．

もしλの任意の型判定に対して，その可能な導出がすべて同一の意味を持つなら，型判定の導出に対して定義した上記の意味は，λの型判定の意味にもなっていることになる．幸いλの場合，同一の型判定に対応するすべての可能な導出は同一の意味を持つことが証明できる．

定理 4.1.1 $\Gamma \triangleright e : \tau$ を任意の型判定とする．$\Gamma \triangleright e : \tau$ の任意の二つの導出 D_1 と D_2 に対して，

$$[\![(\Gamma \triangleright e : \tau)_{D_1}]\!] = [\![(\Gamma \triangleright e : \tau)_{D_2}]\!]$$

が成立する．

この定理を証明するためにλとΛとの関係をより厳密に定義する．型付きラムダ式 M から型情報を取り除いて得られる型無しラムダ式 $erase(M)$

を以下のように定義する．

$$erase(x) = x$$
$$erase(c^\tau) = c^\tau$$
$$erase(\lambda x : \tau.M) = \lambda x.erase(M)$$
$$erase(M_1\ M_2) = erase(M_1)\ erase(M_2)$$

Λ の型判定の導出と λ の型判定の導出が一対一に対応することから，λ と Λ は以下の関係があることを容易に証明できる．

命題 4.1.2 1. $\Lambda \vdash \Gamma \triangleright M : \tau$ なら $\lambda \vdash \Gamma \triangleright erase(M) : \tau$ である．
2. $\lambda \vdash \Gamma \triangleright e : \tau$ なら $\Lambda \vdash \Gamma \triangleright M : \tau$ かつ $erase(M) = e$ となる M が存在する．

さらに以下の性質が成り立つ．

補題 4.1.1 $\lambda \vdash \Gamma \triangleright e : \tau$ に対してある M_1, M_2 が存在して，$\Lambda \vdash \Gamma \triangleright M_1 : \tau$, $erase(M_1) = e$, $\Lambda \vdash \Gamma \triangleright M_2 : \tau$ かつ $erase(M_2) = e$ なら，$\vdash \Gamma \triangleright M_1 = M_2 : \tau$ が成立する．

証明 強正規化定理 2.8.2 より，$M_1 \Downarrow M_1'$，かつ $M_2 \Downarrow M_2'$ となる正規形 M_1' と M_2' が存在する．簡約関係の定義より，正規形 e_1, e_2 が存在して，$erase(M_1') = e_1$, $erase(M_2') = e_2$, $e \Downarrow e_1$, かつ $e \Downarrow e_2$ である．しかるに合流性定理より，$e_1 = e_2$ である．型保存の定理より，$\Lambda \vdash \Gamma \triangleright M_1' : \tau$, $\Lambda \vdash \Gamma \triangleright M_2' : \tau$ である．補題 2.8.4 により，$M_1' = M_2'$ である．よって，$\vdash \Gamma \triangleright M_1 = M_2 : \tau$ である．∎

以上の結果を使えば，定理 4.1.1 は容易に証明できる．

問 4.1.3 以上の結果および Λ の公理的意味論の健全性定理を使って，定理 4.1.1 の証明を完成せよ．

型無しラムダ計算に基づく λ の意味論

Λ に基づく意味論の基本的な考え方は，λ の式を Λ の式の型宣言が省略されたものと見なすことであった．この見方に従えば，λ の型判定は Λ の型判定の略記法とみなすことができ，Λ の意味論が適用できる．これに対して，λ の型判定を，型無しラムダ式の意味に関する述語と解釈することも可能である．この見方に従えば，型 τ の意味を，型無しラムダ式の意味領域 D の部分集合と解釈し，型判定 $e : \tau$ の意味を，e の意味が τ の意味に属するという命題と解釈する意味論が可能である．

この考え方に従い，型無しラムダ式の意味論を定義する．型無しラムダ計算の意味領域 D は，3.2 節で解説した技術を使って，以下の領域方程式の解として構築することができる．

$$D \cong B_{b_1} + \cdots + B_{b_n} + [D \to D] + \{wrong\}_\bot$$

ここで B_{b_i} は基底型 b_i の領域，$wrong$ はエラーを表わす要素である．直和領域 $D_1 + \cdots + D_n$ の要素で $x \in D_i$ に対応する要素を $\langle D_i = x \rangle$ と書くことにする．以下の連続関数を定義する．

- $is_{D_i} \in [(D_1 + \cdots + D_n) \to \{true, false\}_\bot]$

$$is_{D_i}(x) = \begin{cases} true & (x = \langle D_i = d \rangle) \\ false & (x = \langle D = d \rangle, D \neq D_i) \\ \bot & (x = \bot) \end{cases}$$

- $as_{D_i} \in [(D_1 + \cdots + D_n) \to D_i]$

$$as_{D_i}(x) = \begin{cases} d & (x = \langle D_i = d \rangle) \\ \bot & (\text{上記以外}) \end{cases}$$

また，また $X, Y \in D$，$B \in \{true, false\}_\bot$ のとき，領域論的な条件文を以下のように定義する．

$$if\ B\ then\ X\ else\ Y = \begin{cases} X & (B = true) \\ Y & (B = false) \\ \bot & (B = \bot) \end{cases}$$

ψ を $B_1 + \cdots + B_n + [D \to D] + \{wrong\}_\bot$ から D への同型写像とする. 各定数 c^τ には,対応する B の要素 $\overline{c^\tau}$ が与えられていると仮定する. D 環境 η を変数集合から D への関数とすると,型無し式 e の意味 $[\![e]\!]\eta$ を以下のように与えることができる.

$$[\![x]\!]\eta = \eta(x)$$
$$[\![c^{b_i}]\!]\eta = \psi(\langle B_i = \overline{c^{b_i}}\rangle)$$
$$[\![\lambda x.e]\!]\eta = \psi(\langle [D \to D] = \lambda d \in D.[\![e]\!]\eta\{x:d\}\rangle)$$
$$[\![e_1\ e_2]\!]\eta = if\ (is_{[D \to D]}([\![e_1]\!]\eta))\ then\ (as_{[D \to D]}([\![e_1]\!]\eta)\ [\![e_2]\!]\eta)$$
$$else\ \psi(\langle\{wrong\}_\bot = wrong\rangle)$$

補題 2.4.3 より,$\lambda d \in D.[\![e]\!]\eta\{x:d\}$ は連続であるから,$[D \to D]$ の要素であり,したがって,上記の等式は,任意のラムダ式の意味を定義している.

型の意味 $[\![\tau]\!]$ を以下のように定める.

$$[\![b]\!] = \{\psi(\langle B_b = x\rangle)|x \in B_b\}$$
$$[\![\tau_1 \to \tau_2]\!] = \{\psi(\langle [D \to D] = f\rangle)|f \in [D \to D], \forall x \in [\![\tau_1]\!].f(x) \in [\![\tau_2]\!]\}$$

η を $\mathcal{D}$ 環境,Γ を型環境とする. $dom(\eta) = dom(\Gamma)$ かつ $\forall x \in dom(\eta).\eta(x) \in [\![\Gamma(x)]\!]$ を満たすとき η は Γ を満たすといい,$\eta \models \Gamma$ と書く. 任意の η について,もし $\eta \models \Gamma$ なら,$[\![e]\!]\eta \in [\![\tau]\!]$ を満たすことを

$$\models \Gamma \triangleright e : \tau$$

と書き,これを型判定 $\Gamma \triangleright e : \tau$ の意味と考える. 各定数は,当然,その型にあった解釈がなされているはずである. そこで,定数 c^τ に対して与えられている D の要素 $\overline{c^\tau}$ は $\overline{c^\tau} \in [\![\tau]\!]$ と仮定する. すると以下の定理が証明できる.

定理 4.1.2 もし $\lambda \vdash \Gamma \triangleright e : \tau$ なら,$\models \Gamma \triangleright e : \tau$ である.

証明は式の構造に関する帰納法による.

問 4.1.4 上記定理を証明せよ. この定理の逆は成立しない. その反例をあげよ.

4.2 λの型推論アルゴリズム

λの型付け規則の集合はΛの型付け規則の集合と同一の構造を持っているが，λの式には明示的な型宣言が含まれていないため，二つの型システムの性質は大きく異なる．Λの式に対する型の導出は，高々一つしか存在せず，その型システムはΛの式生成の条件と考えられる．それに対してλでは，同一の式に対して一般に無限に多くの型の導出が存在しうる．したがって，λの型システムは式の生成の条件ではなく，式の持ち得る型に関する性質を記述したシステムである．λの型推論問題は，この型システムによって，式が実際にどのような型を持ちうるかを決定する問題である．

4.2.1 型推論問題と型判定スキーマ

型推論問題を考えるために，簡単な例として，以下の式を考えてみよう．

$$\lambda f.\lambda x.f\,(f\,x)$$

この式は自由変数を含まないため，もし型を持てば，空の型環境で型を持つはずである．この式の型はfとxの型に依存するが，それらが指定されていないため，Λの型判定アルゴリズムが行っているような，簡単な再帰的な方法で型を計算することができない．しかし，xとfの相互の関係を注意深く分析すれば，以下のことが分かる．

1. $f\,x$の関数適用があるため，fは関数型を持ち，その領域の型はxの型と同一でなければならない．
2. $f(f\,x)$の外側の関数適用から，fの値域の型はfの領域の型と等しくなければならない．

以上の分析から，fとxのそれぞれは$\tau \to \tau$およびτの形の型を持つことが分かる．上の分析は任意のτについて成り立つから，この式は，

$$\emptyset \triangleright \lambda f.\lambda x.f\,(f\,x) : (\tau \to \tau) \to \tau \to \tau$$

の形の無限に多くの型判定を持つことがわかる．λ の型推論問題を解くには，与えられた式に対して以上のような分析を行い，式の持ちうる型を計算する方法を確立する必要がある．

型推論問題は，以下の三つの種類が考えられる．

1. 与えられた e, Γ, τ に対して，$\lambda \vdash \Gamma \triangleright e : \tau$ か否かを決定する問題．
2. 与えられた式 e に対して，$\lambda \vdash \Gamma \triangleright e : \tau$ となる (Γ, τ) の組が存在するか決定する問題．
3. 与えられた式 e に対して，集合 $\{(\Gamma, \tau) | \lambda \vdash \Gamma \triangleright e : \tau\}$ を決定する問題．

これらの中で，三番目の問題が最も一般的な問題である．式 e の持ちうる型判定の集合が決定できれば，$\lambda \vdash \Gamma \triangleright e : \tau$ がその集合の要素か否かを検査することにより，一番目の問題を解くことができ，また，型判定の集合が空集合か否かを検査することにより，二番目の問題を解くことができる．そこで，三番目の問題を型推論問題とみなし，その解決方法を考察する．

型推論問題を解くためには，一般に無限な型判定の集合 $\{(\Gamma, \tau) | \Gamma \triangleright e : \tau\}$ の有限な表現が必要である．そのために，任意の型を代表する**型変数**を導入し，型変数を含んだ型判定によって，式の持つ型判定の集合を表わす．例えば，式 $\lambda f.\lambda x.f\,(f\,x)$ の持ちうる型判定の集合は，型変数 α を用いて

$$\emptyset \triangleright \lambda f.\lambda x.f\,(f\,x) : (\alpha \to \alpha) \to \alpha \to \alpha$$

と表わすことができる．以下，この方針に沿って，型推論問題を解決するアルゴリズムを構築する．

型変数を含んだ型を**型スキーマ**と呼ぶことにする．α を与えられた可算無限の型変数の集合を代表するメタ変数とすると，型スキーマの集合は以下の文法で与えられる．

$$\rho ::= \alpha \mid b \mid \rho \to \rho$$

型スキーマ ρ の中の型変数の集合 $FTV(\rho)$ は，型スキーマの構造に関して再帰的に簡単に定義できる．$FTV(\rho) = \emptyset$ のとき，ρ は λ の型である．

型の代入 S を型変数の有限集合から型スキーマへの関数とする．型変数 $\alpha_1, \ldots, \alpha_n$ をそれぞれ $\rho_1, \ldots, \rho_n$ に移す代入を $[\rho_1/\alpha_1, \ldots, \rho_n/\alpha_n]$ と書く．型の代入 S は，$\alpha \notin dom(S)$ なる α に対して $S(\alpha) = \alpha$ と見なすことにより，型変数全体への関数 S^+ に拡張される．さらにこのように拡張された代入は，型スキーマの構造に関して再帰的に拡張することによって以下のように，型スキーマ全体の関数 $\hat{S}$ に拡張される．

$$\hat{S}(\alpha) = S^+(\alpha)$$
$$\hat{S}(b) = b$$
$$\hat{S}(\rho_1 \to \rho_2) = \hat{S}(\rho_1) \to \hat{S}(\rho_2)$$

型の集合を項代数と見なすと，$\hat{S}$ は，S の準同型拡張となっており，したがって与えられた S に対して $\hat{S}$ は一意に定まる．S_1, S_2 を型の代入とする．S_1 と S_2 の合成 $S_1 \circ S_2$ を $S_1 \circ S_2(\alpha) = \hat{S}_1(S_2^+(\alpha))$ と定義する．さらに，この合成演算は右結合すると約束し，$S_1 \circ (S_2 \circ S_3)$ 等を括弧を省略して $S_1 \circ S_2 \circ S_3$ と書くことにする．以降 S とその型スキーマへの拡張 $\hat{S}$ を同一視し，$\hat{S}$ をも単に S と書くことにする．ただし，S の定義域 $dom(S)$ は，型変数の有限集合から型スキーマへの関数としての S の定義域とする．

ある型の代入 S があって，$\rho_2 = S(\rho_1)$ であるとき，ρ_2 を ρ_1 の**例** (instance) であるという．特に ρ_2 が型であるとき，基礎例であるという．型スキーマ ρ はその基礎例の集合を表現すると考えることができる．この集合を $[\![\rho]\!]$ と書く．例えば，$[\![\alpha \to \alpha]\!] = \{\tau \to \tau | \tau \in Types\}$ であり，型スキーマ $\alpha \to \alpha$ は $\tau \to \tau$ の形をしたすべての型の集合を表現している．

型環境スキーマ γ を，変数の有限集合から型スキーマへの関数とし，**型判定スキーマ**を

$$\gamma \triangleright e : \rho$$

の形をした式とする．型スキーマ同様，型判定スキーマは，型判定の集合と見なすことができる．以下の条件が成立するとき，型判定スキーマ $\gamma' \triangleright e : \rho'$ を型判定スキーマ $\gamma \triangleright e : \rho$ の例と呼ぶ．

1. $dom(\gamma) \subseteq dom(\gamma')$,
2. ある S があって，$\rho' = S(\rho)$ かつ $\forall x \in dom(\gamma).(\gamma'(x) = S(\gamma(x)))$.

このとき $\gamma \triangleright e : \rho$ を $\gamma' \triangleright e : \rho'$ より一般的な型判定スキーマであるともいう．例 $\gamma' \triangleright e : \rho'$ が型判定であるとき，すなわち型変数を含まないとき基礎例という．型判定スキーマ $\gamma \triangleright e : \rho$ のすべての基礎例の集合を $[\![\gamma \triangleright e : \rho]\!]$ と書く．$[\![\gamma \triangleright e : \rho]\!]$ のすべての要素が λ で導出可能な型判定であるとき，

$$\lambda \vdash \gamma \triangleright e : \rho$$

と書くことにする．以下，特に断わりなく単に型判定スキーマといった場合，導出可能な型判定スキーマを意味することにする．型判定スキーマ $\gamma_1 \triangleright e : \rho_1$ が，e のすべての型判定スキーマより一般的であるときであるとき，**主要な型判定スキーマ** (principal typing scheme) という．λ の型判定も型判定スキーマであることに注意すると，型推論問題は，与えられた型無しラムダ式 e の主要な型判定スキーマを計算する問題に還元できる．すなわち，$\gamma \triangleright e : \rho$ が主要な型判定スキーマであれば，以下の性質が成立する．

$$[\![\gamma \triangleright e : \rho]\!] = \{\Gamma \triangleright e : \tau | \lambda \vdash \Gamma \triangleright e : \tau\}$$

λ に対しては，主要な型判定スキーマを計算するアルゴリズムが存在し，したがって，型推論問題が可解であることを証明することができる．その方針は，与えられた型無しラムダ式 e の部分式の持つ型判定スキーマの間に成立すべき条件を，型スキーマ間の等式として表現し，その等式を満たす最も一般的な解を求めることである．以前説明したとおり，$\lambda f.\lambda x.f(f\ x)$ は $\emptyset \triangleright \lambda f.\lambda x.f(f\ x) : (\tau \to \tau) \to \tau \to \tau$ の形の型判定を持つはずである．以前行った分析を，系統的に行うとおよそ以下のようになる．まず，求める型判定を，型変数を用いて $\emptyset \triangleright \lambda f.\lambda x.f(f\ x) : \alpha$ と置く．この型判定の導出には，この式に含まれる部分式 $f(f\ x)$, $(f\ x)$, f, および x に関する導出が含まれているはずである．それらをさらに仮に以下のように置く．

$$\{f : \alpha_f, x : \alpha_x\} \triangleright f\ (f\ x) : \alpha_1 \qquad (1)$$

$$\{f : \alpha_f, x : \alpha_x\} \triangleright (f\ x) : \alpha_2 \qquad (2)$$

$$\{f : \alpha_f, x : \alpha_x\} \triangleright f : \alpha_f \qquad (3)$$

$$\{f : \alpha_f, x : \alpha_x\} \triangleright x : \alpha_x \qquad (4)$$

与えられた式の型判定は，型判定 (1) から型付け規則 (abs) によって得られたもののはずである．さらに，型判定 (1), (2) はそれぞれ，型判定 (3) と (2), および型判定 (3) と (4) から型付け規則 (app) によって得られたもののはずである．型付け規則 (abs) と (app) の形を考えると，型の間に以下の等式が成立するはずである．

$$\alpha = \alpha_f \to \alpha_x \to \alpha_1$$
$$\alpha_f = \alpha_2 \to \alpha_1$$
$$\alpha_f = \alpha_x \to \alpha_2$$

この等式集合が，注目している型判定 $\emptyset \triangleright \lambda f.\lambda x.f\,(f\,x) : \alpha$ の満たすべき条件である．そこで，上記等式を型変数間の方程式と考え，その最も一般的な解を求めれば，それが $\lambda f.\lambda x.f\,(f\,x)$ の持つ型判定の集合を表現しているはずである．この例の場合，最も一般的な解は以下のような型判定スキーマに対応する．

$$\emptyset \triangleright \lambda f.\lambda x.f\,(f\,x) : (\alpha_1 \to \alpha_1) \to \alpha_1 \to \alpha_1$$

以上の洞察から，型推論問題は，型スキーマ間の等式集合の最も一般的な解を求めるアルゴリズムがあれば，計算可能と期待できる．このよう問題の解を求める一般的なアルゴリズムが，Robinson[48] の**単一化アルゴリズム**（unification algorithm）である．

4.2.2　型スキーマの単一化

E を型スキーマの組の集合とする．代入 S が，任意の $(\rho_1, \rho_2) \in E$ について $S(\rho_1) = S(\rho_2)$ を満たすとき，E の**単一化**（unifier）という．S_1 と S_2 を E の単一化とする．S_1 が S_2 より一般的であるのは，ある代入 S_3 が存在して $S_2 = S_3 \circ S_1$ となるときである．

(u-i) $\quad (E \cup \{(\rho, \rho)\}, S) \Longrightarrow (E, S)$

(u-ii) $\quad (E \cup \{(\alpha, \rho)\}, S)$
$\qquad \Longrightarrow ([\rho/\alpha](E), \{(\alpha, \rho)\} \cup [\rho/\alpha](S)) \quad$ (ただし $\alpha \notin FTV(\rho)$ のとき)

(u-iii) $\quad (E \cup \{(\rho_1^1 \to \rho_1^2, \rho_2^1 \to \rho_2^2)\}, S) \Longrightarrow (E \cup \{(\rho_1^1, \rho_2^1), (\rho_1^2, \rho_2^2)\}, S)$

図 4.2 単一化アルゴリズムの変形規則

定理 4.2.1 (単一化アルゴリズム) 与えられた任意の型等式の集合 E に対して，もし E が単一化を持てば E の最も一般的な単一化を返し，もし E が単一化を持たなければエラーを報告するアルゴリズム $\mathcal{U}(E)$ が存在する．

この定理の証明が与える単一化アルゴリズム $\mathcal{U}$ は，型推論ばかりでなく，計算機科学の数多くの分野で使用されている重要なアルゴリズムである．この定理の証明には種々の方法があるが，その中で最も簡潔でエレガントと思われる，Gallier と Snyder[19] による，等式系の変形規則を用いた定義とその正しさの証明を紹介する．まず，型等式の集合 E と S の組の変形規則の集合を図 4.2 のように与える．$\overset{*}{\Longrightarrow}$ を $\Longrightarrow$ の反射的推移的閉包とする．この関係を使い，アルゴリズム $\mathcal{U}$ を以下の関数として定義する．

$$\mathcal{U}(E) = \begin{cases} S & ((E, \emptyset) \overset{*}{\Longrightarrow} (\emptyset, S) \text{ のとき}) \\ failure & (\text{上記以外}) \end{cases}$$

このアルゴリズムが単一化アルゴリズムであることを示す．

まず，各変形規則が単一化の集合を保存すること，すなわち，三つの変形規則がいずれも以下の性質を満たすことを示す．

$(E_1, S_1) \Longrightarrow (E_2, S_2)$ なら，$(E_1 \cup S_1)$ の単一化の集合と $(E_2 \cup S_2)$ の単一化の集合は一致する．

任意の S は，同一の型スキーマの組 $\{(\rho, \rho)\}$ の単一化であるから，規則 (u-i) について上記性質は成立する．任意の代入 S について，もし S が $S(\rho) = S(\alpha)$

を満たせば，任意の ρ' について $S([\rho/\alpha]\rho') = S(\rho')$ であることを ρ' に関する帰納法で容易に示すことができる．よって，S が $E \cup \{(\alpha, \rho)\}$ の単一化であることと S が $[\rho/\alpha](E) \cup \{(\alpha, \rho)\}$ の単一化であることは同値である．よって，規則 (u-ii) についても上記性質は成立する．また，任意の S について，

$$S(\rho_1^1 \to \rho_1^2) = S(\rho_2^1 \to \rho_2^2) \iff S(\rho_1^1) = S(\rho_2^1) \text{ かつ } S(\rho_1^2) = S(\rho_2^2)$$

であるから，規則 (u-iii) についても上記性質は成立する．

この性質より，もし $\mathcal{U}(E) = S$ なら，$(E, \emptyset) \stackrel{*}{\Longrightarrow} (\emptyset, S)$ であるから，S の最も一般的な単一化は E の最も一般的な単一化である．しかるに，S は，常に，$\alpha_i \notin FTV(\rho_i)$，かつ $\alpha_i \neq \alpha_j (i \neq j)$ を満たす $\{(\alpha_1, \rho_1), \ldots, (\alpha_n, \rho_n)\}$ の形をした集合であることを容易に示すことができる．したがって，S の最も一般的な単一化は S 自身である．よって，$\mathcal{U}(E) = S$ なら S は E の最も一般的な単一化である．

次にアルゴリズムが失敗を報告する場合を考える．$\mathcal{U}(E) = failure$ と仮定する．アルゴリズムの定義より，$(E, \emptyset) \stackrel{*}{\Longrightarrow} (E', S)$，かつ $(E', S) \not\Longrightarrow (E'', S')$ である $E' \neq \emptyset$ があるはずである．しかるに変形規則の定義から，明らかに，$(E', S) \not\Longrightarrow (E'', S')$ であれば，E' は単一化を持たない．したがって $E' \cup S$ も単一化を持たない．変形規則は単一化集合を保存するから，E も単一化を持ち得ない．

以上より，$\mathcal{U}$ は，もし停止すれば，その結果は定理 4.2.1 の条件を満たすことが示された．上記の手続きが正しいアルゴリズムであることを示すためには，さらに，すべての入力に対して停止することを示さなければならない．この性質は，再帰的に定義されたアルゴリズムの場合は，多くの場合自明である．しかし，$\mathcal{U}$ の定義の場合は必ずしも明らかではない．一般にアルゴリズムの停止性を示すためには，アルゴリズムが操作するデータの複雑さを表わす量を定義し，アルゴリズムが行う操作が，常にこの量を減少させることを示せばよい．このような量をアルゴリズムの**停止測度**と呼ぶ．停止測度となりうる量は，**整礎**な半順序集合であればよい．すなわち，任意の与えられた量 m に対して，$m > m_1 > m_2 > \cdots$ となる無限の減少系列が存在しない集合であればよい．アルゴリズムの停止性の証明のポイントは，

アルゴリズムの性質からそのような停止測度を見つけ出すことである．

型スキーマの等式集合 E の中の型変数の数と E のすべてのシンボルの合計の組を $Measure(E)$ と書く．このような組の集合に対して以下の辞書式順序を考える．

$$(a,b) < (a',b') \iff a < a' \text{ または } (a = a' \text{ かつ } b < b')$$

組 $(0,0)$ は，この順序関係に関して最小元となっているから，可能な組の集合は整礎な集合である．各変形規則は，以上定義した $Measure(E)$ を減少させる．すなわち，各変形規則に対して，もし $(E_1, S_1) \implies (E_2, S_2)$ なら $Measure(E_1) > Measure(E_2)$ が成立する．規則 (u-i) と (u-iii) の場合は，$Measure(E_1) = (a,b)$, $Measure(E_2) = (a',b')$ のとき，$a \geq a'$ かつ $b > b'$ である．規則 (u-ii) の場合は，$Measure(E_1) = (a,b)$, $Measure(E_2) = (a',b')$ のとき，$a > a'$ である．いずれの場合も，$Measure(E_1) > Measure(E_2)$ が成立する．よって $Measure(E)$ は $\mathcal{U}$ の停止測度であり，$\mathcal{U}$ はすべての入力に対して必ず停止することが示された．以上で定理 4.2.1 が証明された．

図 4.3 に単一化の計算例を示す．

4.2.3　型推論アルゴリズムとその性質

単一化アルゴリズムを使い，型推論アルゴリズム PTS を定義する．アルゴリズム PTS は式 e を受け取り，もし e が型を持てば，その最も一般的な型判定スキーマ $\gamma \triangleright e : \rho$ を返し，もし e が型を持たなければエラーを報告する．$\{\gamma_1, \ldots, \gamma_n\}$ を型環境スキーマの集合とするとき，集合 $\{(\gamma_i(x), \gamma_j(x)) | x \in dom(\gamma_i) \cap dom(\gamma_j), 1 \leq i < j \leq n\}$ を $matches(\{\gamma_1, \ldots, \gamma_2\})$ と書く．型推論アルゴリズムを図 4.4 に与える．

型推論アルゴリズムの満たすべき性質に，健全性と完全性がある．型推論アルゴリズムが健全であるとは，アルゴリズムが推論した型判定はすべて，導出可能な型判定であるという性質であり，すべての型推論アルゴリズムが満たすべき基本的性質である．型推論アルゴリズムが完全であるとは，そのアルゴリズムが，式の持つすべての型判定を推論できるという性質である．もし上に定義したアルゴリズム PTS が健全かつ完全であれば，任意の e に

$$(\{(\alpha, \alpha_f \to \alpha_x \to \alpha_1), (\alpha_f, \alpha_x \to \alpha_2), (\alpha_f, \alpha_2 \to \alpha_1)\}, \emptyset)$$
$$\implies (\{(\alpha_f, \alpha_x \to \alpha_2), (\alpha_f, \alpha_2 \to \alpha_1)\}, \{(\alpha, \alpha_f \to \alpha_x \to \alpha_1)\}$$
$$\implies (\{(\alpha_x \to \alpha_2, \alpha_2 \to \alpha_1)\},$$
$$\qquad \{(\alpha_f, \alpha_x \to \alpha_2), (\alpha, (\alpha_x \to \alpha_2) \to \alpha_x \to \alpha_1)\}$$
$$\implies (\{(\alpha_x, \alpha_2), (\alpha_2, \alpha_1)\}, \{(\alpha_f, \alpha_x \to \alpha_2), (\alpha, (\alpha_x \to \alpha_2) \to \alpha_x \to \alpha_1)\}$$
$$\implies (\{(\alpha_2, \alpha_1)\}, \{(\alpha_x, \alpha_2), (\alpha_f, \alpha_2 \to \alpha_2), (\alpha, (\alpha_2 \to \alpha_2) \to \alpha_2 \to \alpha_1)\}$$
$$\implies (\{\}, \{(\alpha_2, \alpha_1), (\alpha_x, \alpha_1), (\alpha_f, \alpha_1 \to \alpha_1), (\alpha, (\alpha_1 \to \alpha_1) \to \alpha_1 \to \alpha_1)\}$$

$$\mathcal{U}(\{(\alpha, \alpha_f \to \alpha_x \to \alpha_1), (\alpha_f, \alpha_x \to \alpha_2), (\alpha_f, \alpha_2 \to \alpha_1)\})$$
$$= [\alpha_1/\alpha_2, \alpha_1/\alpha_x, \alpha_1 \to \alpha_1/\alpha_f, (\alpha_1 \to \alpha_1) \to \alpha_1 \to \alpha_1/\alpha]$$

図 4.3　単一化計算例

$PTS(c^\tau) = (\emptyset, \tau)$

$PTS(x) = (\{x : \alpha\}, \alpha)$ (α fresh)

$PTS(\lambda x.e_1) = $ let $(\gamma, \rho_1) = PTS(e_1)$ in
　　　　　if $x \in dom(\gamma)$ then $(\gamma|_{\overline{x}}, \gamma(x) \to \rho_1)$
　　　　　else $(\gamma, \alpha \to \rho_1)$ (α fresh)

$PTS(e_1\ e_2) = $ let $(\gamma_1, \rho_1) = PTS(e_1)$
　　　　　$(\gamma_2, \rho_2) = PTS(e_2)$
　　　　　$S = \mathcal{U}(matches(\{\gamma_1, \gamma_2\}) \cup \{(\rho_1, \rho_2 \to \alpha)\})$ (α fresh)
　　　in
　　　　　$(S(\gamma_1) \cup S(\gamma_2), S(\alpha))$

図 4.4　型付きラムダ計算の型推論アルゴリズム

対して $PTS(e) = \gamma \triangleright e : \rho$ なら

$$[\![\gamma \triangleright e : \rho]\!] = \{\Gamma \triangleright e : \tau | \lambda \vdash \Gamma \triangleright e : \tau\}$$

が成立することになり，型推論問題を完全に解決したことになる．実際に PTS は健全かつ完全な型推論アルゴリズムである．まず健全性を示す．

定理 4.2.2 (PTS アルゴリズムの健全性) もし $PTS(e) = (\gamma, \rho)$ なら，$\gamma \triangleright e : \rho$ の基礎例はすべて導出可能な型判定である．

証明 e を任意の式とし，$PTS(e) = (\gamma, \rho)$ と仮定する．証明は e の構造に関する帰納法による．

c^τ の場合．$\emptyset \triangleright c^\tau : \tau$ の例は，$\Gamma \triangleright c^\tau : \tau$ の形の型判定であり，導出可能である．

x の場合．$\{x : \alpha\} \triangleright x : \alpha$ の例は，$\Gamma \triangleright x : \tau$ かつ $\Gamma(x) = \tau$ の形の型判定であり，導出可能である．

$\lambda x.e_1$ の場合．アルゴリズムの定義より，$PTS(e_1) = (\gamma', \rho')$ なる γ', ρ' が存在する．$x \in dom(\gamma')$ と仮定する．アルゴリズムの定義より，$x \notin dom(\gamma)$，$\gamma' = \gamma \cup \{x : \rho_1\}$，かつ $\rho = \rho_1 \to \rho'$ である．$\gamma \triangleright \lambda x.e_1 : \alpha \to \rho'$ の任意の例を $\Gamma \triangleright \lambda x.e_1 : \tau$ とする．$\tau = \tau_1 \to \tau'$，かつ $\Gamma\{x : \tau_1\} \triangleright e_1 : \tau'$ は $\gamma\{x : \rho_1\} \triangleright e_1 : \rho'$ の例である．よって，帰納法の仮定より $\lambda \vdash \Gamma\{x : \tau_1\} \triangleright e_1 : \tau'$ である．規則 (abs) より，$\lambda \vdash \Gamma \triangleright \lambda x.e_1 : \tau_1 \to \tau'$ である．

次に $x \notin dom(\gamma')$ と仮定する．アルゴリズムの定義より，$PTS(e_1) = (\gamma', \rho')$，$\gamma' = \gamma$，かつ $\rho = \alpha \to \rho'$ である．$\gamma \triangleright \lambda x.e_1 : \rho$ の任意の例を $\Gamma \triangleright \lambda x.e_1 : \tau$ とすると，$\tau = \tau_1 \to \tau'$ であり，$\Gamma \triangleright e_1 : \tau'$ は $\gamma' \triangleright e_1 : \rho'$ の例である．帰納法の仮定より $\lambda \vdash \Gamma \triangleright e_1 : \tau'$ である．補題 2.2.3 より，$\lambda \vdash \Gamma\{x : \tau_1\} \triangleright e_1 : \tau'$ である．よって規則 (abs) より，$\lambda \vdash \Gamma \triangleright \lambda x.e_1 : \tau_1 \to \tau'$ である．

$e_1 e_2$ の場合．アルゴリズムの定義より，$PTS(e_1) = (\gamma_1, \rho_1)$，$PTS(e_2) = (\gamma_2, \rho_2)$，$S_1 = \mathcal{U}(\{(\gamma_1(x), \gamma_2(x)) | x \in dom(\gamma_1) \cap dom(\gamma_2)\} \cup \{(\rho_2 \to \alpha, \rho_1)\}$，$\gamma = S_1(\gamma_1 \cup \gamma_2)$，かつ $\rho = S_1(\alpha)$ である．$\Gamma \triangleright e_1 e_2 : \tau$ を $\gamma \triangleright e_1 e_2 : \rho$

の任意の例とする．例の定義より，$S(\gamma) = \Gamma|_{dom(\gamma)}$，$S(\rho) = \tau$ を満たす代入が存在する．単一化アルゴリズムの性質より，$S \circ S_1(\gamma_1) = \Gamma|_{dom(\gamma_1)}$，$S \circ S_1(\gamma_2) = \Gamma|_{dom(\gamma_2)}$，かつ $S \circ S_1(\rho_1) = S \circ S_1(\rho_2) \to S \circ S_1(\alpha)$ が成り立つ．よって帰納法の仮定より，$\lambda \vdash \Gamma \triangleright e_1 : S \circ S_1(\rho_2) \to \tau$ かつ $\lambda \vdash \Gamma \triangleright e_2 : S \circ S_1(\rho_2)$ が成り立つ．規則 (app) より，$\lambda \vdash \Gamma \triangleright e_1\, e_2 : \tau$ が成り立つ．∎

定理 4.2.3 (PTS アルゴリズムの完全性) もし e が型判定 $\Gamma \triangleright e : \tau$ を持てば，$PTS(e) = (\gamma, \rho)$ かつ $\Gamma \triangleright e : \tau$ は $\gamma \triangleright e : \rho$ の例である．

証明 証明は e の構造に関する帰納法による．

c^τ の場合．c の任意の型判定 $\Gamma \triangleright c^\tau : \tau$ は $\emptyset \triangleright c^\tau : \tau$ の例であるから成立する．

x の場合．$\lambda \vdash \Gamma \triangleright x : \tau$ と仮定すると $\Gamma(x) = \tau$ である．したがって，$\Gamma \triangleright x : \tau$ は $\{x : \alpha\} \triangleright x : \alpha$ の例であり，成立する．

$\lambda x.e_1$ の場合．$\lambda \vdash \Gamma \triangleright \lambda x.e_1 : \tau_1 \to \tau_2$ と仮定する．型システムの定義により，$\Gamma\{x : \tau_1\} \triangleright e_1 : \tau_2$ である．帰納法の仮定より，$PTS(e_1) = (\gamma_1, \rho_1)$ かつある S_0 が存在し，$S_0(\gamma_1) \subseteq \Gamma\{x : \tau_1\}$ かつ $S_0(\rho_1) = \tau_2$ である．$x \in dom(\gamma_1)$ の場合を考える．$S_0(\gamma_1(x)) = \tau_1$ である．アルゴリズムの定義により，$PTS(\lambda x.e_1) = (\gamma_1|_{\overline{x}}, \gamma_1(x) \to \rho_1)$．しかるに，$S_0(\gamma_1|_{\overline{x}}) \subseteq \Gamma$ かつ $S_0(\gamma_1(x) \to \rho_1) = \tau_1 \to \tau_2$ である．次に，$x \notin dom(\gamma_1)$ と仮定する．$S_0(\gamma_1) \subseteq \Gamma$ である．アルゴリズムの定義により，$PTS(\lambda x.e_1) = (\gamma_1, \alpha \to \rho_1)$．ここで α は新しい型変数であるから，$S_0(\gamma_1) = S_0 \circ [\tau_1/\alpha](\gamma_1) \subseteq \Gamma$ かつ $S_0 \circ [\tau_1/\alpha](\alpha \to \rho_1) = \tau_1 \to \tau_2$ である．

$(e_1\, e_2)$ の場合．$\lambda \vdash \Gamma \triangleright e_1\, e_2 : \tau$ と仮定する．型システムの定義により，ある τ_1 があって $\Gamma \triangleright e_1 : \tau_1 \to \tau$ かつ $\Gamma \triangleright e_2 : \tau_1$ である．帰納法の仮定より，$PTS(e_1) = (\gamma_1, \rho_1)$，かつある S_1 が存在し，$S_1(\gamma_1) \subseteq \Gamma$，$S_1(\rho_1) = \tau_1 \to \tau$ である．再度帰納法の仮定より，$PTS(e_2) = (\gamma_2, \rho_2)$ かつある S_2 が存在し，$S_2(\gamma_2) \subseteq \Gamma$ かつ $S_2(\rho_2) = \tau_1$ である．一般性を失うことなく $dom(S_1) = FTV(\gamma_1) \cup FTV(\rho_1)$ および $dom(S_2) = FTV(\gamma_2) \cup FTV(\rho_2)$ と仮定して

$PTS(\lambda f.\lambda x.f\ (f\ x))$
  | $PTS(\lambda x.f\ (f\ x))$
  | | $PTS(f\ (f\ x))$
  | | | $PTS(f) = (\{f : \alpha_1\}, \alpha_1)$
  | | | $PTS(f\ x)$
  | | | | $PTS(f) = (\{f : \alpha_2\}, \alpha_2)$
  | | | | $PTS(x) = (\{x : \alpha_3\}, \alpha_3)$
  | | | | $\mathcal{U}(\{(\alpha_2, \alpha_3 \to \alpha_4)\}) = [\alpha_3 \to \alpha_4/\alpha_2]$
  | | | $= (\{f : \alpha_3 \to \alpha_4, x : \alpha_3\}, \alpha_4)$
  | | | $\mathcal{U}(\{(\alpha_1, \alpha_3 \to \alpha_4), (\alpha_1, \alpha_4 \to \alpha_5)\})$
  | | | $= [\alpha_3 \to \alpha_3/\alpha_1, \alpha_3/\alpha_4, \alpha_3/\alpha_5]$
  | | $= (\{f : \alpha_3 \to \alpha_3, x : \alpha_3\}, \alpha_3)$
  | $= (\{f : \alpha_3 \to \alpha_3\}, \alpha_3 \to \alpha_3)$
$= (\emptyset, (\alpha_3 \to \alpha_3) \to \alpha_3 \to \alpha_3)$

図 4.5 型推論の例

よい．またアルゴリズムの性質より，$(FTV(\gamma_1) \cup FTV(\rho_1)) \cap (FTV(\gamma_2) \cup FTV(\rho_2)) = \emptyset$ であるこを容易に確かめることができる．よって $S_1 \cup S_2$ は型変数の代入である．α を新しい型変数とし，$S_3 = (S_1 \cup S_2 \cup [\tau/\alpha])$ とすると，すべての $x \in dom(\gamma_1) \cap dom(\gamma_2)$ について $S_3(\gamma_1(x)) = S_3(\gamma_2(x)) = \Gamma(x)$ であり，また $S_3(\rho_1) = \tau_1 \to \tau$，かつ $S_3(\rho_2 \to \alpha) = \tau_1 \to \tau$ が成り立つ．以上より，S_3 は $matches(\{\gamma_1, \gamma_2\}) \cup \{(\rho_1, \rho_2 \to \alpha)\}$ の単一化である．よって，定理 4.2.1 より $\mathcal{U}(matches(\{\gamma_1, \gamma_2\}) \cup \{(\rho_1, \rho_2 \to \alpha)\}))$ は成功し，S_3 より一般的な型の代入 S を返す．アルゴリズムの定義より $PTS(e_1\ e_2) = (S(\gamma_1 \cup \gamma_2), S(\alpha))$ である．S は S_3 より一般的であるから，ある S_4 が存在し $S_4(S(\gamma_1 \cup \gamma_2)) = S_3(\gamma_1 \cup \gamma_2) \subseteq \Gamma$ かつ $S_4(S(\alpha)) = S_3(\alpha) = \tau$ である．■

図 4.5 に $\lambda f.\lambda x.f\ (f\ x)$ に対するアルゴリズム PTS の動作を示す．字下げと記号 "|" は，再帰的呼びだしの範囲を表わす．

4.2.4 型変数を含んだ λ

以上の説明では，式 e に対して推論されるものは型判定のスキーマであり，型判定そのものとは区別された．しかしながら，型の集合の定義を型変数をも含めて以下のように拡張すれば，式に対して推論される型判定スキーマも型判定そのものと見なすことができる．

$$\tau ::= \alpha \mid \cdots$$

以前のシステムの方が，型変数の意味や主要な型判定スキーマの意味がより明確であるが，型変数を含んだ型システムに対しての方が，型推論システムの定義が簡潔となる．そのため，型推論システムは，通常以上のように型変数を含んだシステムとして定義されることが多い．

$\Gamma_1 \triangleright e : \tau_1$ と $\Gamma_2 \triangleright e : \tau_2$ を型判定とする．以下の条件が成立するとき $\Gamma_1 \triangleright e : \tau_1$ は $\Gamma_2 \triangleright e : \tau_2$ より一般的であるという．

- $dom(\Gamma_1) \subseteq dom(\Gamma_2)$,
- $\forall x \in dom(\Gamma_1).S(\Gamma_1(x)) = \Gamma_2(x)$ かつ $\tau_2 = S(\tau_1)$ を満たす型の代入 S が存在する．

与えられた式 e に対して，型判定 $\Gamma_1 \triangleright e : \tau_1$ が e のすべての型判定より一般的であるとき，**主要な型判定**であるという．

型推論アルゴリズムの定義は，アルゴリズムの結果が型判定そのものになることを除いて，以前と同一である．このアルゴリズムは，任意の与えられた式に対して，もしその式が型判定を持てば，その主要な型判定を計算し，もし型を持たなければエラーを報告することを証明できる．以前同様，以下の定理が証明できる．

定理 4.2.4 もし $PTS(e) = (\Gamma, \tau)$ なら，$\Gamma \triangleright e : \tau$ は導出可能な型判定である．

定理 4.2.5 もし e が型判定 $\Gamma_0 \triangleright e : \tau_0$ を持てば，$PTS(e) = (\Gamma, \tau)$ かつ $\Gamma \triangleright e : \tau$ は $\Gamma_0 \triangleright e : \tau_0$ より一般的である．

問 4.2.1 定理 4.2.2 および定理 4.2.3 の証明を変更することによって，定理 4.2.4 お

および定理 4.2.5 を証明せよ．

4.3 種々のデータ構造への拡張

以上の型推論アルゴリズムを，これまでに導入した種々のデータ型に拡張できるか否かは，データ構造に依存する微妙な問題である．ここではデータ構造の中でも基本的な，組型とバリアント型への拡張について考える．

組型およびバリアント型を含んだ型無しラムダ式の集合と，(型変数を含む) 型の集合は以下のように与えられる．

$$e ::= c^\tau \mid x \mid \lambda x.e \mid e\,e \mid (e,\ldots,e) \mid e.i \mid \langle i = e \rangle \mid \text{case } e \text{ of } e_1,\ldots,e_n$$
$$\tau ::= t \mid b \mid \tau \to \tau \mid \tau \times \cdots \times \tau \mid \tau + \cdots + \tau$$

型付け規則は，バリアントを含む Λ と同一である．残念ながら，これまでに説明した型推論の方法を，直接このシステムに拡張することはできない．問題は，$e.i$ および $\langle i = e \rangle$ の形をした式が主要な型判定を持たないことによる．例えば，$\lambda x.x.2$ を考えてみよう．この式は，$(\tau_1 \times \tau_2 \times \cdots \times \tau_n) \to \tau_2$ の形をした無限に多くの型を持つが，それらすべてよりも一般的な型判定は存在しない．同様に $\langle i = 1 \rangle$ も $\tau_1 + \cdots + int + \cdots + \tau_n$ の形の無数の型を持つが，それらすべてよりも一般的な主要な型判定は存在しない．この問題を解決するためには，組型およびバリアント型構成子の型を推論するために十分な型情報をラムダ式に残す方法と，型スキーマの定義を洗練しより複雑な型判定の集合を表現可能にする方法の二つがある．ここでは，より簡単な前者の方法を紹介する．後者の方法は，後に多相型レコード計算のところで詳しく説明することにする．

Λ の場合は，完全なレコード型またはバリアント型を指定したが，主要な型の存在を保証するためには，それぞれの型に含まれる要素の個数を追加すれば十分である．そこで，式の集合の定義を以下のように変更する．

$$e ::= c^\tau \mid x \mid \lambda x.e \mid e\,e \mid (e,\ldots,e) \mid e.i[n] \mid (\langle i = e \rangle : n) \mid \text{case } e \text{ of } e_1,\ldots,e_n$$

追加された式に対する型付け規則は Λ の場合と同様以下のように与えられ

る．

(prod) $\dfrac{\Gamma \triangleright e_i : \tau_i \ (1 \leq i \leq n)}{\Gamma \triangleright (e_1, \ldots, e_n) : \tau_1 \times \cdots \times \tau_n}$

(proj) $\dfrac{\Gamma \triangleright e : \tau_1 \times \cdots \times \tau_n}{\Gamma \triangleright e.i[n] : \tau_i} \quad (1 \leq i \leq n)$

(inj) $\dfrac{\Gamma \triangleright e : \tau_i}{\Gamma \triangleright (\langle i = e \rangle : n) : \tau_1 + \cdots + \tau_n}$

(case) $\dfrac{\Gamma \triangleright e : \tau_1 + \cdots + \tau_n \quad \Gamma \triangleright e_i : \tau_i \to \tau \ (1 \leq i \leq n)}{\Gamma \triangleright \text{case } e \text{ of } e_1, \ldots, e_n : \tau}$

このように変更されたシステムでは，$\lambda x.x.2$ は，x の型に応じて，例えば $\lambda x.x.2[3]$ となり，主要な型判定

$$\emptyset \triangleright \lambda x.x.2[3] : t_1 \times t_2 \times t_3 \to t_2$$

を持つ．バリアントも同様である．

型の単一化アルゴリズムは，組型およびバリアント型に簡単に拡張することができる．

問 4.3.1 前に定義した型の単一化アルゴリズムでは，基底型および関数型を特別扱いしていたが，これらは系統的に $F^{r(n)}(\tau_1, \ldots, \tau_n)$ の形をした型構成子と考えることができる．$F^{r(n)}$ を，ランク n の式構成子を表わすメタ変数とし，型の単一化アルゴリズムを，以下の文法で与えられる式の集合に対するアルゴリズムに定義し直し，そのアルゴリズムに対して定理 4.2.1 を証明せよ．

$$\rho ::= t \mid F^{r(n)}(\rho_1, \ldots, \rho_n)$$

拡張されたアルゴリズムを使えば，型推論アルゴリズムは，図 4.6 のように拡張できる．さらに，この拡張されたアルゴリズムに対して，以前同様，健全性と完全性を示すことができる．

問 4.3.2 組型とバリアント型をそれぞれ二要素に限定した以下の言語を考える．

$\tau ::= \alpha \mid b \mid \tau \to \tau \mid \tau \times \tau \mid \tau + \tau$

$PTS((e_1,\ldots,e_n)) = $ let $(\gamma_i, \rho_i) = PTS(e_i)$ $(1 \leq i \leq n)$
$$S = \mathcal{U}(matches(\{\gamma_1,\ldots,\gamma_n\}))$$
in $(S(\gamma_1 \cup \cdots \cup \gamma_n), S(\rho_1) \times \cdots \times S(\rho_n))$

$PTS(e_1.i[n]) = $ let $(\gamma, \rho_1) = PTS(e_1)$
$$S = \mathcal{U}(\{(\rho_1, \alpha_1 \times \cdots \times \alpha_n)\})$$
$(\alpha_1,\ldots,\alpha_n$ は新しい型変数$)$
in $(S(\gamma), S(\alpha_i))$

$PTS(case\ e_0\ of\ e_1,\ldots,e_n) =$
  let $(\gamma_i, \rho_i) = PTS(e_i)$ $(0 \leq i \leq n)$
   $S = \mathcal{U}(matches(\{\gamma_0, \gamma_1,\ldots,\gamma_n\})$
    $\cup \{(\rho_0, \alpha_1 + \cdots + \alpha_n), (\rho_1, \alpha_1 \to \alpha),\ldots,(\rho_n, \alpha_n \to \alpha)\})$
    $(\alpha, \alpha_i(1 \leq i \leq n)$ は新しい型変数$)$
  in $(S(\gamma_1 \cup \cdots \cup \gamma_n), S(\alpha))$

$PTS((\langle i = e_1 \rangle : n)) =$
  let $(\gamma, \rho) = PTS(e_1)$
  in $(\gamma, \alpha_1 + \cdots + \alpha_{i-1} + \rho + \alpha_{i+1} + \cdots + \alpha_n)$
    $(\alpha_1,\ldots,\alpha_{i-1},\alpha_{i+1},\ldots,\alpha_n$ は新しい型変数$)$

図 4.6　組型およびバリアント型に対する型推論アルゴリズム

$e ::= c \mid x \mid \lambda x.e \mid e\ e \mid (e,e) \mid e.1 \mid e.2 \mid \langle 1 = e \rangle \mid \langle 2 = e \rangle \mid \mathit{case}\ e\ \mathit{of}\ e_1, e_2$

1. この計算系のための型システムを定義せよ．
2. この計算系の型集合の単一化アルゴリズムを定義し，そのアルゴリズムが正しいことを証明せよ．
3. この型システムに対して，健全で完全な型推論アルゴリズムを定義し，その健全性と完全性を証明せよ．

第5章　多相型言語のモデル

本章では，汎用性のあるプログラムを表現するための多相型を含んだ型システムを学ぶ．

5.1　プログラムの汎用性の表現

プログラムは，共通の構造を持つ種々のデータ型に適用可能な，汎用性を持つ場合が多い．例えば，以前定義したリストの長さを計算する関数 *length* は，仮引き数の型宣言を省略するならば，以下のように書ける．

$$fun\ length(l) = if\ (null\ l)\ then\ 0\ else\ 1 + (length\ (cdr\ l))$$

この定義は，リストの要素の型によらず同一である．したがって，種々の型のリストに適用可能である．しかしながら，これまで学んできた Λ のような単純な型システムでは，このような汎用性を表現することはできない．単純な型システムを持った言語では，仮引き数の型を *fun length(l : ilist)* のように宣言せねばならず，その関数本体の定義の持つ汎用性にもかかわらず，宣言された型のリストにしか適用できない．別の型のリストの長さを計算する必要がある場合は，型宣言のみ異なる同一のプログラムを書かなければならない．

前章の型推論の機能を使えば，*length* の型指定を省略した式から，その式の持ちうるすべての型を表現する型スキーマを推論することは可能である．例えば，第4章で解説した型推論機構を拡張し，以下のような推論を

行うシステムを構築することはそう困難ではない.

$$length : list(\alpha) \to int$$

しかしながら，型推論システムも，その基礎とする型システムが Λ の型システムであるため，定義した関数を種々の型へ適用する機構は含まれおらず，汎用なプログラムとして使用することができない.

1.4.2および3.3節で説明した通り，関数 f の定義とその後の文脈 C における利用のための文法

$$\begin{aligned}&fun\ f\ x = body;\\&C_1;\\&\vdots\\&C_n\end{aligned}$$

は，以下のようにラムダ式にコード化される.

$$(\lambda f.C_1;\cdots;C_n)\ (Y\ (\lambda f.\lambda x.body))$$

したがって，定義した関数は，同一の型の関数としてしか使用できない．例えば，上記の $length$ の定義に続く

$$\begin{aligned}&length\ [1,2,3,4]\\&length\ ["a","b","c","d"]\end{aligned}$$

のようなプログラムは，

$$\begin{aligned}&(\lambda length.length\ [1,2,3,4]; length\ ["a","b","c","d"])\\&(Y\ (\lambda length.\lambda l.if\ (null\ l)\ then\ 0\ else\ 1 + length\ (cdr\ l)))\end{aligned}$$

とコード化される．この式は，$\lambda length.$ で始まるラムダ抽象の本体のなかで，$length$ が，型が違う二通りの使われ方がされているため，Λ のような単相型システムでは型付けできない.

問 5.1.1 上式に対しては，(Y を含む) 定数の型をどのように選んでも，λ の型推論システムでは型を推論できないことを確認せよ.

以上の分析から明らかな通り，Λ の型システムでモデル化される単純な型システムを持つ言語は，プログラムの汎用性を表現する能力がなく，汎用性あるアルゴリズムであっても，種々のデータ型に適用する必要がある場合，同一の動作をする関数の定義をそれぞれの型に対して書く必要がある．一方，LISP やアセンブリ言語のような型無し言語では，$length$ のような汎用な手続きを自由に書くことができるが，それら言語は，本書で強調してきた静的型システムの利点を享受できない．静的型システムの利点を損なうことなく，汎用性のあるプログラムを定義し種々の型に対して利用する機構があれば，プログラムコードの組織的な再利用が可能となり，プログラム開発の効率や補修性の大幅な向上が期待できる．この問題を解決するために提案された機構が，プログラムの**多相性**（polymorphism）の理論である．多相性とは，種々の型に適用可能なプログラムの汎用性を表わす型理論上の用語である．多相性を型として表現したものが，**多相型**（polymorphic type）である．この概念は，Strachey[55] によって提唱され，プログラミング言語の基本概念として定着した．これに対して，これまで学んできた Λ の型システムのような，プログラムが一通りの使われ方しかできないような型システムは，**単相型システム**（monomorphic type system）と呼ばれる．Λ や，それに対応する型推論システムである λ も単相型システムを持つ言語である．

多相型の概念を理解するために，リスト型を使って，プログラムの持ちうる汎用性を分析してみよう．そのために，リスト型構成子 $list$ を導入し，要素の型を τ とするリスト型を $list(\tau)$ と書くことにする．3.2 節で解説した再帰的データ型を用いれば，$list(\tau)$ は以下のように定義できる．

$$list(\tau) = \mu\alpha.unit + (\tau \times \alpha)$$

しかし，多相性の分析にとって，$list(\tau)$ の内部構造は問題ではないので，ここでは，$list(\tau)$ を，他の型とは異なる新しい型として扱う．以前導入したリストを扱う基本演算 $nil, null, cons, car, cdr$ は，要素の型が何であっても同一の動作をする汎用性のある関数である．この性質は，これら関数が，任意の型 τ に対して，以下のような型を持つことに対応する．

$$nil : list(\tau)$$

$$null : list(\tau) \to bool$$
$$cons : \tau \times list(\tau) \to list(\tau)$$
$$car : list(\tau) \to \tau$$
$$cdr : list(\tau) \to list(\tau)$$

これら基本操作を用いて定義したリスト処理関数も，汎用性のあるものが多いが，それら関数の汎用性も同様に型の性質として表現できる．例えば上で説明したように，関数 *length* は，任意の型 τ に対して，以下の型を持つ．

$$length : list(\tau) \to int$$

問 5.1.2 λ では，定数は唯一の型を持つことが要求されていた．リスト型を操作する基本演算 *nil, null, cons, car, cdr* に対して，この制約を緩和し，λ の型システムに以下の公理を追加して得られる型推論システムを考える．

(nil) $\Gamma \triangleright nil : list(\tau)$ (τ は任意)

(null) $\Gamma \triangleright null : list(\tau) \to bool$ (τ は任意)

(cons) $\Gamma \triangleright cons : \tau \times list(\tau) \to list(\tau)$ (τ は任意)

(car) $\Gamma \triangleright car : list(\tau) \to \tau$ (τ は任意)

(cdr) $\Gamma \triangleright cdr : list(\tau) \to list(\tau)$ (τ は任意)

この型システムでは，任意の型 τ に対して，型判定

$$\Gamma \triangleright length : list(\tau) \to int$$

が導出できることを確かめよ．

length が複数の型を持つという性質は，論理学における全称記号を用いれて以下のように表現できる．

$$\forall \tau.(length : list(\tau) \to int)$$

ここで τ は任意の型を代表するメタ変数として使用されている．型の多相性の理論は，型の集合を動く変数と限量子を型システムの内部に導入し，関数の持つこの多相性を，それ自身型として以下のように表現するシステムで

ある.

$$length : \forall t.list(t) \to int$$

ここで t は**型変数**であり，$\forall t.\tau$ は，「すべての t について τ の性質を持つ」ことを意味し，これ自身型である．この形をした型を多相型または**二階の型**（second-order types）と呼ぶ．多相型を含んだラムダ計算は，等価なシステムが Girard[21] と Reynolds[47] によって独立に提案され，現在**多相型ラムダ計算**（polymorphic lambda calculus）あるいは**二階のラムダ計算**（second-order lambda calculus）と呼ばれている．本章では，この多相型ラムダ計算の理論，および多相型ラムダ計算に制限を加え型推論機構と統合した，ML の型システムの理論を解説する．

5.2　多相型ラムダ計算 $\Lambda^\forall$

多相型ラムダ計算 $\Lambda^\forall$ を定義する．t を可算無限個の型変数の集合を表わすメタ変数とする．$\Lambda^\forall$ の型の集合は，メタ変数 σ を使って，以下の文法で与えられる．

$$\sigma ::= t \mid \sigma \to \sigma \mid \forall t.\sigma$$

$\forall t.\sigma$ は，t を適当な型で置き換えて得られる種々の型として使用可能な多相型である．後に説明するように，多相型ラムダ計算では，Λ で明示的に導入されていた int などの種々の基底型は，定義可能である．

型 σ に含まれる自由型変数の集合 $FTV(\sigma)$ を以下のように定義する．

$$FTV(t) = \{t\}$$
$$FTV(\sigma_1 \to \sigma_2) = FTV(\sigma_1) \cup FTV(\sigma_2)$$
$$FTV(\forall t.\sigma) = FTV(\sigma) \setminus \{t\}$$

この定義からも分かるように，構文 $\forall t.\sigma$ は，型変数 t を束縛する．束縛型変数も束縛変数であるから，ラムダ変数同様，型の代入の際には，型変数の意図しない捕獲が起きないよう束縛型変数の名前の付け替えが必要となる．

必要な技術は，ラムダ式の代入と同一である．そこで，以前，束縛変数に関して導入した束縛変数に関する約束を，束縛型変数に対しても適用する．すなわち，以下の性質を仮定する．

　　型の表記においては，束縛型変数はすべて互いに異なり，かつ自由型
　　変数とも異なり，さらにこの性質は型の代入によっても保存される．

この約束のもとで，型 σ の中の自由型変数 t に型 σ' を代入して得られる型 $[\sigma'/t]\sigma$ の定義を以下のように与えることができる．

$$[\sigma'/t]t' = t'$$
$$[\sigma'/t]t = \sigma'$$
$$[\sigma'/t](\sigma_1 \to \sigma_2) = [\sigma'/t]\sigma_1 \to [\sigma'/t]\sigma_2$$
$$[\sigma'/t]\forall t'.\sigma = \forall t'.[\sigma'/t]\sigma$$

多相型ラムダ計算の式の集合は以下の文法で与えられる．

$$M ::= x \mid \lambda x : \sigma.M \mid M\,M \mid \lambda t.M \mid M\,\sigma$$

$\lambda t.M$ は，M の中の型変数 t を抽象し多相型を持つ式を生成する**型抽象**，$M\,\sigma$ は多相型を持つ式 M の型変数を型 σ として使用するための**型適用**である．5.5 節で説明するように，種々の基底型の原子定数や基底型上の基本演算は，$\Lambda^\forall$ 内で定義可能である．$\lambda x : \tau.M$ および $\lambda t.M$ はそれぞれ x および t を束縛する．型と同様，式は，これら二種類の束縛変数の名前の付け替えによって生成される同値関係の同値類とみなし，式に対しても，束縛変数に関する約束を仮定する．

　式 M の中の自由型変数の集合を $FTV(M)$ と書く．$FTV(M)$ の定義は以下の通りである．

$$FTV(x) = \emptyset$$
$$FTV(\lambda x : \sigma.M) = FTV(\sigma) \cup FTV(M)$$
$$FTV(M_1\,M_2) = FTV(M_1) \cup FTV(M_2)$$
$$FTV(\lambda t.M) = FTV(M) \setminus \{t\}$$

$$FTV(M\ \sigma) = FTV(M) \cup FTV(\sigma)$$

束縛変数の約束のもとでは，M の中の自由な型変数 t に型 σ を代入して得られる式 $[\sigma/t]M$ は以下のように定義される．

$$[\sigma/t]x = x$$
$$[\sigma/t]\lambda x : \sigma_0.M = \lambda x : [\sigma/t]\sigma_0.[\sigma/t]M$$
$$[\sigma/t](M_1\ M_2) = ([\sigma/t]M_1\ [\sigma/t]M_2)$$
$$[\sigma/t]\lambda t_0.M = \lambda t_0.[\sigma/t]M$$
$$[\sigma/t](M\ \sigma_0) = [\sigma/t]M\ [\sigma/t]\sigma_0$$

以降，この二つの定義を，型環境などの型や式を含む文法構造にも適用する．すなわち，X が型を含む構文であれば，$[\sigma/t]X$ は X の中の型 σ' を $[\sigma/t]\sigma'$ で置き換えて得られる構文を表わす．

式 M 中の自由変数の集合 $FV(M)$，および M_2 の中の自由変数 x に M_1 を代入して得られる式 $[M_1/x]M_2$ の定義はそれぞれ以下の通りである．

$$FV(x) = \{x\}$$
$$FV(\lambda x : \sigma.M) = FV(M) \setminus \{x\}$$
$$FV(M_1\ M_2) = FV(M_1) \cup FV(M_2)$$
$$FV(\lambda t.M) = FV(M)$$
$$FV(M\ \sigma) = FV(M)$$

$$[N/x]x = N$$
$$[N/x]y = y\ (x \neq y)$$
$$[N/x](\lambda y : \tau.M) = \lambda y : \tau.[N/x]M$$
$$[N/x](M_1\ M_2) = [N/x]M_1\ [N/x]M_2$$
$$[N/x](\lambda t.M) = \lambda t.[N/x](M)$$
$$[N/x](M\ \sigma) = [N/x](M)\ \sigma$$

(var)　　　$\Gamma \rhd x : \sigma$　　　($\Gamma(x) = \sigma$ のとき)

(abs)　　　$\dfrac{\Gamma\{x : \sigma_1\} \rhd M_1 : \sigma_2}{\Gamma \rhd \lambda x : \sigma_1.\, M_1 : \sigma_1 \to \sigma_2}$

(app)　　　$\dfrac{\Gamma \rhd M_1 : \sigma_1 \to \sigma_2 \quad \Gamma \rhd M_2 : \sigma_1}{\Gamma \rhd M_1\, M_2 : \sigma_2}$

(tabs)　　　$\dfrac{\Gamma \rhd M : \sigma}{\Gamma \rhd \lambda t.M : \forall t.\sigma}$　　$(t \notin FTV(\Gamma))$

(tapp)　　　$\dfrac{\Gamma \rhd M : \forall t.\sigma_1}{\Gamma \rhd M\, \sigma_2 : [\sigma_2/t]\sigma_1}$

図 5.1 多相型ラムダ計算の型判定導出システム

問 5.2.1 束縛変数に関する約束を仮定せず，型の代入 $[\sigma/t]M$ およびラムダ式の代入 $[N/x]M$ のそれぞれの定義を与えよ．

　$\Lambda^\forall$ の型システムは，以前同様，

$$\Gamma \rhd M : \sigma$$

の形をした型判定の導出システムとして定義される．ここで，Γ は，変数の部分集合から型への関数である型環境である．図 5.1に型付け規則の集合を与える．最初三つの規則は Λ のものと同一である．規則 (tabs) は，多相関数を生成するためのものである．この規則における $t \notin FTV(\Gamma)$ という条件は，型変数を抽象する際，t に関してなにも仮定されていないことを要求するものである．例えば，$\{x : t\} \rhd x : t$ においては，型環境で x が t であると仮定されているから $\forall t.t$ を導出することはできない．これに対して，$\emptyset \rhd \lambda x : t.x : t \to t$ においては，t が仮定に現われないため，(tabs) 規則を使って t を抽象することによって，$\emptyset \rhd \lambda t.\lambda x : t.x : \forall t.t \to t$ を導出できる．規則 (tabs) に関するこの条件は，述語論理学における $\forall x.P(x)$ の形をした全称命題を導出するときの条件と同一である．規則 (tapp) は，多相関数から，その抽象された型変数に特定の型を代入し，特殊化された型を持つ

関数を生成するための規則である．この規則から理解されるように，多相関数は，型を引数として取る関数と理解することができる．この型システムを用いて型判定 $\Gamma \rhd M : \sigma$ が導出できるとき $\Lambda^\forall \vdash \Gamma \rhd M : \sigma$ と書く．

以上定義した $\Lambda^\forall$ では，型抽象と型適用を用いることにより，種々の多相型関数を定義し，それを種々の型に適用することができる．例えば，汎用恒等関数は，$\Lambda^\forall$ では以下のように定義できる．

$$ID = \lambda t.\lambda x : t.x$$

この関数は以下の型判定を持つ．

$$\Lambda^\forall \vdash \emptyset \rhd ID : \forall t.t \to t$$

したがって，例えば，以下の型無しラムダ式で表わされる汎用関数の定義とその利用

$$let\ ID = \lambda x.x;$$
$$ID\ 3;$$
$$ID\ true$$

は以下の $\Lambda^\forall$ の式で表現できる．

$$(\lambda ID : \forall t.t \to t.ID\ int\ 3; ID\ bool\ true)(\lambda t.\lambda x : t.x)$$

多相型を持つ適当な定数を仮定すれば，本章の冒頭に挙げた $length$ などの汎用関数も多相関数として定義することができる．

問 5.2.2 以下の多相型を持つ定数が与えられていると仮定する．

$$nil : \forall t.list(t)$$
$$null : \forall t.list(t) \to bool$$
$$cons : \forall t.t \times list(t) \to list(t)$$
$$car : \forall t.list(t) \to t$$
$$cdr : \forall t.list(t) \to list(t)$$
$$Y : \forall t.(t \to t) \to t$$

これを用いて，以下の型宣言のないプログラムを，$\Lambda^\forall$ の式として表わせ．

> *fun length l* = *if* (*null l*) *then* 0 *else* $1 + length$ (*cdr l*);
> *length* $[1, 2, 3, 4]$;
> *length* $["a", "b", "c", "d"]$

$\Lambda^\forall$ に対しても Λ で証明した型システムの基本的な性質に関する補題 2.2.1，2.2.2，2.2.3，2.2.4，2.2.5 が成立する．さらに型変数に関して，以下の補題が成り立つ．

補題 5.2.1　$\Lambda^\forall \vdash \Gamma \triangleright M : \sigma$ なら $FTV(\sigma) \subseteq FTV(M) \cup FTV(\Gamma)$

証明　式 M の構造に関する帰納法による．∎

これらは，$\Lambda^\forall$ の種々の性質を証明する上でしばしば使用される．

問 5.2.3　$\Gamma \triangleright M : \sigma$, $t \notin (FTV(\Gamma) \cup FTV(\sigma))$ かつ $t \in FTV(M)$ となる t が存在するような式 M の例を挙げよ．
　$\Lambda^\forall \vdash \Gamma \triangleright M : \sigma$ かつ $t \notin (FTV(\Gamma) \cup FTV(\sigma))$ なら，任意の σ' に対して，$\Lambda^\forall \vdash \Gamma \triangleright [\sigma'/t]M : \sigma$ であることを示せ．

Λ 同様以下の代入補題が証明できる．

補題 5.2.2　もし $\Lambda^\forall \vdash \Gamma\{x : \sigma_1\} \triangleright M : \sigma_2$ かつ $\Lambda^\forall \vdash \Gamma \triangleright N : \sigma_1$ なら，$\Lambda^\forall \vdash \Gamma \triangleright [N/x]M : \sigma_2$ である．

証明　式 M の構造に関する帰納法により．以下 $\lambda t.M_1$, $M_1\,\sigma$ について証明する．他のケースは Λ の場合と同様であるので，練習問題とする．

$\lambda t.M_1$ の場合．型システムの定義より，ある σ が存在して，$\Lambda^\forall \vdash \Gamma\{x : \sigma_1\} \triangleright M_1 : \sigma$ かつ $\sigma_2 = \forall t.\sigma$ である．帰納法の仮定より，$\Lambda^\forall \vdash \Gamma \triangleright [N/x]M_1 : \sigma$ が成り立つ．束縛型変数の約束より $t \notin FTV(\Gamma)$ である．(束縛変数の約束を仮定しなければ，一般に，$t \notin FTV(\Gamma)$ はいえないことに注意.) 規則 (tabs) より，$\Lambda^\forall \vdash \Gamma \triangleright \lambda t.[N/x]M_1 : \forall t.\sigma$ である．

$M_1\,\sigma_0$ の場合．型システムの定義より，ある σ が存在して，$\Lambda^\forall \vdash \Gamma\{x : \sigma_1\} \triangleright M_1 : \forall t.\sigma$, かつ $\sigma_2 = [\sigma_0/t]\sigma$ である．帰納法の仮定より，$\Lambda^\forall \vdash \Gamma \triangleright [N/x]M_1 : \forall t.\sigma$ が成り立つ．規則 (tapp) より，$\Lambda^\forall \vdash \Gamma \triangleright ([N/x]M_1)\,\sigma_0 : \sigma_2$

である．■

さらに，型に関する代入補題も成り立つ．

補題 5.2.3 もし $\Lambda^\forall \vdash \Gamma \triangleright M : \sigma_1$ かつ $t \notin FTV(\Gamma)$ なら，$\Lambda^\forall \vdash \Gamma \triangleright [\sigma_2/t]M : [\sigma_2/t]\sigma_1$ である．

証明 以下のより一般的な命題を式 M の構造に関する帰納法で示す．

もし $\Lambda^\forall \vdash \Gamma \triangleright M : \sigma_1$ なら $\Lambda^\forall \vdash [\sigma_2/t]\Gamma \triangleright [\sigma_2/t]M : [\sigma_2/t]\sigma_1$ である．

以下，式 $\lambda x : \sigma.M_1$, $\lambda t.M_1$, $M\,\sigma$ について証明する．他のケースは練習問題とする．

$\lambda x : \sigma_1^1.M_1$ の場合．型システムの定義より，ある σ_1^2 があって $\sigma_1 = \sigma_1^1 \to \sigma_1^2$ かつ $\Lambda^\forall \vdash \Gamma\{x : \sigma_1^1\} \triangleright M_1 : \sigma_1^2$ である．帰納法の仮定より，$\Lambda^\forall \vdash [\sigma_2/t](\Gamma\{x : \sigma_1^1\}) \triangleright [\sigma_2/t]M_1 : [\sigma_2/t]\sigma_1^2$ である．$[\sigma_2/t](\Gamma\{x : \sigma_1^1\}) = ([\sigma_2/t]\Gamma)\{x : [\sigma_2/t]\sigma_1^1\}$ であるから，規則 (abs) より，$\Lambda^\forall \vdash [\sigma_2/t]\Gamma \triangleright \lambda x : [\sigma_2/t]\sigma_1^1.[\sigma_2/t]M_1 : [\sigma_2/t]\sigma_1^1 \to [\sigma_2/t]\sigma_1^2$ である．

$\lambda t'.M_1$ の場合．型システムの定義より，ある σ_1^1 があって，$\sigma_1 = \forall t'.\sigma_1^1$, $t' \notin FTV(\Gamma)$, かつ $\Lambda^\forall \vdash \Gamma \triangleright M_1 : \sigma_1^1$ である．帰納法の仮定より，$\Lambda^\forall \vdash [\sigma_2/t]\Gamma \triangleright [\sigma_2/t]M_1 : [\sigma_2/t]\sigma_1^1$ である．束縛型変数の約束より，$t' \notin FTV(\sigma_2)$ と仮定してよい．すると $t' \notin FTV([\sigma_2/t]\Gamma)$ であるから，規則 (tabs) より，$\Lambda^\forall \vdash [\sigma_2/t]\Gamma \triangleright \lambda t'.[\sigma_2/t]M_1 : \forall t'.[\sigma_2/t]\sigma_1^1$ である．

$M_1\,\sigma_0$ の場合．型システムの定義よりある $\forall t'.\sigma_1^1$ があって，$\sigma_1 = [\sigma_0/t']\sigma_1^1$, かつ $\Lambda^\forall \vdash \Gamma \triangleright M_1 : \forall t'.\sigma_1^1$ である．帰納法の仮定および束縛型変数の約束より，$\Lambda^\forall \vdash [\sigma_2/t]\Gamma \triangleright [\sigma_2/t]M_1 : \forall t'.[\sigma_2/t]\sigma_1^1$ である．規則 (tapp) より，$\Lambda^\forall \vdash [\sigma_2/t]\Gamma \triangleright [\sigma_2/t]M_1\,([\sigma_2/t]\sigma_0) : [([\sigma_2/t]\sigma_0)/t']([\sigma_2/t]\sigma_1^1)$ である．しかるに束縛型変数の約束より $t' \notin FTV(\sigma_2)$ であるから，$[([\sigma_2/t]\sigma_0)/t']([\sigma_2/t]\sigma_1^1) = [\sigma_2/t]([\sigma_0/t']\sigma_1^1)$ である．■

問 5.2.4 $t_1 \notin FTV(\sigma_3)$ なら，$[\sigma_3/t_2]([\sigma_2/t_1]\sigma_1) = [([\sigma_3/t_2]\sigma_2)/t_1]([\sigma_3/t_2]\sigma_1)$ であることを証明せよ．

5.3 $\Lambda^\forall$ の表示的意味論

Λ の場合は，型の意味を集合と解釈し，型の意味領域を型の構造に関して再帰的に構成していくことによって，自然な数学的なモデルを簡単に構成することができた．しかしそのような単純な集合論的な領域の再帰的な構築によって $\Lambda^\forall$ のモデルを構築するのは困難である．その主な原因は，$\Lambda^\forall$ の型の集合の**非叙述的** (impredicative) な性質にある．非叙述的とは，ある構造が，その構造全体に依存して定義される部分を含んでいるような構造をさす論理学上の用語である．非叙述的構造に集合論的な意味を与えようとすると矛盾が生じることが知られている．$\forall t.\sigma$ は，その使用され方をみれば，直感的には，任意の型 σ_1 に対して，型 $[\sigma_1/t]\sigma$ を返す型の関数と考えられる．したがって，$\forall t.\sigma$ の意味は，型を引き数とする関数を要素として含むような領域と考えられる．しかしながら，$\forall t.\sigma$ 自身も型であるからこの直感的な解釈は，非叙述的な構造を持つ．

問 5.3.1 非叙述的な構造の代表的な例は，Russel の逆理として知られる「自分自身を要素として含まない集合の集合」という概念である．この概念が矛盾を引き起こす原因は，「集合全体」を集合とすることによる．もしそのような集合 Set が存在するなら，集合 A から集合 B への関数の集合を B^A と書くと，当然

$$\{true, false\}^{Set} \subseteq Set$$

が成立するはずであるが，これは矛盾である．より一般的に，A を空でない任意の集合，B を二つ以上の要素を含む集合とし，$B^A \subseteq A$ と仮定すると矛盾が生じる．これを確かめよ．

$Types$ を $\Lambda^\forall$ の型の集合とする．$Types$ の各要素 σ を集合 A^σ と解釈し，$A^{\forall t.\sigma}$ を，$Types$ から $\bigcup_\sigma A^\sigma$ への関数 f で $f(\sigma_1) \in A^{[\sigma_1/t]\sigma}$ を満たすものの集合とすると，上記と同様矛盾が生じることを示せ．

実際，$\Lambda^\forall$ は集合論的なモデルを持たないことが，Reynolds[46] によって証明されている．$\Lambda^\forall$ の意味領域の定義は，この矛盾が生じないような構造とする必要がある．$\Lambda^\forall$ の表示的意味論の一般的な枠組みの定義は，文献 [5] や [3] で与えられた．これら二つの文献の定義は，本書で定義した $\Lambda^\forall$ の意味論としては等価である．以下，その意味論の定義を紹介する．

5.3 $\Lambda^\forall$ の表示的意味論

Λ の場合と違い $\Lambda^\forall$ の型の集合は，変数を含んだ一つの言語であり，独立した意味のある型そのものではなく，より抽象的な型の表現ととらえるべきである．そこで，$\Lambda^\forall$ の型の意味を，意味関数を用いて定義する．**多相的型代数** $\mathcal{T}$ を以下の要素からなる構造とする．

$$\mathcal{T} = (T, [T \Rightarrow T], \Rightarrow, \forall)$$

ここで各要素は以下の条件を満たす．

- T は空でない集合．
- $[T \Rightarrow T]$ は T から T への関数の空でない集合．
- $\Rightarrow$ は T 上の二項演算子．
- $\forall$ は $[T \Rightarrow T]$ から T への関数．

以上の各要素の直感的な意味は以下の通りである．T は型の意味の空間を表わす．$[T \Rightarrow T]$ は，多相型が表現する型上の関数に対応する．多相型 $\forall t.\sigma$ は，σ_1 を $[\sigma_1/t]\sigma$ へ移す写像を表現していると解釈できる．そこで，型の意味領域 T は，T から T への関数をも含むような構造である必要がある．しかし，T が，型から型への関数すべてを含むとすると，T の定義においてすでに矛盾を生じてしまう．そこで，多相型の可能な意味を，型から型への特定な関数集合に限定する必要がある．集合 $[T \Rightarrow T]$ は，そのような限定された集合である．$\forall$ は，それら多相型を表現する型から型への関数を，型に変換する関数である．$[T \Rightarrow T]$ を適当に選ぶことにより，矛盾ない型のモデルを構築できる．

$\mathcal{T}$ 環境 η を型変数の集合から T への関数とする．$\Lambda^\forall$ の型に対して以下の意味の再帰的定義が可能であるとき，$\mathcal{T}$ を $\Lambda^\forall$ の型のモデルと呼ぶ．

1. $\mathcal{T}[\![t]\!]\eta = \eta(t)$
2. $\mathcal{T}[\![\sigma_1 \to \sigma_2]\!]\eta = \mathcal{T}[\![\sigma_1]\!]\eta \Rightarrow \mathcal{T}[\![\sigma_1]\!]\eta$
3. $\mathcal{T}[\![\forall t.\sigma]\!]\eta = \forall(\lambda\alpha \in T.\mathcal{T}[\![\sigma]\!]\eta\{t:\alpha\})$

$[T \Rightarrow T]$ の取り方によっては，上記の 3. の定義が可能であるとは限らない．「再帰的定義が可能である」という条件は，任意の σ と任意の η に対して，

関数 $\lambda \alpha \in T.\mathcal{T}[\![\sigma]\!]\eta\{t:\alpha\}$ が常に $[T \Rightarrow T]$ の中に入っていることである．

以下の二つの補題が簡単に示せる．

補題 5.3.1　任意の $t \in FTV(\sigma)$ について，$\eta_1(t) = \eta_2(t)$ なら，

$$\mathcal{T}[\![\sigma]\!]\eta_1 = \mathcal{T}[\![\sigma]\!]\eta_2$$

が成り立つ．

補題 5.3.2　$\mathcal{T}[\![\sigma_1]\!]\eta\{t:\mathcal{T}[\![\sigma_2]\!]\eta\} = \mathcal{T}[\![[\sigma_2/t]\sigma_1]\!]\eta$

問 5.3.2　補題 5.3.1 と 5.3.2 を証明せよ．

$\Lambda^\forall$ の型のモデル $\mathcal{T}$ 上の**多相的作用構造** $\mathcal{P}$ を以下の要素からなる構造と定義する．

$$\mathcal{P} = (\mathcal{T}, \boldsymbol{D}, \boldsymbol{Apply}, \boldsymbol{Inst})$$

ここで，各要素は以下の条件を満たす．

- $\mathcal{T}$ は $\Lambda^\forall$ の型のモデルである．
- $\boldsymbol{D}$ は T の要素で添え字付けられた集合の集合 $\{D^\alpha | \alpha \in T\}$ である．
- $\boldsymbol{Apply}$ は，Λ の場合と同様，T の要素の組で添え字付けられた以下のような関数の集合である．

$$\{Apply^{\alpha,\beta} : D^{\alpha \Rightarrow \beta} \times D^\alpha \to D^\beta | \alpha, \beta \in T\}$$

- $\boldsymbol{Inst}$ は，$[T \Rightarrow T]$ の要素で添え字付けられた以下のような関数の集合である．

$$\{Inst_\phi : D^{\forall(\phi)} \times T \to \bigcup_\alpha D^{\phi(\alpha)} | \phi \in [T \Rightarrow T], Inst_\phi(f, \alpha) \in D^{\phi(\alpha)}\}$$

多相的作用構造 $\mathcal{P}$ が外延的であるのは，以下の性質が成り立つときである．

1. 任意の $\alpha, \beta \in T$，任意の $f, g \in D^{\alpha \Rightarrow \beta}$ について，もし任意の $d \in D^\alpha$ について $Apply^{\alpha,\beta}(f, d) = Apply^{\alpha,\beta}(g, d)$ なら $f = g$ である．

2. 任意の $\phi \in [T \Rightarrow T]$, 任意の $f, g \in D^{\forall(\phi)}$ について，もし任意の $\alpha \in T$ について $Inst_\phi(f, \alpha) = Inst_\phi(g, \alpha)$ なら $f = g$ である．

外延的な多相的作用構造が，$\Lambda^\forall$ を解釈する意味領域の候補である．

$\mathcal{T}$ を $\Lambda^\forall$ の型のモデル，$\mathcal{P}$ を $\mathcal{T}$ 上の多相的作用構造，Γ を任意の型環境，η を任意の $\mathcal{T}$ 環境とする．$\mathcal{P}$ 環境 ρ を変数の部分集合から $\bigcup_{\alpha \in T} D^\alpha$ への関数とする．$\mathcal{P}$ 環境 ρ が $dom(\rho) = dom(\Gamma)$ かつ任意の $x \in dom(\Gamma)$ について $\rho(x) \in D^{\mathcal{T}[\![\Gamma(x)]\!]\eta}$ を満たすとき ρ は $\eta(\Gamma)$ を満たすといい $\rho \models \eta(\Gamma)$ と書く．

外延的な多相的作用構造 $\mathcal{P}$ に対して，以下の $\Lambda^\forall$ の式の意味の再帰的定義が可能であるとき，$\mathcal{P}$ を $\Lambda^\forall$ のモデルと呼ぶ．

1. $\mathcal{P}[\![\Gamma \triangleright x : \sigma]\!]\eta\rho = \rho(x)$.
2. $\mathcal{P}[\![\Gamma \triangleright \lambda x : \sigma_1.M : \sigma_1 \to \sigma_2]\!]\eta\rho$ は，$\alpha = \mathcal{T}[\![\sigma_1]\!]\eta$, $\beta = \mathcal{T}[\![\sigma_2]\!]\eta$ としたとき，以下の条件を満たす $D^{\alpha \Rightarrow \beta}$ の要素 f．

$$\forall d \in D^\alpha. Apply^{\alpha, \beta}(f, d) = \mathcal{P}[\![\Gamma\{x : \sigma_1\} \triangleright M : \sigma_2]\!]\eta\rho\{x : d\}$$

3. $\mathcal{P}[\![\Gamma \triangleright M_1\ M_2 : \sigma]\!]\eta\rho$
  $= Apply^{\mathcal{T}[\![\sigma_1]\!]\eta, \mathcal{T}[\![\sigma]\!]\eta}(\mathcal{P}[\![\Gamma \triangleright M_1 : \sigma_1 \to \sigma]\!]\eta\rho, \mathcal{P}[\![\Gamma \triangleright M_2 : \sigma_1]\!]\eta\rho)$
4. $\mathcal{P}[\![\Gamma \triangleright \lambda t.M_1 : \forall t.\sigma]\!]\eta\rho$ は，$\phi = \lambda \alpha \in T. \mathcal{T}[\![\sigma]\!]\eta\{t : \alpha\}$ としたとき，以下の条件を満たす $D^{\forall \phi}$ の要素 f．

$$\forall \alpha \in T. Inst_\phi(f, \alpha) = \mathcal{P}[\![\Gamma \triangleright M_1 : \sigma]\!]\eta\{t : \alpha\}\rho$$

5. $\mathcal{P}[\![\Gamma \triangleright M_1\ \sigma_0 : \sigma]\!]\eta\rho = Inst_\phi(\mathcal{P}[\![\Gamma \triangleright M_1 : \forall t.\sigma_1]\!]\eta\rho, \mathcal{T}[\![\sigma_0]\!]\eta)$ ここで $\sigma = [\sigma_0/t]\sigma_1$ かつ $\phi = \lambda \alpha \in T. \mathcal{T}[\![\sigma_1]\!]\eta\{t : \alpha\}$．

3. および 5. の σ_1 は，式によって一意に決まるから，式の意味は，もし存在するなら，一意である．

問 5.3.3 上記の意味定義は，型が正しいことを示せ．すなわち，$\Lambda^\forall \vdash \Gamma \triangleright M : \sigma$ なら，$\mathcal{P}[\![\Gamma \triangleright M : \sigma]\!]\eta\rho \in D^{\mathcal{T}[\![\sigma]\!]\eta}$ が成り立つことを示せ．

以上定義したモデルの概念は，Λ のモデルの概念の自然な拡張とみなすことができる．文献 [5] では，Λ で行ったと同様に，$\Lambda^\forall$ に対しても項モデルを

構成することができることを示している．また，文献 [3] では，具体的なモデルの構築に関する一般的な手法が与えられている．しかしながら，以上のモデルの定義を満たす，$\Lambda^\forall$ の文法構造によらないより自然な数学的なモデルの構築は，そう簡単な問題ではない．$\Lambda^\forall$ のモデルを構築するためには，すべての多相型を解釈するのに十分な要素を含む型関数の部分集合 $[T \Rightarrow T]$ を含んでいるような型の意味領域 T を作らなければならない．McCracken[34] は，Scott[51] の $\mathcal{P}\omega$ 領域理論に基づく型の意味論を用いて，そのような数学的構造を構築し，$\Lambda^\forall$ の最初の数学的モデルであるクロージャモデルを与えた．その詳細にわたる定義は本書の範囲を越えるので，ここでは，Scott[51] によって示されている $\mathcal{P}\omega$ の構造の中で，$\Lambda^\forall$ のモデル構築の中核となる構造の概要を述べるにとどめる．

$\Lambda^\forall$ の多相型 $\forall t.\sigma$ は，直感的には，型を引き数とする関数に対応する．型は値の集合に対応する．そこで，$\Lambda^\forall$ のモデルを構築するためには，値の集合がそれ自身値で表現可能な意味領域が存在すると都合がよい．Scott はそのような構造を，包含関係 ($\subseteq$) で順序付けられた自然数の集合の集合 $\mathcal{P}\omega = \{x | x \subseteq N\}$ を用いて構築した．$\mathcal{P}\omega$ には，最小元があり，かつ任意の部分集合が最小上界を持つから，CPO である．以前同様，$\mathcal{P}\omega$ から $\mathcal{P}\omega$ への連続関数の集合を $[\mathcal{P}\omega \to \mathcal{P}\omega]$ と書くことにする．$\mathcal{P}\omega$ と $[\mathcal{P}\omega \to \mathcal{P}\omega]$ を互いに変換しあう関数が定義できる．それらを定義するために，まず自然数の組および自然数の有限集合を以下のようにコード化する．

$$(n, m) = \frac{1}{2}(n+m)(n+m+1) + m$$
$$\{n_1, \ldots, n_m\} = \Sigma_{1 \leq i \leq m} 2^{n_i} \text{ ただし } n_1 < n_2 < \cdots < n_m \text{ とする}$$

このコード化を用いると，$\mathcal{P}\omega$ の要素を $[\mathcal{P}\omega \to \mathcal{P}\omega]$ の要素に変換する関数

$$\mathbf{Fun} \in \mathcal{P}\omega \to [\mathcal{P}\omega \to \mathcal{P}\omega]$$

および $[\mathcal{P}\omega \to \mathcal{P}\omega]$ の要素を $\mathcal{P}\omega$ の要素に変換する関数

$$\mathbf{Graph} \in [\mathcal{P}\omega \to \mathcal{P}\omega] \to \mathcal{P}\omega$$

を以下のように定義する.

$$\mathbf{Fun}(u)(x) = \{m | \exists e_n \subseteq x \, ((n,m) \in u)\}$$
$$\mathbf{Graph}(f) = \{(n,m) | m \in f(e_n)\}$$

ここで (n,m) は n と m の組を表わすコードをあらわし, e_n はコード n が表わす有限集合である. この変換関数に関して以下の性質が証明できる.

命題 5.3.1 ● $\mathbf{Fun}$ と $\mathbf{Graph}$ は連続関数である.
- 任意の $f \in [\mathcal{P}\omega \to \mathcal{P}\omega]$ について, $\mathbf{Fun}(\mathbf{Graph}(f)) = f$.
- 任意の $x \in \mathcal{P}\omega$ について, $x \sqsubseteq \mathbf{Graph}(\mathbf{Fun}(x))$.

$\mathbf{Fun}$ と $\mathbf{Graph}$ を用いて, $\mathcal{P}\omega$ 上に以下のように作用構造を定義できる.

$$Apply^{\mathcal{P}\omega, \mathcal{P}\omega}(x, y) = (\mathbf{Fun}(x)) \, y$$

本節では, 記法上の繁雑さを避けるために, 以下の略記法を導入する.

$$a \, b = (\mathbf{Fun}(a))(b)$$
$$a \circ b = \lambda x \in \mathcal{P}\omega. a \, (b \, x)$$

さらに, 型無しラムダ項 $\lambda x.e$ で, 関数 $\lambda x \in \mathcal{P}\omega.e$ に対応する $\mathcal{P}\omega$ の要素を表わすことにする.

$\mathcal{P}\omega$ は, 種々のラムダ式で表現しうる可能な値すべてを含む**全体領域**である. Scott はさらに, この領域が, 種々の型そのものも, その領域の要素として表現可能であることを示した. $\mathcal{P}\omega$ は全体領域であるから, 型は, 共通な性質をもった $\mathcal{P}\omega$ の特定の部分集合に相当するはずである. Scott は, 共通の性質を表現する一つの方法として, 型を, 以下二つの性質を持つ ($\mathcal{P}\omega$ の要素で表現される) 関数の値域と考えることを提案した.

1. $f = f \circ f$
2. $\lambda x.x \sqsubseteq f$

この二つの性質をもつ $\mathcal{P}\omega$ の要素を**クロージャ**と呼び, クロージャの集合を $\mathbf{Cls}$ と書く. $a \in \mathbf{Cls}$ の値域は a の不動点の集合であるから, a を型とみな

したとき，それが表現する領域 D^a は $\{x|ax=x\}$ と定義可能である．

この型の概念は，ラムダ計算の型システムにとって必須な，関数型を表現可能である．a,b を与えられたクロージャとし，

$$(a \Rightarrow b) = \lambda x.b \circ x \circ a$$

と定義する．すると $a \Rightarrow b$ もクロージャであり，かつ，$(a \Rightarrow b)(f) = f$ であれば，$\forall x \in D^a.f\,x \in D^b$ が成立することを示すことができる．したがって，関数型構成子 $\Rightarrow \in \mathbf{Cls} \times \mathbf{Cls} \to \mathbf{Cls}$ が存在する．さらに，$D^{a \Rightarrow b} \cong [D^a \to D^b]$ であることを示すことができる．以上の構造により，通常の関数型とその要素である関数を，すべて $\mathcal{P}\omega$ の要素として解釈することができる．

問 5.3.4 $a,b \in \mathbf{Cls}$ であれば，$a \Rightarrow b \in \mathbf{Cls}$ であることを示せ．$f \in \mathcal{P}\omega$ が $b \circ f \circ a = f$ を満たせば $\forall x \in D^a.f\,x \in D^b$ となることを示せ．

以上の構造に加えて，$\mathcal{P}\omega$ は，多相型とその要素をも $\mathcal{P}\omega$ の要素として解釈することができる．以下本節では，型ということばを，「共通な性質を持った $\mathcal{P}\omega$ の中の部分集合の表現」という意味で用いる．クロージャを型と解釈すると，型は $\mathcal{P}\omega$ の部分集合を表現していると同時に，それ自身 $\mathcal{P}\omega$ の要素であるという特徴をもつ．したがって，型を引き数として取る多相関数は，$\mathcal{P}\omega$ の要素を受け取る関数として表現可能である．さらに，クロージャ全体を表現するクロージャ C があれば，型全体の集合がそれ自身型で表現できることになり，したがって，型を引き数とする関数の集まりを表現する多相型もクロージャで表現できるはずである．そのような C の満たすべき条件を考えてみよう．一般に，クロージャ f は，D^f の要素以外の $\mathcal{P}\omega$ の要素 x に対しては，$x \sqsubseteq y$ である D^f の要素 y を返す．すると，C は，f がクロージャであれば f 自身を返し，クロージャでなければ $f \sqsubseteq g$ であるクロージャ g を返すような関数であるはずである．以上のヒントから，以下の要素 C が，型全体を表現するクロージャの条件を満たすことが分かる．

$$C = \lambda f.\lambda x.Y(\lambda z.x \sqcup (f\,z))$$

ここで Y は $\mathcal{P}\omega$ 上の最小不動点演算子である．

問 5.3.5 上で定義した C は，

$$D^C = \mathbf{Cls}$$

を満たすことを証明せよ．

C は型の型に対応する．したがって型から型への関数 f は $D^{(C \Rightarrow C)}$ の要素として表現可能である．$\forall t.\sigma$ を $\lambda t.\sigma$ なる型から型への関数とみなし，この関数に対応する $\mathcal{P}\omega$ の中の要素を f とする．D^C が型の集合を表現しているから，f は $D^{(C \Rightarrow C)}$ の要素である．したがって，多相型 $\forall t.\sigma$ が表現する集合の要素 F の満たすべき条件は，任意の型 $a \in D^C$ を受け取って，型 $f\,a$ が表現する集合の要素を返す関数である．すなわち，F の満たすべき条件は，

$$F\,a \in D^{f\,a}$$

である．このような関数の集合を表現するクロージャが，多相型 $\forall t.\sigma$ の意味である．以下のクロージャがこの条件を満たす．

$$\lambda F \lambda a.(f\,(C\,a))\,(F\,(C\,a))$$

以上の議論において，関数はすべて $\mathcal{P}\omega$ 上の関数として扱ったが，各々の型に応じて $\mathcal{P}\omega$ の部分集合上に制限された関数を考えることによって，$\Lambda^\forall$ のモデルを構築できる．McCracken[34] は，$\mathcal{P}\omega$ の以上の構造を利用し $\Lambda^\forall$ のモデルを構築した．

5.4 $\Lambda^\forall$ の公理的意味論および簡約関係

$\Lambda^\forall$ に対しても公理的意味論および簡約関係を定義し，Λ に対して示した基本的性質を示すことができる．

$\Lambda^\forall$ の公理的意味論を定義するには，Λ の公理的意味論に型抽象および型適用に関する規則を追加すればよい．$\lambda t.M$ は型を引き数とする型関数，$M\,\sigma$ は型関数の型への適用と考えられるから，これらに対して，Λ における (β), (η), (ξ), (μ) に相当する規則 (type β), (type η), (type μ), (type ξ) を追加すればよい．$\Lambda^\forall$ の公理的意味論を図 5.2 に与える．

(β) $\quad \Gamma \triangleright (\lambda x : \sigma.M)N = [N/x]M : \sigma$

(η) $\quad \Gamma \triangleright \lambda x : \sigma.M\ x = M : \sigma \quad (x \notin FV(M))$

$(\text{type } \beta)$ $\quad \Gamma \triangleright (\lambda t.M)\ \sigma_1 = [\sigma_1/t]M : \sigma_2$

$(\text{type } \eta)$ $\quad \Gamma \triangleright \lambda t.M\ t = M : \sigma \quad (t \notin FTV(M))$

(μ) $\quad \dfrac{\Gamma \triangleright M_1 = M_1' : \sigma_1 \to \sigma_2 \quad \Gamma \triangleright N_1 = N_2 : \sigma_1}{\Gamma \triangleright M_1\ N_1 = M_2\ N_2 : \sigma_2}$

(ξ) $\quad \dfrac{\Gamma\{x : \sigma_1\} \triangleright M = N : \sigma_2}{\Gamma \triangleright \lambda x : \sigma_1.M = \lambda x : \sigma_1.N : \sigma_1 \to \sigma_2}$

$(\text{type } \mu)$ $\quad \dfrac{\Gamma \triangleright M_1 = M_1' : \forall t.\sigma}{\Gamma \triangleright M_1\ \sigma_1 = M_2\ \sigma_1 : [\sigma_1/t]\sigma}$

$(\text{type } \xi)$ $\quad \dfrac{\Gamma \triangleright M = N : \sigma}{\Gamma \triangleright \lambda t.M = \lambda t.N : \forall t.\sigma} \quad (t \notin FTV(\Gamma))$

(addvar) $\quad \dfrac{\Gamma \triangleright M = N : \sigma}{\Gamma\{x : \sigma_1\} \triangleright M = N : \sigma} \quad (x \notin (FV(M) \cup FV(N)))$

(remvar) $\quad \dfrac{\Gamma\{x : \sigma_1\} \triangleright M = N : \sigma}{\Gamma \triangleright M = N : \sigma} \quad (x \notin FV(M) \cup FV(N))$

(ref) $\quad \Gamma \triangleright M = M : \sigma$

(sym) $\quad \dfrac{\Gamma \triangleright M = N : \sigma}{\Gamma \triangleright N = M : \sigma}$

(trans) $\quad \dfrac{\Gamma \triangleright M = N : \sigma \quad \Gamma \triangleright N = P : \sigma}{\Gamma \triangleright M = P : \sigma}$

図 5.2 多相型ラムダ計算の公理的意味論

5.4 $\Lambda^\forall$ の公理的意味論および簡約関係

Λ の場合と同様，$\Lambda^\forall$ の公理的意味論は健全かつ完全であることを示すことができる．ここでは，健全性のみを示す．完全性定理の証明は，例えば，文献 [5] を参照されたい．

以下の補題が成立する．

補題 5.4.1 $\Lambda^\forall \vdash \Gamma_1 \triangleright M : \tau$，$\Lambda^\forall \vdash \Gamma_2 \triangleright M : \tau$，$\mathcal{T}$ を $\Lambda^\forall$ の型モデル，$\mathcal{P}$ を $\mathcal{T}$ 上の $\Lambda^\forall$ のモデルとする．η_1, η_2 を $\mathcal{T}$ 環境，ρ_1, ρ_2 を，それぞれ $\rho_1 \models \eta_1(\Gamma_1)$，$\rho_2 \models \eta_2(\Gamma_2)$ を満たす $\mathcal{P}$ 環境とする．任意の $t \in FTV(M) \cup FTV(\tau)$ に対して $\eta_1(t) = \eta_2(t)$ かつ任意の $x \in FV(M)$ に対して $\rho_1(x) = \rho_2(x)$ なら

$$\mathcal{P}[\![\Gamma_1 \triangleright M : \tau]\!]\eta_1\rho_1 = \mathcal{P}[\![\Gamma_2 \triangleright M : \tau]\!]\eta_2\rho_2$$

である．

問 5.4.1 補題 5.4.1 を証明せよ．

これの補題を使い，以下の二つの代入補題が証明できる．

補題 5.4.2 $\mathcal{P}$ を，$\Lambda^\forall$ の型のモデル $\mathcal{T}$ 上のモデル，η を $\mathcal{T}$ 環境，ρ を $\eta(\Gamma)$ を満たす $\mathcal{P}$ 環境とし，$\Lambda^\forall \vdash \Gamma\{x:\sigma_1\} \triangleright M : \sigma_2$，$\Lambda^\forall \vdash \Gamma \triangleright N : \sigma_1$，かつ $a = \mathcal{P}[\![\Gamma \triangleright N : \sigma_1]\!]\eta\rho$ とする．以下の等式が成立する．

$$\mathcal{P}[\![\Gamma\{x:\sigma_1\} \triangleright M : \sigma_2]\!]\eta\rho\{x:a\} = \mathcal{P}[\![\Gamma \triangleright [N/x]M : \sigma_2]\!]\eta\rho$$

証明 式 M の構造に関する帰納法により証明する．以下，$\lambda t.M_0$ と $M\sigma_0$ の場合のみ証明する．他の場合は，Λ の場合と同様に証明できる．

$\lambda t.M_0$ の場合．型付け規則より，ある σ_0 が存在して $\sigma_2 = \forall t.\sigma_0$，$\Gamma\{x:\sigma_1\} \triangleright M_0 : \sigma_0$，$t \notin FTV(\Gamma\{x:\sigma_1\})$ である．$\alpha \in \mathcal{T}$ を任意の要素とする．束縛型変数の約束より，$t \notin FTV(\Gamma)$ であるから，ρ は $\eta\{t:\alpha\}(\Gamma)$ を満たす．また補題 5.4.1 より，$a = \mathcal{P}[\![\Gamma \triangleright N : \sigma_1]\!]\eta\{t:\alpha\}\rho$ である．よって，帰納法の仮定より，

$$\mathcal{P}[\![\Gamma\{x:\sigma_1\} \triangleright M_0 : \sigma_2]\!]\eta\{t:\alpha\}\rho\{x:a\} = \mathcal{P}[\![\Gamma \triangleright [N/x]M_0 : \sigma_0]\!]\eta\{t:\alpha\}\rho$$

である．これが任意の α について成立するから，意味の定義およびモデル

の外延性の条件より，

$$\mathcal{P}[\![\Gamma\{x:\sigma_1\} \triangleright \lambda t.M_0 : \sigma_2]\!]\eta\rho\{x:a\} = \mathcal{P}[\![\Gamma \triangleright \lambda t.[N/x]M_0 : \sigma_0]\!]\eta\rho$$

である.

$M_0\ \sigma_0$ の場合．型付け規則より，ある σ_3 が存在して $\sigma_2 = [\sigma_0/t]\sigma_3$, $\Gamma\{x:\sigma_1\} \triangleright M_0 : \forall t.\sigma_3$ である．帰納法の仮定より，

$$\mathcal{P}[\![\Gamma\{x:\sigma_1\} \triangleright M_0 : \forall t.\sigma_3]\!]\eta\rho\{x:a\} = \mathcal{P}[\![\Gamma \triangleright [N/x]M_0 : \forall t.\sigma_3]\!]\eta\rho$$

である．意味の定義より，

$$\mathcal{P}[\![\Gamma\{x:\sigma_1\} \triangleright M_0\ \sigma_0 : \sigma_2]\!]\eta\rho\{x:a\} = \mathcal{P}[\![\Gamma \triangleright [N/x]M_0\ \sigma_0 : \sigma_2]\!]\eta\rho$$

が成り立つ．■

補題 5.4.3 $\mathcal{P}$ を，$\Lambda^\forall$ の型のモデル $\mathcal{T}$ 上の任意のモデル，η を任意の $\mathcal{T}$ 環境，$\alpha = \mathcal{T}[\![\sigma_0]\!]\eta$, ρ を $\eta\{t:\alpha\}(\Gamma)$ を満たす任意の $\mathcal{P}$ 環境とする．もし $\Lambda^\forall \vdash \Gamma \triangleright M : \sigma$ なら，以下の等式が成立する．

$$\mathcal{P}[\![\Gamma \triangleright M : \sigma]\!]\eta\{t:\alpha\}\rho = \mathcal{P}[\![[\sigma_0/t]\Gamma \triangleright [\sigma_0/t]M : [\sigma_0/t]\sigma]\!]\eta\rho$$

証明 補題 5.3.2 より，ρ は $\eta([\sigma_0/t]\Gamma)$ を満たす．よって左辺の意味も定義されている．両辺が等しいことを M の構造に関する帰納法により証明する．以下に $\lambda x:\sigma_1.M_1$ と $\lambda t.M_1$ の場合を示し，その他の場合は練習問題とする．$\lambda x:\sigma_1.M_1$ の場合．型付け規則より，ある σ_2 があって，$\sigma = \sigma_1 \to \sigma_2$ かつ $\Lambda^\forall \vdash \Gamma\{x:\sigma_1\} \triangleright M_1 : \sigma_2$ である．$d \in D^{\mathcal{T}[\![\sigma_1]\!]\eta\{t:\alpha\}}$ を任意の要素とすると $\rho\{x:d\}$ は $\eta\{t:\alpha\}(\Gamma\{x:\sigma_1\})$ を満たす．よって，帰納法の仮定より，

$$\mathcal{P}[\![\Gamma\{x:\sigma_1\} \triangleright M_1 : \sigma_2]\!]\eta\{t:\alpha\}\rho\{x:d\}$$
$$= \mathcal{P}[\![[\sigma_0/t]\Gamma\{x:[\sigma_0/t]\sigma_1\} \triangleright [\sigma_0/t]M_1 : [\sigma_0/t]\sigma_2]\!]\eta\rho\{x:d\}$$

が成立する．$\lambda x:\sigma_1.M_1$ の意味の定義およびモデルの外延性の条件より，

$$\mathcal{P}[\![\Gamma \triangleright \lambda x:\sigma_1.M_1 : \sigma_1 \to \sigma_2]\!]\eta\{t:\alpha\}\rho$$

$$= \mathcal{P}[\![[\sigma_0/t]\Gamma \triangleright \lambda x:[\sigma_0/t]\sigma_1.[\sigma_0/t]M_1 : [\sigma_0/t]\sigma_1 \to [\sigma_0/t]\sigma_2]\!]\eta\rho$$

が成立する．

$\lambda t.M_1$ の場合．型付け規則より，ある σ_2 があって，$\sigma = \forall t_1.\sigma_2$, $t_1 \notin FTV(\Gamma)$ かつ $\Lambda^\forall \vdash \Gamma \triangleright M_1 : \sigma_2$ である．$\beta \in \mathcal{T}$ を任意の要素とする．$t_1 \notin FTV(\Gamma)$ であるから，ρ は $\eta\{t_1:\beta\}\{t:\alpha\}(\Gamma)$ も満たす．よって帰納法の仮定より，

$$\mathcal{P}[\![\Gamma \triangleright M_1 : \sigma_2]\!]\eta\{t_1:\beta\}\{t:\alpha\}\rho$$
$$= \mathcal{P}[\![[\sigma_0/t]\Gamma \triangleright [\sigma_0/t]M_1 : [\sigma_0/t]\sigma_2]\!]\eta\{t_1:\beta\}\rho$$

が成立する．$\lambda t_1.M_1$ の意味の定義およびモデルの外延性の条件よりより，

$$\mathcal{P}[\![\Gamma \triangleright \lambda t_1.M_1 : \forall t_1.\sigma_2]\!]\eta\{t:\alpha\}\rho$$
$$= \mathcal{P}[\![[\sigma_0/t]\Gamma \triangleright \lambda t_1.[\sigma_0/t]M_1 : \forall t_1.[\sigma_0/t]\sigma_2]\!]\eta\rho$$

が成立する．■

問 5.4.2 補題 5.4.3の M_1 σ_0 の場合には，補題 5.3.2を使用することに注意して，他の場合を証明し補題の証明を完成せよ．

Λ のときと同様，$\Lambda^\forall$ の型のモデル $\mathcal{T}$ 上のモデル $\mathcal{P}$ が等式 $\Gamma \triangleright M = N : \sigma$ を満たす条件を，任意の $\mathcal{T}$ 環境 η および $\eta(\Gamma)$ を満たす任意の $\mathcal{P}$ 環境 ρ のもとで

$$\mathcal{P}[\![\Gamma \triangleright M : \sigma]\!]\eta\rho = \mathcal{P}[\![\Gamma \triangleright N : \sigma]\!]\eta\rho$$

が成立することと定義し，

$$\mathcal{P} \models \Gamma \triangleright M = N : \sigma$$

と書く．さらに，任意のモデルが等式 $\Gamma \triangleright M = N : \sigma$ を満たすとき，$\Gamma \triangleright M = N : \sigma$ は恒真であるといい，

$$\models \Gamma \triangleright M = N : \sigma$$

と書くことにする．以下の定理が成り立つ．

定理 5.4.1 ($\Lambda^\forall$ の公理的意味論の健全性)　もし $\Lambda^\forall \vdash \Gamma \triangleright M = N : \sigma$ なら $\models \Gamma \triangleright M = N : \sigma$ である.

証明　各公理が恒真であり，各推論規則が恒真性を保存することを示せばよい．(type β) と (type η) の場合のみを示し，他は練習問題とする．

以下，$\mathcal{T}$ を任意の $\Lambda^\forall$ の型モデル，$\mathcal{P}$ を $\mathcal{T}$ 上の任意のモデルとし，η を任意の $\mathcal{T}$ 環境，ρ を $\eta(\Gamma)$ を満たす任意の $\mathcal{P}$ 環境とする．

(type β) の場合．$\Lambda^\forall \vdash \Gamma \triangleright (\lambda t.M_1)\,\sigma_1 : \sigma$ とする．型付け規則より，ある σ_2 があって，$\sigma = [\sigma_1/t]\sigma_2$, $t \notin FTV(\Gamma)$，かつ $\Lambda^\forall \vdash \Gamma \triangleright M_1 : \sigma_2$ である．$\phi = \lambda \alpha \in T.\mathcal{T}[\![\sigma_2]\!]\eta$ と置く．意味の定義より，

$$\mathcal{P}[\![\Gamma \triangleright (\lambda t.M_1)\,\sigma_1 : \sigma]\!]\eta\rho = Inst_\phi(\mathcal{P}[\![\Gamma \triangleright (\lambda t.M_1) : \forall t.\sigma_2]\!]\eta\rho, \mathcal{T}[\![\sigma_1]\!]\eta)$$
$$= \mathcal{P}[\![\Gamma \triangleright M_1 : \sigma_2]\!]\eta\{t : \mathcal{T}[\![\sigma_1]\!]\eta\}\rho$$

である．補題 5.4.3 より，

$$\mathcal{P}[\![\Gamma \triangleright M_1 : \sigma_2]\!]\eta\{t : \mathcal{T}[\![\sigma_1]\!]\eta\}\rho = \mathcal{P}[\![\Gamma \triangleright [\sigma_1/t]M_1 : [\sigma_1/t]\sigma_2]\!]\eta\rho$$

よって

$$\mathcal{P}[\![\Gamma \triangleright (\lambda t.M_1)\,\sigma_1 : \sigma]\!]\eta\rho = \mathcal{P}[\![\Gamma \triangleright [\sigma_1/t]M_1 : \sigma]\!]\eta\rho$$

が成り立つ．

(type η) の場合．$\Lambda^\forall \vdash \Gamma \triangleright \lambda t.M_1\,t : \sigma$ と仮定し

$$F = \mathcal{P}[\![\Gamma \triangleright \lambda t.M_1\,t : \sigma]\!]\eta\rho$$

とおく．型付け規則より，ある σ_1 があって，$\sigma = \forall t.\sigma_1$, $t \notin FTV(\Gamma)$，かつ $\Lambda^\forall \vdash \Gamma \triangleright M_1\,t : \sigma$ である．また，型保存の定理（定理 5.4.3）より $\Lambda^\forall \vdash \Gamma \triangleright M_1 : \sigma$ である．α を T の任意の要素し，$\phi = \lambda \alpha \in T.\mathcal{T}[\![\sigma_1]\!]\eta\{t : \alpha\}$ とおく．以下の等式が成り立つ．

$$Inst_\phi(F, \alpha) = \mathcal{P}[\![\Gamma \triangleright M_1\,t : \sigma_1]\!]\eta\{t : \alpha\}\rho$$
$$= Inst_\phi(\mathcal{P}[\![\Gamma \triangleright M_1 : \sigma]\!]\eta\{t : \alpha\}\rho, \mathcal{T}[\![t]\!]\eta\{t : \alpha\})$$

$$= Inst_\phi(\mathcal{P}[\![\Gamma \triangleright M_1 : \sigma]\!]\eta\{t:\alpha\}\rho, \alpha)$$
$$= Inst_\phi(\mathcal{P}[\![\Gamma \triangleright M_1 : \sigma]\!]\eta\rho, \alpha)$$

α は任意にとったから，モデルの外延性の条件より

$$\mathcal{P}[\![\Gamma \triangleright \lambda t.M_1\ t : \sigma]\!]\eta\rho = \mathcal{P}[\![\Gamma \triangleright M_1 : \sigma]\!]\eta\rho$$

が成り立つ．■

$\Lambda^\forall$ の簡約関係は，Λ の簡約関係に型抽象および型適用に関する規則を追加することによって得られる．$\Lambda^\forall$ の 1 ステップ簡約関係を図 5.3 に与える．$\Lambda^\forall$ の簡約関係は 1 ステップ簡約関係の反射的推移的閉包である．

Λ の場合と同様，この簡約関係に対して以下の二つの基本定理が成り立つ．

定理 5.4.2 (合流性) $\Lambda^\forall \vdash \Gamma \triangleright M : \tau$ なる式 M に対して，$M \stackrel{*}{\longrightarrow} N_1$ かつ $M \stackrel{*}{\longrightarrow} N_2$ なる二式 N_1, N_2 が存在すれば，$N_1 \stackrel{*}{\longrightarrow} P$ かつ $N_2 \stackrel{*}{\longrightarrow} P$ となる式 P が存在する．

この証明は本書の範囲を越えるので省略する．

定理 5.4.3 (型保存定理) もし $\Lambda^\forall \vdash \Gamma \triangleright M : \sigma$ でかつ $M \stackrel{*}{\longrightarrow} N$ なら $\Lambda^\forall \vdash \Gamma \triangleright N : \sigma$ である．

証明 各簡約公理が型を保存することを示せばよい．(type-β) と (type-η) 以外は Λ の場合と同様であるので，練習問題とする．

(type-β) の場合．$\Lambda^\forall \vdash \Gamma \triangleright (\lambda t.M_1)\ \sigma_1 : \sigma$ とする．型システムの定義より，ある σ_2 があって，$\sigma = [\sigma_1/t]\sigma_2$, $\Lambda^\forall \vdash \Gamma \triangleright M_1 : \sigma_2$, かつ $t \notin FTV(\Gamma)$ である．補題 5.2.3 より $\Lambda^\forall \vdash \Gamma \triangleright [\sigma_1/t]M_1 : [\sigma_1/t]\sigma_2$, すなわち $\Lambda^\forall \vdash \Gamma \triangleright [\sigma_1/t]M_1 : \sigma$ である．

(type-η) の場合．$\Lambda^\forall \vdash \Gamma \triangleright \lambda t.M_1\ t : \sigma$ かつ $t \notin FTV(M_1)$ とする．型システムの定義より，ある σ_2 があって，$\sigma = \forall t.\sigma_2$, $\Lambda^\forall \vdash \Gamma \triangleright M_1\ t : \sigma_2$, かつ $t \notin FTV(\Gamma)$ である．型システムの定義より，ある σ_3 があって，$\sigma_2 = [t/t']\sigma_3$, $\Lambda^\forall \vdash \Gamma \triangleright M_1 : \forall t'.\sigma_3$ である．しかるに，$t \notin FTV(M_1)$ であるから，補題

簡略公理

(β)　　　　$(\lambda x : \sigma.M)\ N \Longrightarrow [N/x]M$

(η)　　　　$\lambda x : \sigma.Mx \Longrightarrow M$　　$(x \notin FV(M))$

(type-β)　$(\lambda t.M)\ \sigma \Longrightarrow [\sigma/t]M$

(type-η)　$\lambda t.M\ t \Longrightarrow M$　　$(t \notin FTV(M))$

簡約関係

(axiom)　$\dfrac{M \Longrightarrow N}{M \longrightarrow N}$　　（関係 $\Longrightarrow$ は $(\beta), (\eta), (fst), (snd)$ のいずれか）

(ξ_1)　$\dfrac{M \longrightarrow N}{\lambda x : \sigma.M \longrightarrow \lambda x : \sigma.N}$

(ξ_2)　$\dfrac{M \longrightarrow N}{\lambda t.M \longrightarrow \lambda t.N}$

(μ_1)　$\dfrac{M \longrightarrow N}{M\ P \longrightarrow N\ P}$

(μ_2)　$\dfrac{M \longrightarrow N}{P\ M \longrightarrow P\ N}$

(μ_3)　$\dfrac{M \longrightarrow N}{M\ \sigma \longrightarrow N\ \sigma}$

図 5.3　$\Lambda^\forall$ の 1 ステップ簡約関係

5.2.1 より，$t \notin FTV(\sigma_3)$. よって，$\forall t'.\sigma_3 = \sigma$ である． ∎

Λ 同様 $\Lambda^\forall$ の簡約システムも強正規性を持つが，その証明はやや繁雑なので，省略する．興味ある読者は，例えば文献 [22, 2] などを参照せよ．

5.5 種々のデータ構造の表現

Λ の型システムでは，種々のデータ構造そのものは計算系の内部では定義できず，これらを表現するためには基底型および基底型を持つ適当な定数を導入する必要があった．しかし多相型システムを持つ $\Lambda^\forall$ では，それら型や定数関数を表現可能である．以下，再帰関数を除く第 1 章で定義した種々のデータ構造が，何ら定数を仮定せずに $\Lambda^\forall$ の中で定義可能であることを示す．

5.5.1 論理型および自然数型

第 1 章で説明したように，論理型データ B は，その値に応じて，二つの式 M_1, M_2 のどちらかを選ぶ機能と見なすことができ，

$$B\ M_1\ M_2$$

の形で使用する関数と考えることができる．この式の結果は M_1 か M_2 のどちらかであるから，この二つの式は同一の型を持つはずである．そこで，M_1, M_2 の型を τ とすると，B の型は

$$B : \tau \to \tau \to \tau$$

であるはずである．以上から，Λ で仮定した基底型 bool は，任意の型 τ に対して $\tau \to \tau \to \tau$ として使用できる型と解釈できる．そこで，$\Lambda^\forall$ での bool 型の表現 $BOOL$ を以下のように定義する．

$$BOOL = \forall t.t \to t \to t$$

実際に，この型が論理値の型の表現になっていることを確かめることができる．$BOOL$ 型は，意味の等しくない以下の二つの閉じたラムダ式を持つ．

$$TRUE = \lambda t.\lambda x:t.\lambda y:t.x$$

$$FALSE = \lambda t.\lambda x:t.\lambda y:t.y$$

これら二つは，第 1 章で定義した $true, flase$ を表現する型無しラムダ式に，その使われ方を正確に表現する型情報を加えた式と考えることができる．任意の $\Gamma \triangleright M_1 : \tau$ と $\Gamma \triangleright M_2 : \tau$ に対して以下の等式が成立する

$$\Gamma \triangleright (TRUE\ \tau)\ M_1\ M_2 = M_1 : \tau$$

$$\Gamma \triangleright (FALSE\ \tau)\ M_1\ M_2 = M_2 : \tau$$

逆に $BOOL$ 型を持つ式の意味は $TRUE$ か $FALSE$ のいずれかであることを示すことができる．この性質は意味論的な議論により，一般的な性質の特殊な場合として示すことができるが，ここではより簡単な構文論的な以下の性質を示す．

命題 5.5.1 $\Lambda^\forall \vdash \emptyset \triangleright M : BOOL$ なる正規形のラムダ式 M は $TRUE$ と $FALSE$ の二つだけである．

証明 M を $\emptyset \triangleright M : \forall t.t \to t \to t$ なる任意のラムダ式とする．$\Lambda^\forall$ に対する補題 2.2.2 より，$FV(M) = \emptyset$ である．しかるに閉じた正規形のラムダ式 M は一般に以下の形で表現できる．

$$M = \Lambda_1 \ldots \Lambda_n.xA_1 \ldots A_m$$

ここで Λ_i は λt または $\lambda x : \sigma$ であり A_i は正規なラムダ式かまたは型である．M の型の形から，n は高々 3 である．$n = 0$ の閉じた式は存在しない．$n = 1$ の閉じた式は $\lambda x : \tau.x$ のみであり，$\forall t.t \to t \to t$ の型となり得ない．同様に $n = 2$ の場合は $\Lambda_1 = \lambda t$ かつ $\Lambda_2 = \lambda x_1 : \tau_1$ の場合と，$\Lambda_1 = \lambda x_1 : \tau_1$ かつ $\Lambda_2 = \lambda x_2 : \tau_2$ の場合のいずれかであるが，いずれの場合も $\forall t.t \to t \to t$ の型を持ち得ない．したがって，$n = 3$ で，かつ $\Lambda_1 = \lambda t$，$\Lambda_2 = \lambda x_1 : t$，$\Lambda_3 = \lambda x_2 : t$ でなければならない．x_1, x_2 のみからなり型が t である式は

x_1 または x_2 しかあり得ない．したがって $M = \lambda t.\lambda x : t.\lambda y : t.x$ または $M = \lambda t.\lambda x : t.\lambda y : t.y$ である．■

問 5.5.1　1.4節を参考に，以上の構成を $n(n > 0)$ 個のデータを含む数え上げ型 $Enum(n)$ を定義し，その処理関数 $Switch$ を定義せよ．

$Enum(1)$ を持つ閉じた式で意味の異なるものは一つしかないことを証明せよ．

以上と同様な議論により，自然数型 nat とその定数および基本演算を定義できる．第1章で説明したように，自然数 n は，任意の組 (z, h) に対して以下の性質を持つラムダ式 C_n で表現できる．

$$C_0 \ h \ Z = Z$$
$$C_{n+1} \ h \ Z = h(C_n \ h \ z)$$

以上の性質を持てば，C_n の実際の構造が何であれ，自然数としてふるまうはずである．演算の結果の型を τ とすると，各 C_n は以下の型を持つはずである．（これを確認せよ．）

$$C_n : (\tau \to \tau) \to \tau \to \tau$$

任意の型 τ に対して以上の性質を持つ式が自然数の表現と解釈できるから，$\Lambda^\forall$ における型 nat の表現 NAT を以下のように定義できる．

$$NAT = \forall t.(t \to t) \to t \to t$$

NAT 型を持つ閉じたラムダ式は，以下のような形をした式であることを示すことができる．

$$C_n = \lambda t.\lambda f : t \to t.\lambda x : t.\underbrace{f(\cdots (f \ x) \cdots)}_{n}$$

これは，第1章で定義した自然数を表現する型無しラムダ式に，その使われ方を正確に表現する型情報を加えた式と考えることができる．

問 5.5.2　C が $\emptyset \triangleright C : \forall t.(t \to t) \to t \to t$ でありかつ正規形であれば，ある n があって，$C = C_n$ であることを証明せよ．

問 **5.5.3** 第 1 章での定義を参考に，以下の関数を表現する閉じたラムダ式を定義し，その型が正しいこと，およびそれらの式の公理的意味論が意図する演算を表現していることを示せ．

- 0 か否かのテスト演算：$IS\_ZERO : NAT \to BOOL$
- 加算：$PLUS : NAT \to NAT \to NAT$
- 乗算：$MULTIPLY : NAT \to NAT \to NAT$
- 指数演算：$EXP : NAT \to NAT \to NAT$

5.5.2 一般の項代数の表現

以上の議論は，一般の項代数に一般化可能である．

ランクがそれぞれ $k_1, \ldots, k_n$ である構成子 $f_1^{r(k_1)}, \ldots, f_n^{r(k_n)}$ から生成される (単ソート) 代数 Σ を考える．ただし定数はランク 0 の構成子と見なす．自然数における議論を一般化すれば，Σ は以下の型で表現できるはずである．

$$\forall t.((\underbrace{(t \to \cdots t \to t)}_{k_1} \to t)) \to \cdots \to ((\underbrace{(t \to \cdots t \to t)}_{k_n} \to t)) \to t$$

ただし，$k_i = 0$ なら $((\underbrace{(t \to \cdots t \to t)}_{k_i} \to t)) = t$ とする．この型を持つ閉じた正規形の $\Lambda^\forall$ の式は，以下の形をした式であることが証明できる．

$$\lambda t.\lambda f_1^{r(k_1)} : ((\underbrace{(t \to \cdots t \to t)}_{k_1} \to t)). \ldots .\lambda f_n^{r(k_n)} : ((\underbrace{(t \to \cdots t \to t)}_{k_n} \to t)).M$$

ここで M は以下の文法で生成される任意の式である．

$$S ::= f^{r(0)} \mid f^{r(k)} \underbrace{S \cdots S}_{k}$$

例として，要素の型が τ であるリスト $list(\tau)$ を定義する．リストデータは以下の構成子で生成されるデータである．

$$Nil : list(\tau)$$

$$Cons : \tau \to list(\tau) \to list(\tau)$$

例えば a_1, a_2, a_3 を τ 型の要素とし，a_1, a_2, a_3 からなるリストを $[a_1, a_2, a_3]$

と書くと，それは以下のように表現できる．

$$[a_1, a_2, a_3] = Cons\ a_1\ (Cons\ a_2\ (Cons\ a_3\ Nil))$$

したがって，$\Lambda^\forall$ では，型 τ を持つリストの型は以下のように表現可能である．

$$list(\tau) = \forall t.t \to (\tau \to t \to t) \to t$$

Nil と $Cons$ は以下のように定義できる．

$Nil\ \ \ =\ \ \ \lambda t.\lambda nil : t\lambda cons : \tau \to t \to t.nil$

$Cons\ \ \ =\ \ \ \lambda elm : \tau.\lambda l : list(\tau).\lambda t.\lambda nil : t.\lambda cons : \tau \to t \to t.$
$\qquad\qquad cons\ elm\ (l\ t\ nil\ cons)$

この表現によって，種々のリスト上の関数を表現できる．例えば，リストの長さを計算する関数 $LENGTH$ は，以下のように定義できる．

$$LENGTH = \lambda L : list(\tau).L\ NAT\ C_0\ (\lambda x : \tau.\lambda y : NAT.PLUS\ y\ C_1)$$

問 5.5.4 リスト処理関数 Car, Cdr を定義せよ．

問 5.5.5 $a_1, \ldots, a_n$ を τ 型の閉じた式とする．

$$\emptyset \triangleright LENGTH\ [a_1, \ldots, a_n] = C_n : NAT$$

であることを示せ．

以上の議論はすべての τ に対して成り立つから，以上の構築における τ を型変数 t_0 で置き換え，さらに t_0 を抽象すると多相型リスト $\forall t_0.list(t_0)$ および以下の多相型リスト処理関数をうる．

$PolyNil\ \ \ =\ \ \ \lambda t_0.\lambda t.\lambda nil : t\lambda cons : t_0 \to t \to t.nil$

$PolyCons\ \ \ =\ \ \ \lambda t_0.\lambda elm : t_0.\lambda l : list(t_0).\lambda t.\lambda nil : t.\lambda cons : t_0 \to t \to t.$
$\qquad\qquad cons\ elm\ (l\ t\ nil\ cons)$

問 5.5.6 $PolyNil$ および $PolyCons$ の型判定の導出を計算し，以下の型判定が成

り立つことを示せ．

$$\Lambda^\forall \vdash \emptyset \triangleright PolyNil : \forall t.list(t)$$
$$\Lambda^\forall \vdash \emptyset \triangleright PolyCons : \forall t.t \to list(t) \to list(t)$$

問 5.5.7 以下の関数を定義せよ．

- 自然数のリストの総和を求める関数．

$$SUM : list(NAT) \to NAT$$

- 要素の型が τ であるリスト L と型 $\tau \to \sigma$ の関数 f を受け取り，L の各要素に f を適用して得られるリストを返す関数．

$$MAPCAR : \forall t.\forall t'.list(t) \to (t \to t') \to list(t')$$

5.5.3 組型

第 1 章の分析から，n 組型データは，射影関数 $\lambda x_1 \ldots \lambda x_n.x_i$ を受け取り対応する要素を返す関数として表現できる．この見方に従えば，組型 $\tau_1 \times \cdots \times \tau_n$ は以下のように定義できる．

$$\tau_1 \times \cdots \times \tau_n = \forall t.(\tau_1 \to \cdots \to \tau_n \to t) \to t.$$

τ 型の n 個の要素 $a_1, \ldots, a_n$ からなる組は以下のように表現できる．

$$(a_1, \ldots, a_n) = \lambda t.\lambda Proj : \tau_1 \to \cdots \tau_n \to t.Proj\ a_1 \cdots a_n$$

さらに以上の構築における $\tau_1, \ldots \tau_n$ を抽象し，n 個の組を生成する多相型関数および対応する多相型射影関数を以下のように定義できる．

$$\begin{aligned} Prod^n =\ & \lambda t_1 \ldots \lambda t_n.\lambda x_1 : t_1.\ldots.\lambda x_n : t_n. \\ & \lambda t.\lambda proj : t_1 \to \cdots \to t_n \to t.proj\ x_1 \cdots x_n \end{aligned}$$

$$Proj_n^i = \lambda t_1 \ldots \lambda t_n.\lambda x : t_1 \times \cdots \times t_n.x\ t_i\ (\lambda x_1 : t_1.\ldots.\lambda x_n : t_n.x_i)$$

問 5.5.8 以下の型判定が成り立つことを確かめよ．

$$\emptyset \triangleright Prod^n : \forall t_1 \ldots \forall t_n.t_1 \to \cdots \to t_n \to (t_1 \times \cdots \times t_n)$$
$$\emptyset \triangleright Proj_n^i. : \forall t_1 \ldots \forall t_n.(t_1 \times \cdots \times t_n) \to t_i$$

問 5.5.9 $\Lambda^\forall \vdash \Gamma \triangleright M_i : \tau_i \ (1 \leq i \leq n)$ なら,

$$\Gamma \triangleright Proj_n^i \ \tau_1 \cdots \tau_n (Prod^n \ \tau_1 \cdots \tau_n \ M_1 \cdots M_n) = M_i : \tau_i$$

が成り立つことを示せ.

5.5.4 バリアント型

バリアント型は，各要素の型を処理する関数の組を受け取り，バリアントのタグに対応する関数で処理した結果を返す関数と考えることができる．この考え方に従い，バリアント型 $\tau_1 + \cdots + \tau_n$ を以下のように定義する．

$$\tau_1 + \cdots + \tau_n = \forall t.((\tau_1 \to t) \times \cdots \times (\tau_n \to t)) \to t$$

バリアント型への埋め込みと場合分けによりバリアントデータの処理を行う関数は，それぞれ以下のように定義できる．

$$\begin{aligned}
Inj_n^i = &\ \lambda t_1 \ldots \lambda t_n.\lambda x : t_i.\lambda t.\lambda y : (t_1 \to t) \times \cdots \times (t_n \to t). \\
& Proj_n^i \ (t_1 \to t) \cdots (t_n \to t) \ y \ x \\
Case^n = &\ \lambda t_1 \ldots \lambda t_n.\lambda t.\lambda x : t_1 + \cdots + t_n. \\
& \lambda y : (t_1 \to t) \times \cdots \times (t_n \to t).(x \ t) \ y
\end{aligned}$$

問 5.5.10 以下の型判定が成り立つことを示せ.

$\emptyset \triangleright Inj_n^i : \forall t_1 \ldots \forall t_n. t_i \to (t_1 + \cdots + t_n)$
$\emptyset \triangleright Case^n : \forall t_1 \ldots \forall t_n. \forall t. (t_1 + \cdots + t_n) \to ((t_1 \to t) \times \cdots \times (t_n \to t)) \to t$

問 5.5.11 $\Lambda^\forall \vdash \Gamma \triangleright M_i : \tau_i \to \tau \ (1 \leq i \leq n)$ かつ $\Lambda^\forall \vdash \Gamma \triangleright M : \tau_i$ なら

$$\begin{aligned}
\Gamma \triangleright\ & Case^n \ \tau_1 \cdots \tau_n \ \tau \ (Inj_n^i \ \tau_1 \cdots \tau_n \ M) \\
& (Prod^n \ (\tau_1 \to \tau) \cdots (\tau_n \to \tau) \ M_1 \ \cdots \ M_n) \\
=\ & M_i \ M \ : \tau
\end{aligned}$$

が成り立つことを示せ.

5.6 ML の多相型システム

$\Lambda^\forall$ は多相型システムの代表的なシステムであり，型の多相性に関する種々の性質を調べるための基礎となっている．しかしながら，多相性を表現する

ためには，複雑な型宣言を必要とし，実用的な多相型プログラミング言語のモデルとしては，適当ではない．例えば，実際に問 5.2.2 を試みた読者にとっては明らかであろうが，簡単なリスト処理関数を定義し利用するだけでも，極めて繁雑な型宣言を必要とする．実用的な多相型プログラミング言語を実現するためには，第 4 章で学んだ型推論システムと統合する必要がある．$\Lambda^\forall$ の型推論問題は計算不能であることが最近証明されているが，$\Lambda^\forall$ より表現力の小さいシステムに対しては，Milner[36] によって型推論システムが構築可能であることが証明されている．プログラミング言語 ML は，Milner の理論を基礎とし，この統合を実際に実現した言語である．ML では，多相関数を，LISP のような型無し言語と同等の簡便さで定義し利用することができる．例えば，リストの長さを計算する関数 $length$ は単に

$$fun\ length\ L = if\ (null\ L)\ then\ 0\ else\ 1 + (length\ (cdr\ L))$$

と書くことができる．この定義に対して，ML の型システムは，自動的に以下の多相型を推論する．

$$length : \forall t.list(t) \to int$$

本節では，ML の基礎となっている叙述的多相型ラムダ計算とその型推論システムの理論を解説する．

5.6.1 叙述的多相型ラムダ計算 Λ^{let}

型推論を可能にするために，多相型ラムダ計算に以下の制限を加えたシステムを定義する．

1. 型限量子 $\forall t.$ は，他の型構成子の内側には現われないものとする．すなわち，多相型を，$\forall t_1 \ldots \forall t_n.\tau$ の形のものに制限する．ここで τ は，$\forall$ を含まない単相型である．
2. 多相型を持つ変数は，その型を持つプログラムと同時に宣言しなければならないものとする．そのために，変数 x を多相関数 M に束縛し，N の中で使用するため新たに構文 $let\ x : \sigma = M\ in\ N$ を用意し，一般のラムダ変数の型は多相型を含まない型に限定する．

第一の制限は，型集合を以下のような二つのクラスに分けることによって表現される．

$$\tau ::= t \mid b \mid \tau \to \tau$$
$$\sigma ::= \tau \mid \forall t.\sigma$$

これから定義するシステムでは，種々の基底型は定義できないので，型定数として導入する必要がある．以降 τ を，$\forall t$ を含まない単相型のメタ変数，σ を多相型でもありうる一般の型のメタ変数として使用する．多相型に関するこの制限を型の代入によっても保存するために，型変数は単相型集合上の変数と見なし，型変数に代入可能な型を単相型に制限する．

以上の制限のもとでは，型の集合は叙述的になり，多相型ラムダ計算のモデルの例のところで説明した Russel の逆理に相当する現象は発生せず，型は集合論的なモデルを持つ．そこで，多相型に以上の制限を加えたシステムを叙述的多相型ラムダ計算と呼ぶことにする．

叙述的多相型ラムダ計算の式の集合は以下の文法で与えられる．

$$M ::= x \mid \lambda x : \tau.M \mid M\,M \mid M\,\tau \mid \lambda t.M \mid \text{let}\ x : \sigma = M\ \text{in}\ M$$

第二の制限は，式に対する型システムで実現される．型付け規則の集合を図 5.4 に与える．ここで，メタ変数 τ と σ の使い分けにより，ラムダ抽象や関数適用が単相型に制限されている点に注意．以上の式構成子以外に基底型の原子定数や定数関数を表現する定数が必要である．これら定数の追加は容易であるが，それらの扱いは，以下の議論にとって本質的ではないので省略する．この計算系を Λ^{let} とよび，$\Gamma \triangleright M : \sigma$ がこの型システムで導出可能なとき，$\Lambda^{let} \vdash \Gamma \triangleright M : \sigma$ と書く．

以上のシステムは，$\text{let}\ x : \sigma = M\ \text{in}\ N$ を $(\lambda x : \sigma.N)\,M$ と解釈すれば，多相型ラムダ計算の一部分と考えることができるので，多相型ラムダ計算にならって，公理的意味論，表示的意味論，および簡約システムを定義することができる．さらに，表示的意味論に関しては，多相型ラムダ計算より簡単な集合論的モデルの構築が可能である．

(var) $\quad \Gamma \triangleright x : \sigma \quad (\Gamma(x) = \sigma)$

(abs) $\quad \dfrac{\Gamma\{x : \tau_1\} \triangleright M_1 : \tau_2}{\Gamma \triangleright \lambda x : \tau_1.\, M_1 : \tau_1 \to \tau_2}$

(app) $\quad \dfrac{\Gamma \triangleright M_1 : \tau_1 \to \tau_2 \quad \Gamma \triangleright M_2 : \tau_1}{\Gamma \triangleright M_1\, M_2 : \tau_2}$

(tabs) $\quad \dfrac{\Gamma \triangleright M : \sigma}{\Gamma \triangleright \lambda t.M : \forall t.\sigma} \quad (t \notin FTV(\Gamma))$

(tapp) $\quad \dfrac{\Gamma \triangleright M : \forall t.\sigma_1}{\Gamma \triangleright M\, \tau : [\tau/t]\sigma_1}$

(let) $\quad \dfrac{\Gamma \triangleright M_1 : \sigma \quad \Gamma\{x : \sigma\} \triangleright M_2 : \tau}{\Gamma \triangleright let\, x : \sigma = M_1\, in\, M_2 : \tau}$

図 5.4 Λ^{let} の型判定導出システム

問 5.6.1 A を与えられた集合,x を A の要素を取る変数,$F(x)$ を x に依存する集合とする.$\Pi x \in A.F(x)$ を以下の集合とする.

$$\Pi x \in A.F(x) = \{f \in A \to \bigcup_x F(x) | \forall x \in A. f(x) \in F(x)\}$$

単純な型付きラムダ計算に対しては,関数型を関数全体の集合と解釈する型フレームモデルが可能であった.単相型の集合を T とし,多相型 $\forall t.\sigma$ に対応する領域を

$$[\![\forall t.\sigma]\!] = \Pi t \in T.[\![\sigma]\!]$$

と解釈することによって型フレームモデルを叙述的多相型ラムダ計算に拡張できることを示せ.

より一般的に,単純な型付きラムダ計算のモデルの概念を叙述的多相型ラムダ計算に拡張せよ.

5.6.2 ML の核言語 λ^{let}

以上の制限された多相型ラムダ計算を型推論機構と統合すれば,多相型を含んだ実用的なプログラミング言語が構築可能である.このシステムは,プ

(var) $\quad \Gamma \triangleright x : \sigma \qquad (\Gamma(x) = \sigma)$

(abs) $\quad \dfrac{\Gamma\{x : \tau_1\} \triangleright e_1 : \tau_2}{\Gamma \triangleright \lambda x. e_1 : \tau_1 \to \tau_2}$

(app) $\quad \dfrac{\Gamma \triangleright e_1 : \tau_1 \to \tau_2 \quad \Gamma \triangleright e_2 : \tau_1}{\Gamma \triangleright e_1\, e_2 : \tau_2}$

(tabs) $\quad \dfrac{\Gamma \triangleright e : \sigma}{\Gamma \triangleright e : \forall t.\sigma} \quad (t \notin FTV(\Gamma))$

(tapp) $\quad \dfrac{\Gamma \triangleright e : \forall t.\sigma}{\Gamma \triangleright e : [\tau/t]\sigma}$

(let) $\quad \dfrac{\Gamma \triangleright e_1 : \sigma \quad \Gamma\{x : \sigma\} \triangleright e_2 : \tau}{\Gamma \triangleright let\ x = e_1\ in\ e_2 : \tau}$

図 5.5 ML の型システム（第一版）

ログラミング言語 ML の中核をなすとともに，多相型プログラミング言語の種々の拡張を考える出発点としても使用される重要なものである．以下，Λ^{let} に対する型推論システム λ^{let} を定義する．

型の集合は，Λ^{let} の型の集合と同一である．式の集合は，Λ^{let} の式から型情報を取り除いて得られる以下の集合である．

$$e ::= x \mid \lambda x.e \mid e\,e \mid let\ x = e\ in\ e$$

ML の型システムは，Damas と Milner [15] によって，図 5.5で与えられる型判定の導出システムとして厳密に定義された．

以上のシステムを λ^{let} と呼ぶことにする．λ^{let} は叙述的な多相型ラムダ計算 Λ^{let} に対応する暗黙に型付けられたシステムである．Λ^{let} の式 M から型情報を取り除いて得られる型無し式を $erase(M)$ と書くことにする．λ^{let} と Λ^{let} の間には，λ と Λ の場合と同様，以下の性質がある．

命題 5.6.1 λ^{let} の型判定の導出と Λ^{let} の型判定は一対一に対応する．

218　第5章　多相型言語のモデル

Λ^{let} の定義および λ^{let} との上記の関係は，Mitchell と Harper[27] による．

問 5.6.2　$erase(M)$ の定義を与え，命題 5.6.1を厳密に記述し，それを証明せよ．

以上の ML の型システムは，上記のつながりを通じて多相型ラムダ計算との関連を分析するのに便利である．しかし，規則 (tabs) と (tapp) の適用の仕方に自由度があるため，型推論アルゴリズムの構築やその正しさの証明などには必ずしも適していない．これら二つの規則の使用方法に適当な制限を加えることによって，上記の型システムと等価な，しかしより扱いやすい型システムを定義できる．

本章では，型の代入 S を，型変数の部分集合から単相型への関数とする．第4章で行ったのと同様，型の代入を，単相型の集合に拡張する．さらに，代入 S の多相型 σ への効果を，σ の中の各自由型変数 t を $S(t)$ で置き換えて得られる型と定義する．束縛型変数の約束より，$S(\forall t_1 \ldots t_n.\tau) = \forall t_1 \ldots t_n.S(\tau)$ としてよい．これより，型の代入を λ^{let} のすべての型に拡張する．型の代入 S の型環境 Γ への効果は，S と Γ の合成である．つまり，任意の $x \in dom(\Gamma)$ に対して $S(\Gamma)(x) = S(\Gamma(x))$ である．λ^{let} の型システムは以下の性質を持つ．

補題 5.6.1　$\lambda^{let} \vdash \Gamma \rhd e : \tau$ なら，任意の代入 S に対して $\lambda^{let} \vdash S(\Gamma) \rhd e : S(\tau)$，かつ型判定 $S(\Gamma) \rhd e : S(\tau)$ に対して，規則 (tapp) が規則 (var) の直後にのみ現れ，規則 (tabs) が規則 (let) の直前にのみ現れる導出が存在する．

証明　e の構造に関する帰納法で証明する．

x の場合．型判定の導出に含まれる型推論規則は，(var) および規則 (tabs) と (tapp) のみである．規則 (tabs) と (tapp) の数に関する帰納法により，$\Gamma(x) = \forall t_1 \ldots t_n.\tau_0$ かつ $\tau = [\tau_1/t_1, \ldots, \tau_n/t_n](\tau_0)$ であることが示せる．よって，以下の導出が可能である．

$$\cfrac{\cfrac{\overline{S(\Gamma) \rhd x : \forall t_1. \ldots . \forall t_n.S(\tau_0)}\;(var)}{S(\Gamma) \rhd x : \forall t_2. \ldots . \forall t_n.[S(\tau_1)/t_1](S(\tau_0))}\;(tapp)}{\vdots \atop S(\Gamma) \rhd x : [S(\tau_1)/t_1, \ldots, S(\tau_n)/t_n](S(\tau_0))}\;(tapp)$$

$\lambda x.e_1$ の場合． 型システムの性質より，ある $\tau_1, \tau_2, t_1, \ldots, t_n$ があって，$\Gamma\{x : \tau_1\} \triangleright e_1 : \tau_2$，$\{t_1, \ldots, t_n\} \cap FTV(\Gamma) = \emptyset$，かつ $\tau = [\tau'_1/t_1, \ldots, \tau'_n/t_n](\tau_1 \to \tau_2)$ である．(問．これを確認せよ．) $S' = S \circ [\tau'_1/t_1, \ldots, \tau'_n/t_n]$ とおく．帰納法の仮定より，$S'(\Gamma)\{x : S'(\tau_1)\} \triangleright e_1 : S'(\tau_2)$ に対する条件を満たす導出が存在する．よって，規則 (abs) より，$S'(\Gamma) \triangleright \lambda x.e_1 : S'(\tau_1) \to S'(\tau_2)$ に対する条件を満たす導出が存在する．しかるに $S'(\Gamma) = S(\Gamma)$，かつ $S'(\tau_1) \to S'(\tau_2) = S(\tau)$ である．

$e_1\ e_2$ の場合． 練習問題とする．

$let\ x = e_1\ in\ e_2$ の場合． 型システムの性質より以下の性質が示せる（問．確認せよ．)

- ある型 τ_1 があって $\lambda^{let} \vdash \Gamma \triangleright e_1 : \tau_1$．
- $\{s_1, \ldots, s_m\} \cap FTV(\Gamma) = \emptyset$ なる型変数 $s_1, \ldots, s_m$ と型 $\tau^1, \ldots, \tau^m$，および，$\{t_1, \ldots, t_n\} \subseteq (FTV([\tau^1/s_1, \ldots, \tau^m/s_m]\tau_1) \setminus FTV(\Gamma))$ なる型変数 $t_1, \ldots, t_n$ があって，$\Gamma\{x : \forall t_1 \ldots \forall t_n.[\tau^1/s_1, \ldots, \tau^m/s_m]\tau_1\} \triangleright e_2 : \tau_2$．
- $\{r_1, \ldots, r_k\} \cap FTV(\Gamma\{x : \forall t_1 \ldots \forall t_n.[\tau^1/s_1, \ldots, \tau^m/s_m]\tau_1\}) = \emptyset$ なる型変数 $r_1, \ldots, r_k$ と型 $\tau'_1, \ldots, \tau'_k$ があって，$\tau = [\tau'_1/r_1, \ldots, \tau'_k/r_k]\tau_2$．

$t_1, \ldots, t_n$ は与えられた型判定に現われないから，これら型変数は S に現われないと仮定してよい．$S_1 = S \circ [\tau^1/s_1, \ldots, \tau^m/s_m]$ とおく．帰納法の仮定より，$S_1(\Gamma) \triangleright e_1 : S_1(\tau_1)$，すなわち，$S(\Gamma) \triangleright e_1 : S([\tau^1/s_1, \ldots, \tau^m/s_m]\tau_1)$ に対して条件を満たす導出 D_1 が存在する．$S_2 = S \circ [\tau'_1/r_1, \ldots, \tau'_k/r_k]$ とおく．帰納法の仮定より，$S_2(\Gamma\{x : \forall t_1 \ldots \forall t_n.[\tau^1/s_1, \ldots, \tau^m/s_m]\tau_1\}) \triangleright e_2 : S_2(\tau_2)$，すなわち，$S(\Gamma)\{x : \forall t_1 \ldots \forall t_n.S([\tau^1/s_1, \ldots, \tau^m/s_m]\tau_1)\} \triangleright e_2 : S(\tau)$ に対して条件を満たす導出 D_2 が存在する．$\{t_1, \ldots, t_n\} \cap FTV(S(\Gamma)) = \emptyset$ であるから，導出 D_1 の結論に対して規則 (tabs) を繰り返し適用して，$S(\Gamma) \triangleright e_1 : \forall t_1 \ldots \forall t_n S([\tau^1/s_1, \ldots, \tau^m/s_m]\tau_1)$ に対する導出を得る．この導出と D_2 の導出に対して規則 (let) を使えば，$S(\Gamma) \triangleright let\ x = e_1\ in\ e_2 : S(\tau)$ に対する条件を満たす導出を得る．∎

この補題の特殊な場合として，λ^{let} の型判定 $\lambda^{let} \vdash \Gamma \triangleright e : \tau$ は常に，規

則 (tapp) が規則 (var) の直後にのみ現われ，規則 (tabs) が規則 (let) の直前にのみ現われるような特殊な導出が存在することがわかる．そこで，規則 (tapp) と (tabs) の複数回の適用をそれぞれ (var) および (let) の中に統合した型システムが可能なはずである．

規則 (tapp) と (tabs) の複数回の適用を表現するために，多相型の例および型閉包を定義する．型 $\sigma_1 = \forall t_1 \ldots t_n.\tau_1$ と $\sigma_2 = \forall s_1 \ldots s_m.\tau_2$ に対して，(1) $\{s_1, \ldots, s_m\} \cap FTV(\forall t_1 \ldots t_n.\tau_1) = \emptyset$, かつ (2) $dom(S) = \{t_1, \ldots, t_n\}$, $\tau_2 = S(\tau_1)$ なる型の代入 S が存在するとき，σ_2 は σ_1 の例 (instance) であるといい，$\sigma_2 \leq \sigma_1$ と書く．単相型 τ の型環境 Γ に関する**型閉包** $Cls(\tau, \Gamma)$ を，τ の中の型変数の中で型環境 Γ に現われないものを $\forall$ で束縛して得られる多相型とする．すなわち，

$$Cls(\tau, \Gamma) = \forall t_1 \ldots \forall t_n.\tau \text{ ここで } \{t_1, \ldots, t_n\} = FTV(\tau) \setminus FTV(\Gamma)$$

である．

多相型の例に関して以下の性質が成り立つ．

補題 5.6.2 もし $\sigma_1 \leq \sigma_2$ かつ $\sigma_2 \leq \sigma_3$ なら $\sigma_1 \leq \sigma_3$ である．

証明 練習問題とする．■

問 5.6.3 $\leq$ に関する以下の性質を証明せよ．

1. $\sigma_1 \leq \sigma_2 \iff \forall \tau.(\tau \leq \sigma_1 \implies \tau \leq \sigma_2)$
2. $\sigma_1 \leq \sigma_2 \implies S(\sigma_1) \leq S(\sigma_2)$

問 5.6.4 反射的であり推移的である関係を前順序という．関係 $\leq$ は明らかに反射的であり，また上で示した通り推移的であるから前順序である．しかし $\leq$ は半順序ではない．これを示せ．前順序関係 R は，以下の同値関係 $\cong_R$ を定める．

$$x \cong_R y \iff xRy \text{ かつ } yRx$$

$\cong_R$ が同値関係であることを確かめよ．$\leq$ が定める同値関係 $\cong_{\leq}$ はどのような関係か，ことばで説明せよ．

多相型の例を取る操作は，規則 (tapp) を繰り返し適用することに相当し，$Cls(\tau, \Gamma)$ を取る操作は，(tabs) を繰り返し適用することに相当する．これ

(var) $\quad \Gamma \triangleright x : \tau \quad (\tau \leq \Gamma(x))$

(abs) $\quad \dfrac{\Gamma\{x : \tau_1\} \triangleright e_1 : \tau_2}{\Gamma \triangleright \lambda x.\, e_1 : \tau_1 \to \tau_2}$

(app) $\quad \dfrac{\Gamma \triangleright e_1 : \tau_1 \to \tau_2 \quad \Gamma \triangleright e_2 : \tau_1}{\Gamma \triangleright e_1\, e_2 : \tau_2}$

(let) $\quad \dfrac{\Gamma \triangleright e_1 : \tau_1 \quad \Gamma\{x : Cls(\tau_1, \Gamma)\} \triangleright e_2 : \tau_2}{\Gamma \triangleright let\ x = e_1\ in\ e_2 : \tau_2}$

図 5.6 ML の型システム（第二版）

ら操作をそれぞれ (var) および (let) に統合し，(abs) と (tapp) を取り除くと，図 5.6 に示す型システムが得られる．

この型システムは，各式に対して適用可能な型付け規則が一つしか存在しないシステムであり，型推論アルゴリズム等を構築する上でより扱い易いシステムである．この型システムは，図 5.5 で定義される Damas と Milner による ML の型システムと等価である．以下の性質は補題 5.6.1 の直接の帰結である．

系 5.6.1 $\Gamma \triangleright e : \tau$ が図 5.5 の型システムで導出可能であれば，図 5.6 の型システムでも導出可能であり，また，その逆も成立する．

さらに，図 5.5 の型システムにおいて，型判定の最終結果のみに注目すれば，多相型は本質的ではない．すなわち型システムの定義から，以下の性質が直ちに分かる．

補題 5.6.3 図 5.5 の型システムにおいて，$\lambda^{let} \vdash \Gamma \triangleright e : \forall t_1 \ldots \forall t_n.\tau$ が導出可能であることと $\lambda^{let} \vdash \Gamma \triangleright e : [t'_1/t_1, \ldots, t'_n/t_n]\tau$ が導出可能であることは同値である．ここで，$t'_1, \ldots, t'_n$ は Γ および τ に現われない相異なる型変数である．

以上から，図 5.5 の型システムと図 5.6 の型システムは等価である．以降，図 5.6 の型システムを ML の核言語の型システムとみなし，$\lambda^{let} \vdash \Gamma \triangleright e : \tau$

を，$\Gamma \rhd e : \tau$ が図5.6の型システムで導出可能であることと解釈する．

以下の性質は，この型システムの導出可能性に関する種々の性質を示す上で有用である．

補題 5.6.4 もし $\lambda^{let} \vdash \Gamma\{x : \sigma_1\} \rhd e : \tau$ かつ $\sigma_1 \leq \sigma_2$ なら $\lambda^{let} \vdash \Gamma\{x : \sigma_2\} \rhd e : \tau$ である．

証明 e の構造に関する帰納法で簡単に証明できる．

自明でない場合は (var) 公理のみである．$\lambda^{let} \vdash \Gamma\{x : \sigma_1\} \rhd e : \tau$ とすると，型付け規則 (var) より，$\tau \leq \sigma_1$ である．補題5.6.2より関係 $\leq$ に対して推移律が成り立つから $\tau \leq \sigma_2$ である．よって型付け規則 (var) より，$\lambda^{let} \vdash \Gamma\{x : \sigma_2\} \rhd e : \tau$ である．■

5.6.3 ML の表示的意味論

λ^{let} は λ と同様に暗黙に型付けられた計算系である．第4章で説明した通り，明示的に型付けられた Λ^{let} や $\Lambda^{\forall}$ と違い，λ^{let} に対するモデルの概念は確立しておらず，λ^{let} のモデルの一般的な定義を与えることはできない．そこでここでは，λ に対して行ったのと同様，λ^{let} の特定のモデルの構築方法を示す．

λ の場合は，型無しラムダ計算に基づくモデルと Λ に基づくモデルが構築可能であることを示した．しかし，λ^{let} の場合は，Λ^{let} に基づくモデルを容易に構築することはできない．Λ のモデルを用いて λ を解釈することを可能にした基本的な性質は，与えられた λ の型判定に対応する Λ の（複数の）型判定はすべて同一の意味を持つことであった．しかし，この性質は λ^{let} の場合もはや成立しない．以下の型判定を考えてみよう．

$$\{x : \forall t.t \to b, y : \forall t.t \to t\} \rhd x\, y : b$$

この型判定は無限に多くの異なった導出を持ち，そのそれぞれに対して以下のような形をした Λ^{let} の型判定が対応する．

$$\{x : \forall t.t \to b, y : \forall t.t \to t\} \rhd (x\, (\tau \to \tau))\, (y\, \tau) : b$$

しかるに，これらの型判定の中の式は，その中に現われる τ が異なればすべて異なり，かつ正規形であるから，公理的意味論において同値ではあり得ない．したがって，公理的意味論の完全性定理より，これらの式の意味は等しくないことになる．この事実より，λ^{let} の式に対応する Λ^{let} の式を適当に選び，その式を通じて λ^{let} の式の意味を定義する方法は，うまくいかないことが分かる．

以下，ここでは，型無しラムダ計算に基づく λ^{let} の解釈を紹介する．4.1.2 で行ったの同様に，以下の領域方程式の解 D を考える．

$$D \cong B_{b_1} + \cdots + B_{b_n} + [D \to D] + \{wrong\}_\bot$$

以下の議論では，不要な表記上の繁雑さをさけるために，D とその同型な領域との区別をせず，同型写像によって互いに移される要素は同一のものとして取り扱う．また，is, as 等の関数が以前同様定義されているとする．λ^{let} の型無しラムダ式は，D のなかで解釈可能である．解釈の定義は，4.1.2での定義に let 式に対する以下の定義を付け加えればよい．

$$[\![let\ x = e_1\ in\ e_2]\!]\eta$$
$$= if\ is_{\{wrong\}_\bot}([\![e_1]\!]\eta)\ then\ \langle\{wrong\}_\bot = wrong\rangle$$
$$else\ [\![e_2]\!]\eta\{x:[\![e_1]\!]\eta\}$$

型判定 $\Gamma \triangleright e : \sigma$ に意味を与える方針は，λ の場合と同じである．すなわち，型の意味を D の部分集合と解釈し，型判定 $\Gamma \triangleright e : \sigma$ の意味を，Γ を満足する任意の D 環境 η に対して，$[\![e]\!]\eta \in [\![\sigma]\!]$ となることと定義する．そのためには，多相型 $\forall t.\sigma$ の解釈を決めなければならない．直感的には，$\forall t.\sigma$ の要素は，σ の中の t を任意の型で置き換えて得られるすべての型に属すると考えることがきでる．そこで，$\forall t.\sigma$ の意味を，t を任意の型で置き換えて得られるすべての型の意味領域の共通部分と解釈することを試みる．このために，上記のような方針で多相型を解釈できるような型の意味空間を決定する必要がある．可能な定義は幾つか存在するが，最もよく知られたものは，Milner[36] によって ML の型推論システムの健全性の証明のため構築された，D のなかのイデアルを型の意味と考える意味論である．同様の意味論

が，ShamirとWadge[52]によっても提案されている．

CPO D の部分集合 I が以下の性質を持つとき，I をイデアルと呼ぶ．

- I は下方向に閉じている．すなわち，任意の $x \in I, y \in D$ について，もし $y \sqsubseteq x$ なら $y \in I$ である．
- I の有向部分集合は I の中に最小上界を持つ．

D のイデアルの中で $wrong$ を含まないものの集合を T とする．λ^{let} の型は自由な型変数を含むから，その意味は型変数の解釈に依存する．型変数の解釈 η を，型変数から T への関数とする．λ^{let} の η の下での意味 $[\![\sigma]\!]\eta$ を以下のように定義する．

$$[\![t]\!]\eta = \eta(t)$$
$$[\![b]\!]\eta = \{x | x = \bot \text{ または } is_{B_b}(x) = true\}$$
$$[\![\tau_1 \to \tau_2]\!]\eta = \{f | f = \bot \text{ または}$$
$$(is_{[D \to D]}(f) = true, \forall x \in [\![\tau_1]\!]\eta . as_{[D \to D]}(f)(x) \in [\![\tau_2]\!]\eta)\}$$
$$[\![\forall t.\sigma]\!]\eta = \bigcap \{[\![\sigma]\!]\eta\{t : I\} | I \in T\}$$

問 5.6.5　η を任意の型変数の解釈，σ を λ^{let} の任意の型とする．$[\![\sigma]\!]\eta$ は D のイデアルであることを証明せよ．

変数の部分集合から D への関数である D 環境 ρ が $dom(\rho) = dom(\Gamma)$ かつ任意の $x \in dom(\Gamma)$ について，$\rho(x) \in [\![\Gamma(x)]\!]\eta$ を満たすとき，ρ は $\eta(\Gamma)$ を満たすといい，$\rho \models \eta(\Gamma)$ と書く．$\rho \models \eta(\Gamma)$ なる任意の η, ρ について，$[\![e]\!]\rho \in [\![\tau]\!]\eta$ となるとき

$$\models \Gamma \triangleright e : \tau$$

と書き，この性質を λ^{let} の型判定の意味と考える．以下の性質が証明できる．

定理 5.6.1　もし $\lambda^{let} \vdash \Gamma \triangleright e : \tau$ なら，$\models \Gamma \triangleright e : \tau$ である．

証明は式の構造に関する帰納法による．$wrong$ は型を持たないことに注意すると，上記の定理から以下の性質が帰結する．

系 5.6.2 もし $\lambda^{let} \vdash \Gamma \triangleright e : \tau$ なら, Γ を満たす任意の環境 η に対して, $[\![e]\!]\eta \neq wrong$ である.

すなわち,「型が正しいプログラムは実行時にエラーを起こさない」ことを意味し, 型システムの健全性に対応する.

この意味論はその後, MacQueen ら [33] によって, 再帰的データ型に拡張可能であることが示されている.

5.6.4 ML の操作的意味論と型システムの健全性

ML 言語の操作的意味論は, Λ の場合とほぼ同様に与えることが可能である. Λ の操作的意味論を定義する評価規則は, 型情報に依存しない. したがって, let 式以外の評価関係の定義は, Λ の定義と同様に与えることができる.. λ^{let} の完全な操作的意味論の定義は, let 式に関する以下の評価規則を加えることによって得られる.

$$\frac{E \vdash e_1 \Downarrow v_1 \quad E\{x : v_1\} \vdash e_2 \Downarrow v}{E \vdash let\ x = e_1\ in\ e_2 \Downarrow v}$$

λ^{let} の型システムは, この操作的意味論に対して健全である. 健全性を確立するために, λ における値の型の定義を, 自由型変数を含んだ型および多相型に拡張する. 型 τ に対して, $S(\tau)$ が基礎型であるような型の代入 S を型 τ に対する**基礎代入** (ground substitution) と呼び, $S(\tau)$ を τ の**基礎例** (ground instance) と呼ぶことにする. 型の基礎例の概念を用いて, 値の型付けを, 自由型変数を含む型および多相型に一般化する.

- $\models v : \tau \iff \tau$ の任意の基礎例 τ' に対して $\models v : \tau'$ である.
- $\models v : \forall t_1. \ldots \forall t_n.\tau \iff \models v : \tau$ である.

この拡張された値の型付けの定義に対して, 以下性質が容易に証明できる.

補題 5.6.5 $\models v : \sigma$ かつ $\sigma' \leq \sigma$ なら, $\models v : \sigma'$ である.

問 5.6.6 補題 5.6.5 を証明せよ.

以前同様, 環境 E を変数の部分集合から値への関数とし, $E \models \Gamma$ を以下

のように定義する

$$E \models \Gamma \iff dom(E) = dom(\Gamma), \forall x \in dom(E). \models E(x) : \Gamma(x)$$

以下の健全性定理が証明できる．

定理 5.6.2 $\lambda^{let} \vdash \Gamma \triangleright e : \tau$ を与えられた型判定，E を任意の環境，S を任意の基礎代入とする．もし $E \models S(\Gamma)$ かつ $E \vdash M \Downarrow v$ なら $\models v : S(\tau)$ である．

証明 証明は式 e の構造に関する帰納法による．ラムダ抽象および関数適用のケースは，Λ の場合と同様であるので，練習問題とする．以下 S を与えられた型判定に対する任意の基礎代入とする．

x の場合．型システムの定義より，$\tau \leq \Gamma(x)$ である．また，操作的意味論の定義より，$v = E(x)$ である．$E \models S(\Gamma)$ より，$\models v : S(\Gamma(x))$ である．$\tau \leq \Gamma(x)$ の定義より，$S(\tau) \leq S(\Gamma(x))$ である．よって，補題5.6.5より $\models v : S(\tau)$．

$let\ x = e_1\ in\ e_2$ の場合．型システムの定義より，ある τ_1 があって，$\lambda^{let} \vdash \Gamma \triangleright e_1 : \tau_1$ かつ $\lambda^{let} \vdash \Gamma\{x : Cls(\tau_1, \Gamma)\} \triangleright e_2 : \tau$ である．$\{t_1, \ldots, t_n\} = FTV(\tau_1) \setminus FTV(\Gamma)$ とする．S_1 を $\{t_1, \ldots, t_n\}$ に対する任意の基礎代入とする．補題 5.6.1 より，$\lambda^{let} \vdash S_1(\Gamma) \triangleright e_1 : S_1(\tau_1)$，すなわち $\lambda^{let} \vdash \Gamma \triangleright e_1 : S_1(\tau_1)$ である．$E \vdash e_1 \Downarrow v_1$ と仮定すると，帰納法の仮定より，$\models v_1 : S(S_1(\tau_1))$ である．$S_2 = S|_{dom(S) \setminus \{t_1, \ldots, t_n\}}$ とすると $S(S_1(\tau_1)) = S_2(S_1(\tau_1)) = S_1(S_2(\tau_1))$ である．よって，$\models v_1 : \forall t_1 \ldots \forall t_n. S_2(\tau_1)$ である．$\forall t_1 \ldots \forall t_n. S_2(\tau_1) = Cls(S_2(\tau_1), S_2(\Gamma))$ であり，また $S(\forall t_1 \ldots \forall t_n. \tau_1) = \forall t_1 \ldots \forall t_n. S_2(\tau_1)$ かつ $S(\Gamma) = S_2(\Gamma)$ であるから，$E\{x : v_1\} \models S(\Gamma\{x : Cls(\tau_1, \Gamma)\})$ である．$v \neq wrong$ であるから，操作的意味論の定義より，$E \vdash let\ x = e_1\ in\ e_2 \Downarrow v$ なら，$E\{x : v_1\} \vdash e_2 \Downarrow v$ である．しかるに，帰納法の仮定より，$E\{x : v_1\} \vdash e_2 \Downarrow v$ なら，$\models v : S(\tau)$ である．■

5.6.5 ML の型推論システム

第 4 章において解説した通り，型推論問題の最も一般的な形は以下のようなものである．

与えられた e に対して，集合 $\{(\Gamma, \tau)|\lambda^{let} \vdash \Gamma \triangleright e : \tau\}$ を決定せよ．

Λ の型システムの場合は，この問題を完全に解決するアルゴリズムが存在した．その際重要な役割を果たしたものは，主要な型判定の存在である．主要な型判定は，式の持ちうるどの型判定より一般的な型判定である．型推論アルゴリズムは，主要な型判定を推論することによって，型推論問題を解決することができた．しかし残念ながら，多相型を含むシステムでは，一般に，主要な型判定は存在しない．たとえば，λ^{let} において変数 x の持つ最も一般的を考えてみよう．λ の場合は，$\{x : t\} \triangleright x : t$ が明らかに最も一般的な型判定であるる．しかし λ^{let} では t は単相型しか取り得ないから，この型判定は，$\{x : \forall t.t \to t\} \triangleright x : \forall t.t \to t$ などの多相型の型判定より一般的であるとはいえない．かといって，int などの型は $\forall t.t \to t$ の例にはなり得ないから，後者が前者より一般的とみなすこともできない．多相型ラムダ計算 $\Lambda^\forall$ の式に対しても，主要な型判定は存在しないことを示すことができる．

しかし幸いなことに，λ^{let} に対しては，主要な型判定の概念を一般化することが可能であり，それに基づき健全で完全な型推論アルゴリズムを構築することができる．λ^{let} の場合，多相型を持つ変数は，let 式を通じて対応する式と同時に与えられるため，変数が多相型を持つならば，その多相型の形は，変数を使用する以前に与えられていると仮定してよい．この洞察に基づき，Milner[36] は，λ^{let} に対して，以下の性質を持つアルゴリズム $\mathcal{W}$ が存在することを証明した．

- $\mathcal{W}$ は型環境 Γ と式 e を入力として受け取り，型の代入と型の組 (S, τ) もしくは $failure$ を返す．
- $\mathcal{W}$ は λ^{let} の型システムに関して健全である．すなわち，任意の Γ, e に対して，もし $\mathcal{W}(\Gamma, e) = (S, \tau)$ なら $\lambda^{let} \vdash S(\Gamma) \triangleright e : \tau$ である．
- $\mathcal{W}$ は λ^{let} の型システムに関して完全である．すなわち，任意の Γ, e に対して，もし $\lambda^{let} \vdash S_1(\Gamma) \triangleright e : \tau_1$ なる S_1, τ_1 が存在するなら，$\mathcal{W}(\Gamma, e) =$

$\mathcal{W}(\Gamma, x) =$ if $x \in dom(\Gamma)$ then
    let $\forall t_1. \ldots . \forall t_n.\tau = \Gamma(x)$
        in $(ID, [t'_1/t_1, \ldots, t'_n/t_n](\tau))$　　$(t'_1, \ldots, t'_n$ は新しい型変数$)$
    else *failure*

$\mathcal{W}(\Gamma, \lambda x.e_1) =$ let $(S_1, \tau_1) = \mathcal{W}(\Gamma\{x : t\}, e_1)$　　$(t$ は新しい型変数$)$
    in $(S_1, S_1(t) \to \tau_1)$

$\mathcal{W}(\Gamma, e_1\ e_2) =$ let $(S_1, \tau_1) = \mathcal{W}(\Gamma, e_1)$
    $(S_2, \tau_2) = \mathcal{W}(S_1(\Gamma), e_2)$
    $S_3 = \mathcal{U}(\{(S_2(\tau_1), \tau_2 \to t)\})$　　$(t$ は新しい型変数$)$
    in $(S_3 \circ S_2 \circ S_1, S_3(t))$

$\mathcal{W}(\Gamma, let\ x = e_1\ in\ e_2) =$ let $(S_1, \tau_1) = \mathcal{W}(\Gamma, e_1)$
    $\sigma = Cls(\tau_1, S_1(\Gamma))$
    $(S_2, \tau_2) = \mathcal{W}(S_1(\Gamma)\{x : \sigma\}, e_2)$
    in $(S_2 \circ S_1, \tau_2)$

図 5.7　ML の型推論アルゴリズム

(S_2, τ_2)，かつ $S_1(\Gamma) = S_3 \circ S_2(\Gamma), \tau_1 = S_3(\tau_2)$ なる S_3 が存在する．

λ の型推論アルゴリズムと違い，$\mathcal{W}$ は，与えられた型環境の制約 Γ の下で，最も一般的な型判定を計算する．以上の型推論の概念は，λ の場合より弱いものである．しかしながら，e が自由変数を含まない閉じた式の場合は，$\Gamma = \emptyset$ であるから，λ の場合と同様，最も一般的な型判定を計算するとみなすことができる．プログラミング言語が型チェックの対象とするのは，完成したプログラムであり，それは閉じた式で表現される．したがって，以上の完全性の概念は，実用上十分に一般的なものである．図 5.7 にアルゴリズム $\mathcal{W}$ の定義を与える．

以下 $\mathcal{W}$ の健全性と完全性の証明の概要を示す．詳細は [57] 等を参照せよ．

5.6 ML の多相型システム

定理 5.6.3 ($\mathcal{W}$ の健全性) 任意式 e と型環境 Γ について，もし $\mathcal{W}(\Gamma, e) = (S, \tau)$ なら，$\lambda^{let} \vdash S(\Gamma) \rhd e : \tau$ である．

証明 式 e の構造に関する帰納法による．

x の場合． 規則 (var) による．

$\lambda x.e_1$ の場合． $\mathcal{W}(\Gamma, \lambda x.e_1) = (S, \tau)$ とすると，アルゴリズムの定義より，ある S_1, τ_1, t があって，$\mathcal{W}(\Gamma\{x : t\}, e_1) = (S_1, \tau_1)$, $S = S_1, \tau = S(t) \to \tau_1$ である．帰納法の仮定より，$\lambda^{let} \vdash S_1(\Gamma\{x : t\}) \rhd e_1 : \tau_1$. 型付け規則 (abs) より，$S_1(\Gamma) \rhd \lambda x.e_1 : S(t) \to \tau_1$ である．

$e_1\ e_2$ の場合． $\mathcal{W}(\Gamma, e_1\ e_2) = (S, \tau)$ とすると，アルゴリズムの定義より，ある S_1, S_2, S_3, t があって，$\mathcal{W}(\Gamma, e_1) = (S_1, \tau_1)$, $\mathcal{W}(S_1(\Gamma), e_2) = (S_2, \tau_2)$, $S_3 = \mathcal{U}(\{(S_2(\tau_1), \tau_2 \to t)\})$, かつ $S = S_3 \circ S_2 \circ S_1$, $\tau = S_3(t)$ である．e_1 に対する帰納法の仮定より，$\lambda^{let} \vdash S_1(\Gamma) \rhd e_1 : \tau_1$ である．e_2 に対する帰納法の仮定より，$\lambda^{let} \vdash S_2(S_1(\Gamma)) \rhd e_2 : \tau_2$ である．補題 5.6.1 より，$\lambda^{let} \vdash S_2(S_1(\Gamma)) \rhd e_1 : S_2(\tau_1)$ である．単一化定理（定理 4.2.1）より，$S_3(S_2(\tau_1)) = S_3(\tau_2) \to S_3(t)$ である．また補題 5.6.1 より，$\lambda^{let} \vdash S_3(S_2(S_1(\Gamma))) \rhd e_1 : S_3(\tau_2) \to S_3(t)$, $\lambda^{let} \vdash S_3(S_2(S_1(\Gamma))) \rhd e_2 : S_3(\tau_2)$ である．よって型付け規則 (app) より，$\lambda^{let} \vdash S_3(S_2(S_1(\Gamma))) \rhd e_1\ e_2 : S_3(t)$ である．

$let\ x = e_1\ in\ e_2$ の場合． $\mathcal{W}(\Gamma, let\ x = e_1\ in\ e_2) = (S, \tau)$ とすると，アルゴリズムの定義より，ある S_1, S_2, σ があって，$\mathcal{W}(\Gamma, e_1) = (S_1, \tau_1)$, $\sigma = Cls(\tau_1, S_1(\Gamma))$, $\mathcal{W}(S_1(\Gamma)\{x : \sigma\}, e_2) = (S_2, \tau)$, $S = S_2 \circ S_1$ である．e_1 に対する帰納法の仮定より，$\lambda^{let} \vdash S_1(\Gamma) \rhd e_1 : \tau_1$ である．$S_2' = S_2|_{dom(S_2) \setminus (FTV(\tau_1) \setminus FTV(S_1(\Gamma)))}$ とおく．$S_2'(S_1(\Gamma)) = S_2(S_1(\Gamma))$ であるから，補題 5.6.1 より，$\lambda^{let} \vdash S_2(S_1(\Gamma)) \rhd e_1 : S_2'(\tau_1)$ である．e_2 に対する帰納法の仮定より，$\lambda^{let} \vdash S_2(S_1(\Gamma))\{x : S_2(\sigma)\} \rhd e_2 : \tau_2$ である．また，$(FTV(\tau_1) \setminus FTV(S_1(\Gamma))) \cap dom(S_2') = \emptyset$ であるから，$S_2'(Cls(\tau_1, S_1(\Gamma))) = Cls(S_2'(\tau_1), S_2'(S_1(\Gamma))) = S_2(\sigma)$ である（後の問参照）．よって，型付け規則 (let) より，$\lambda^{let} \vdash S_2(S_1(\Gamma)) \rhd let\ x = e_1\ in\ e_2 : \tau$ である．∎

問 5.6.7 代入 S が $(FTV(\tau)\backslash FTV(\Gamma))\cap dom(S) = \emptyset$ を満たせば, $S(Cls(\tau,\Gamma)) = Cls(S(\tau),S(\Gamma))$ であることを証明せよ.

定理 5.6.4 ($\mathcal{W}$ の完全性) 任意の λ^{let} 式 e と型環境 Γ について $\lambda^{let} \vdash S(\Gamma) \rhd e : \tau$ となる型の代入 S と型 τ が存在するなら, $\mathcal{W}(\Gamma, e) = (S_1, \tau_1)$ かつある型の代入 S_2 が存在し, $S(\Gamma) = S_2 \circ S_1(\Gamma)$, $\tau = S_2(\tau_1)$ である.

証明 証明は, 式 e の構造に関する帰納法による. 以下, $\lambda^{let} \vdash S(\Gamma) \rhd e : \tau$ と仮定する.

x の場合. $x \in dom(\Gamma)$ である. $\Gamma(x) = \forall t_1 \ldots \forall t_n.\tau_0$ とする. 型システムの定義よりある $\tau^1,\ldots,\tau^n$ が存在して $\tau = [\tau^1/t_1,\ldots,\tau^n/t_n](S(\tau_0))$ である. 型推論アルゴリズムの定義より, $\mathcal{W}(\Gamma,e) = (ID, [t'_1/t_1,\ldots,t'_n/t_n]\tau_0)$ である. よって $S_2 = [\tau^1/t'_1,\ldots,\tau^n/t'_n] \circ S$ とすれば, $t'_1,\ldots,t'_n$ は新しい型変数であるから, $S_2(ID(\Gamma)) = S(\Gamma)$ かつ $\tau = S_2([t'_1/t_1,\ldots,t'_n/t_n]\tau_0)$ となり, 条件を満たす.

$\lambda x.e_1$ の場合. 型システムの定義より, ある τ^1,τ^2 があって, $\tau = \tau^1 \to \tau^2$, $\lambda^{let} \vdash S(\Gamma)\{x : \tau^1\} \rhd e_1 : \tau^2$ である. t を新しい型変数とし, $S_0 = S \circ [\tau^1/t]$ とおくと, $\lambda^{let} \vdash S \circ [\tau^1/t](\Gamma\{x : t\}) \rhd e_1 : \tau^2$ である. 帰納法の仮定をこの型判定に適用すると, $\mathcal{W}(\Gamma\{x : t\},e_1) = (S_1,\tau_1)$, かつ S'_1 があって, $S'_1 \circ S_1(\Gamma\{x : t\}) = S(\Gamma)\{x : \tau^1\}$ かつ $\tau^2 = S'_1(\tau_1)$ である. よって, $S'_1 \circ S_1(\Gamma) = S(\Gamma)$ かつ $S'_1(S_1(t) \to \tau_1) = S'_1 \circ S_1(t) \to S'_1(\tau_1) = \tau^1 \to \tau^2$ である. しかるに, アルゴリズムの定義より, $\mathcal{W}(\Gamma, \lambda x.e_1) = (S_1, S_1(t) \to \tau_1)$ である.

$e_1\, e_2$ の場合. 型システムの定義より, ある τ_0 があって, $\lambda^{let} \vdash S(\Gamma) \rhd e_1 : \tau_0 \to \tau$, $\lambda^{let} \vdash S(\Gamma) \rhd e_2 : \tau_0$ である. 帰納法の仮定より, $\mathcal{W}(\Gamma,e_1) = (S_1,\tau_1)$, かつ S'_1 があって, $S'_1 \circ S_1(\Gamma) = S(\Gamma)$ かつ $\tau_0 \to \tau = S'_1(\tau_1)$ である. 帰納法の仮定を $\lambda^{let} \vdash S'_1(S_1(\Gamma)) \rhd e_2 : \tau_0$ に適用すると, $\mathcal{W}(S_1(\Gamma),e_2) = (S_2,\tau_2)$, かつ S'_2 があって, $S'_2(S_2(S_1(\Gamma))) = S(\Gamma)$ かつ $\tau_0 = S'_2(\tau_2)$ である. アルゴリズムが導入する型変数は常に新しい型変数であるから, 一般に $\mathcal{W}(\Gamma,e) = (S,\tau)$ なら, $dom(S) = FTV(\Gamma)$ と仮定してよい. よって,

$S'_1(\tau_1) = (S'_1|_{FTV(\tau_1) \setminus FTV(S_1(\Gamma))} \cup S'_2|_{FTV(S_2(S_1(\Gamma)))})(S_2(\tau_1))$ である．したがって，単一化定理（定理 4.2.1）より $\mathcal{U}(\{(S_2(\tau_1), \tau_2 \to t)\}) = S_3$，かつある S_4 があって，$S_4(S_3(S_2(\tau_1))) = S_4(S_3(\tau_2)) \to S_4(S_3(t)) = \tau_0 \to \tau$ である．S_5 を

$$S_5(s) = \begin{cases} S_4(s) & s \in FTV(S_3(S_2(\tau_1))) \cup FTV(\{S_3(\tau_2), S_3(t)\}) \text{ のとき} \\ S'_2(s) & \text{それ以外のとき} \end{cases}$$

とすると，$S_5(S_3(S_2(S_1(\Gamma)))) = S(\Gamma)$ かつ $S_5(S_3(t)) = \tau$ である．しかるに，$\mathcal{W}(\Gamma, e_1\ e_2) = (S_3 \circ S_2 \circ S_1, S_3(t))$ である．

$let\ x = e_1\ in\ e_2$ の場合．型システムの定義より，$\lambda^{let} \vdash S(\Gamma) \triangleright e_1 : \tau_0$，$\lambda^{let} \vdash S(\Gamma)\{x : Cls(\tau_0, S(\Gamma))\} \triangleright e_2 : \tau$ である．帰納法の仮定より，$\mathcal{W}(\Gamma, e_1) = (S_1, \tau_1)$ かつある S'_1 が存在して $S'_1(S_1(\Gamma)) = S(\Gamma)$，$\tau_0 = S'_1(\tau_1)$ である．$\{t_1, \ldots, t_n\} = FTV(\tau_0) \setminus FTV(S(\Gamma))$ および $\{s_1, \ldots, s_m\} = FTV(\tau_1) \setminus FTV(S_1(\Gamma))$ と置く．$\{t_1, \ldots, t_n\} \subseteq FTV(S'_1(\{s_1, \ldots, s_m\}))$ であるから，$\forall t_1 \ldots \forall t_n.\tau_0 \leq S'_1(\forall s_1 \ldots \forall s_m.\tau_1)$ が成り立つ．よって，補題 5.6.4 より，$\lambda^{let} \vdash S'_1(S_1(\Gamma))\{x : S'_1(\forall s_1 \ldots \forall s_m.\tau_1)\} \triangleright e_2 : \tau$，すなわち $\lambda^{let} \vdash S'_1(S_1(\Gamma)\{x : \forall s_1 \ldots \forall s_m.\tau_1\}) \triangleright e_2 : \tau$ が成り立つ．この型判定に対して帰納法の仮定を適用すると，$\mathcal{W}((S_1(\Gamma)\{x : \forall s_1 \ldots \forall s_m.\tau_1\}, e_2) = (S_2, \tau_2)$ かつある S'_2 があって，$S'_2(S_2(S_1(\Gamma)\{x : \forall s_1 \ldots \forall s_m.\tau_1\})) = S'_1(S_1(\Gamma)\{x : \forall s_1 \ldots \forall s_m.\tau_1\})$ かつ $\tau = S'_2(\tau_2)$．しかるに，型推論アルゴリズムの定義より，$\mathcal{W}(\Gamma, let\ x = e_1\ in\ e_2) = (S_2 \circ S_1, \tau_2)$ である．$S'_2(S_2 \circ S_1(\Gamma)) = S'_1(S_1(\Gamma)) = S(\Gamma)$ であるから，条件を満たす．∎

5.6.6　プログラミング言語 Standard ML

　本節で解説した型推論システムは，プログラミング言語 ML の型システムとして開発されたものである．ML は，Gordon, Milner, Wadsworth[24] によってエジンバラ大学で開発された定理証明システム Edinburg LCF のためのメタ言語（Meta Language），すなわち，LCF システムが対象とする定理や推論規則等を記述するための言語であった．その後，ML の多相型と型推論システムの有用性が広く認識され，汎用プログラミング言語として

発展してきた．現在では，Standard ML[38] としてその仕様が確定し，幾つかの効率よいコンパイラも開発されている．Standard ML の主な特徴は以下の通りである．

1. 叙述的な静的多相型システムを持つ．
2. 型推論システムを装備しており，型は自動的に推論される．
3. 再帰的データ型とパターンマッチングを統合したデータ型の定義機構をサポートする．
4. 参照型を含み，手続き型言語の機能もサポートする．
5. 強力なモジュールシステムをサポートする．

Standard ML では，これら機能が整合性のある一つの型システムに統合され，その意味は，操作的意味論によって厳密に定義されている．この理論的基礎は，定義された動作をするコンパイラを操作的意味論に基づき系統的に実装することを可能にするとともに，ML で書かれたプログラムに高い信頼性を与えている．例えば，ML の型システムは健全であることが証明されており，プログラムが実行時に未定義な命令を実行し，システムを停止させるようなことは起こらないことが保証されている．以上の中で，モジュールシステムを除く部分は通常 ML の核言語と呼ばれる．

ML の核言語の概要は以下の通りである．

1. 式の文法．

    モジュール機能を除いた Standard ML の式は，5.6.2で定義した λ^{let} に第 3 章で説明した各種のデータ構造を加えたものに相当し，おおよそ以下のような文法を持つ．

    $expr$ ::= fn pat => $expr$ | $expr$ $expr$ | let $decl$ in $expr$ end
      | ($expr$,...,$expr$) | {l=$expr$,...,l=$expr$} | #$label$ | #i
      | C | case $expr$ of pat => $expr$, ..., pat => $expr$
      | ref $expr$ | $expr$:=$expr$ | !$expr$

    let $decl$ in $expr$ end における $decl$ は以下に述べる関数定義，値の定義またはデータ構造の定義の列である．fn pat => $expr$ は引き数がパ

ターンに一般化されたラムダ抽象である．パターンは，ほぼ以下の文法で与えられる．

$$pat ::= x \mid Con\ pat \mid \{l\text{=}pat, \ldots, l\text{=}pat\} \mid (pat, \ldots, pat)$$

また，#label および #i は，それぞれ $\lambda x.x.label$ および $\lambda x.x.i$ に相当するレコードおよび組に対する射影関数である．

2. データ構造の定義．

以下の構文により，再帰的なデータ構造を定義する．

```
datatype tvars TCon =
    Con₁ of type₁ | ⋯ | Conₙ of typeₙ
```

ここで $TCon$ はこの宣言によって定義されるデータ構造の型の名前であり，$tvars$ は $TCons$ の型引き数を表わす型変数の列である．このように，ML では，型パラメータは前置される．この宣言は 3.4 節で説明した通り，再帰的データ型とバリアント型を組み合わせたものである．この宣言により，種々のデータ構造を簡単に定義できる．例えば，リスト型は以下のように定義できる．

```
datatype 'a list = Nil | Cons of 'a * (list 'a)
```

ここで 'a は型変数である．この宣言により，型 'a list およびデータ構成子 Nil および Cons が定義される．この宣言に対して ML システムは以下の情報を表示する．

```
datatype 'a list
    con Nil : 'a list
    con Cons : 'a * 'a list -> 'a list
```

3. 関数および値の定義

再帰的な関数の定義は，パターンマッチングを使って，以下の構文で行う．

```
fun x pat₁ = expr₁
  | x pat₂ = expr₂
```

```
    ⋮
| x pat_n  = expr_n
```

以下に，宣言の例とそれに対するMLシステムの応答を示す．プログラムテキストとシステムからの応答を区別するため，後者にはローマン字体を用いる．

```
- fun length Nil = 0
    | length (Cons(head,tail)) = 1 + (length tail);
  val length : 'a list -> int
```

"-" は ML システムの入力促進文字である．このように，パターンマッチングの機能を使い，汎用関数が簡単に定義でき，その最も一般的な型が自動的に推論される．

問 5.6.8 `length` の例のように，リストは再帰的関数で処理される．それら種々の再帰的関数は，以下のような動作をする汎用のリスト処理関数 *fold* によって定義可能である．

$$fold\ [\ ]\ f\ z = z$$
$$fold\ [a_1, \ldots, a_n]\ f\ z = f(a_1, f(a_2, \ldots, f(a_n, z) \cdots))$$

fold を実現する Standard ML のプログラムを定義し，その型を推論せよ．*fold* を用いて，以下の関数を，再帰を使わずに定義せよ．

(i) リストの長さを計算する関数 `length`.
(ii) 整数のリストの総和を計算する関数 `sum`.
(iii) 二つのリストを連結する関数 `append`.

fold および上記三つの関数は，5.5節で与えたコード化を用いて $\Lambda^\forall$ で定義可能であることを確かめよ．*fold* とリストの $\Lambda^\forall$ でのコード化の関係を考察せよ．

値の定義は，以下の構文で行う．

```
val pat = expr
```

宣言の例とそれに対する ML システムの応答を示す．

```
- val pi = 3.14;
```
val pi = 3.14 : real
```
- val l1 = Cons(1,Cons(2,Nil));
```
val l1 = Cons(1,Cons(2,Nil)) : int list
```
- val Cons(x,y) = l1;
```
val x = 1 : int
val y = Cons(2,Nil) : int list
```
- val r = {Name = "John", Office = 403};
```
val r = {Name = "John", Office = 403} : {Name:string, Office:int}
```
- #Office r;
```
val it = 403 : int

最後の例の様に，トップレベルで式のみを入力すると，`val it =`が省略された値の定義とみなされる．

以上の核言語の原理は，これまでに本書で解説してきた内容により，ほぼ理解することができるはずである．MLについての解説は，例えば文献[61]を参照されたい．MLでのプログラミングの教科書も近年多数出版されているが，文献[42]が推薦できる．

以上概説した通り，MLは多相型を備えた実用言語であるが，幾つかの未解決な問題も残っている．その一つに，型推論問題がある．5.6.5で解説したMLの型推論アルゴリズムは，純粋なラムダ式に対するものであるが，残念ながら，このアルゴリズムは，上記の一部の式に対してはうまく働かない．まず第一に，参照型を含んだプログラムに対しては，上記の型推論アルゴリズム（の単純な拡張）は，健全ではない．例えば，以下のプログラムを考えてみよう．

```
fun id x = x;
val idref = ref id
```

`id`に対しては，`'a -> 'a`なる多相型が推論される．そこで，単純に考えれば，`idref`の型は`'a -> 'a`への参照型である`('a -> 'a) ref`が推論されると考

えられる．しかし，`idref` にこの型を与えてしまうと，以下のような型の不整合が生じてしまう．

```
idref := fn x => x +1;
(!idref) true
```

最初の文で `idref` の内容が int -> int 型の値に書き換えられているが，ML の型システムの理論では，このことを `idref` の型に反映させるメカニズムがないため，二番目の `idref` の使用における型の不整合を検出できない．この問題はこれまでに多くの研究がなされ，いくつかの解決案が提案されているが，まだ完全な解決方法は見つかっていないといえる．Standard ML では，参照型と多相型の混在した使用に強い制限を加えることによって，この問題を回避している．

　現在の ML の型推論システムの第二の問題点は，レコードの扱いである．ML の型推論アルゴリズムは，レコード型を含んだプログラムの最も一般的な型を推論することができない．したがって，例えば，レコード演算を含むプログラムでは，

```
fun office x = #Office x
```

のような簡単な関数の持つ最も一般的な型さえ推論することができない．このため現在の ML では，レコード演算を含むプログラムは，単相型に制限されている．幸い，次章で説明するように，この問題は，近年解決されているので，近い将来，レコード演算をも含んだプログラムも多相型関数として定義可能に拡張された言語が実用化されると期待される．

第6章 レコード計算系の理論

本章では，種々のデータの表現に重要な役割を果たすラベル付きレコードおよびバリアントをより柔軟に取り扱うための基礎を与える，レコード計算系の理論を解説する．

6.1 レコード計算系の登場の背景

前章で見たとおり，ラムダ計算に基づくプログラミング言語の基礎理論の研究は，多相型理論とその型推論アルゴリズムの開発で，一応の完成を見，それらの理論的基礎に基づくプログラミング言語 ML が実用化された．これらの研究の主な関心は，高階の関数としてのプログラムのふるまいとその型の性質であった．多相型言語の研究に大きな役割を果たしたプログラミング言語 ML も，もともとは，高階の関数を多用する定理証明システムの記述言語であったことも，この歴史的事情を裏付けるものである．

このようなプログラミング言語の理論的研究に大きな影響を与えたものが，オブジェクト指向言語の成功である．Smalltalk[23] に代表される**オブジェクト指向言語**の設計者たちは，複雑なデータ構造とそのふるまいを簡潔に分かりやすく表現することを目的としたプログラム言語を提案した．これらの言語の大きな特徴は，プログラムが扱うデータ間の複雑な関係を構造化し，それらのふるまいを定義する機構を提供していることである．このような特徴を持ったオブジェクト指向言語は，シミュレーションや CAD など，複雑で構造化したデータ構造を取り扱うシステムの設計や開発に適し

ていると広く認識されている．さらに，これら言語の開発を通じて実現された**クラスやメソッドの継承**（インヘリタンス，inheritance）などの概念は，一般のプログラム開発にとっても有用な汎用性の高いものであり，それらを取り入れたオブジェクト指向プログラミングは，各種ソフトウェアシステムの設計・開発の生産性を飛躍的に高めると期待されている．

オブジェクト指向プログラミングにおけるデータ分類の基本となる考え方は，データを，それが表現するオブジェクト，すなわち実世界の実体の意味に基づきクラスに分類し，さらにクラスが表現する概念の包含関係に従いサブクラス関係を定義し，クラスの集合を階層構造に整理するというものである．例えば，点を表現する以下のようなクラスが定義されているとする．

$$class\ point$$
$$method\ get\_X$$
$$method\ get\_Y$$

この $point$ クラスに加えて，色の属性をも持つ色の付いた点をも扱う必要が生じた場合，それらデータのためのクラス $color\_point$ を point クラスのサブクラスとして

$$class\ color\_point\ is\_a\ point$$
$$method\ get\_C$$

と定義すると，$color\_point$ のオブジェクトは自動的に $point$ のオブジェクトでもあることになり，$point$ に定義されている get_X などの操作も，自動的に $color\_point$ に適用可能になる．このように，クラス間に階層関係を定義することによって，汎用性のあるメソッドの再利用を行う機構をメソッドの継承と呼ぶ．この機構の提案が，オブジェクト指向プログラミングの最も大きな貢献の一つである．この機構は，一種の多相性の表現であるが，前章で学んだ多相型ラムダ計算ではうまく表現できない機構である．

クラスの概念は，これまで説明してきた型の概念に類似している．例えば，$point$ クラスは

$$point = \{X : int, Y : int\}$$

$$get\_X = \lambda x : point.x.X$$
$$get\_Y = \lambda x : point.x.Y$$

と表現できる．しかし型は，それに対してどのような関数が適用可能か，という観点のみで定義されており，型相互間には特に関係はない．その結果，これまでの型理論の枠組みでは，get_X 関数は，その汎用性にもかかわらず，$point$ 型の値にしか適用できない．前章で説明した多相型を用いても，このレコード構造に由来する多相性は表現できない．

ほぼ同様の事情がバリアント型にも当てはまる．例えば，通貨として円とドル両方を同時に扱う必要がある場合は，

$$YenOrDollar = \langle Yen : int, Dollar : real \rangle$$

なるバリアント型を定義し，円での支払データを

$$payment = (\langle Yen = 10000 \rangle : YenOrDollar)$$

と表わせる．従来の型理論では $payment$ は，$YenOrDollar$ の型しか持ち得ないが，その意図からすれば，このデータは，$Yen : int$ を含む任意のバリアント型，例えば，

$$Currencies = \langle Yen : int, USDollar : real, STGPound : real \rangle$$

の型のデータとしても使用できることが望ましい．この場合，選択肢の少ない $YenOrDollar$ が $Currencies$ の特殊な場合と考えられるから，$YenOrDollar$ を $Currencies$ のサブタイプとして扱う機構があれば，レコードの場合同様に，$payment$ は自動的に $Currencies$ 型も持つことになり，望ましい汎用性を表現できる．

オブジェクト指向プログラミングにおけるクラス間の継承の概念は，ラベル付きデータ構造を柔軟に扱う際に必要となる多相性を表わす一つの機構とみることができる．オブジェクト指向言語に限らず，種々の複雑なデータ処理システム構築に適した汎用プログラミング言語構築のためには，このラベル付きデータ構造の処理に内在する汎用性を表現するための型理論的基

礎を確立する必要がある．以下，そのための二つの方法を紹介する．

6.2 サブタイプを含むレコード計算

クラス階層に基づくメソッドの共用の考え方を型システムに導入する一つの方法は，クラスの包含関係を，型の間の関係として型システムの中で直接定義することである．τ_1 の表現する性質が τ_2 が表現する性質に包含されるとき，つまり τ_2 が τ_1 より一般的な性質を表現しているとき

$$\tau_1 \preceq \tau_2$$

と書くことにする．ここ関係を**サブタイプ** (subtype) 関係と呼ぶ．ここでの sub は，ある概念がそれり一般的な概念の下位にあるという意味である．したがって，subtype は「特殊型」という意味の用語であるが，適当な訳語が見つからないので，本書ではサブタイプと呼ぶことにする．

サブタイプ関係 $\tau_1 \preceq \tau_2$ は，その意図に従えば，τ_1 を持つ任意の値は型 τ_2 をも持つ，という性質である．この性質を型理論の中で表現したものが，以下の**型の包摂規則**（subsumption rule）である．

(sub) $\quad \dfrac{\Gamma \triangleright M : \tau_1 \quad \tau_1 \preceq \tau_2}{\Gamma \triangleright M : \tau_2}$

この規則を含んだ型システムでは，各型は独立な値の集合に対応するのではなく，ある全体集合の中で型が表現する性質を満たす部分集合に対応することになる．サブタイプ関係の表示的意味は，直感的には以下のように表現される．

$$\tau_1 \preceq \tau_2 \iff [\![\tau_1]\!] \subseteq [\![\tau_2]\!]$$

Cardelli[7] は，以上の洞察に基づき，ラベル付きレコードとラベル付きバリアントで拡張された Λ の型システムにサブタイプ関係を定義し，規則 (sub) を追加することによって，サブタイプを含むレコード計算系を定義した．この計算系は，オブジェクト指向言語の型システムの設計の基礎を与えるとともに，オブジェクト指向言語の型理論的基礎付けの研究の端緒となったもの

である．

ラベル付きレコードとラベル付きバリアントを含んだ型の集合は以下のように与えられる．

$$\tau ::= b \mid \tau \to \tau \mid \{l_1 : \tau, \ldots, l_n : \tau\} \mid \langle l_1 : \tau, \ldots, l_n : \tau \rangle$$

この集合に対して，サブタイプ関係を導入することを考える．レコード型 $\{l_1 : \tau_1, \ldots, l_n : \tau_n\}$ は，l_i の属性が τ_i 型の値であるという性質と解釈できる．この解釈のもとでは，より属性の多い型が属性の少ない型を含意するから，より特殊な型となる．例えば，上の例の $color\_point$ 型は $point$ 型より特殊であり，したがって $color\_point$ 型は $point$ 型のサブタイプと考えられる．さらに，各属性自身も含意関係によってサブタイプ関係が定められているとすると，レコード型に関する以下の規則が得られる．

$$\{l_1 : \tau_1, \ldots, l_n : \tau_n, \ldots\} \preceq \{l_1 : \tau'_1, \ldots, l_n : \tau'_n\} \iff \tau_i \preceq \tau'_i (1 \leq i \leq n)$$

一方バリアント型の各フィールドは値の可能性の一つであるから，より属性の多い型がより一般的な型と考えられる．例えば $Currencies$ は $YenOrDollar$ より一般的な型である．よってバリアント型に関する以下の規則が得られる．

$$\langle l_1 : \tau_1, \ldots, l_n : \tau_n \rangle \preceq \langle l_1 : \tau'_1, \ldots, l_n : \tau'_n, \ldots \rangle \iff \tau_i \preceq \tau'_i (1 \leq i \leq n)$$

関数型 $\tau_1 \to \tau_2$ は，入力 τ_1 から出力 τ_2 を作り出す操作であり，型を性質と解釈すると，入出力に関する「τ_1 ならば τ_2 である」という性質と解釈できる．しかるに，一般に，「P ならば Q である」が「R ならば S である」を含意する条件は，R が P を含意しかつ Q が S を含意することである．したがって，τ'_1 が τ_1 のサブタイプかつ τ_2 が τ'_2 のサブタイプであれば，$\tau_1 \to \tau_2$ は $\tau'_1 \to \tau'_2$ のサブタイプと解釈できる．よって，関数型に対する以下の規則が得られる．

$$\tau_1 \to \tau_2 \preceq \tau'_1 \to \tau'_2 \iff \tau'_1 \preceq \tau_1 \text{かつ} \tau_2 \preceq \tau'_2$$

以上をまとめると，サブタイプ関係は図 6.1 の以下のように与えられる．

問 6.2.1 関係 $\preceq$ が半順序関係であることを確かめよ．

$$
\begin{array}{rcl}
b & \preceq & b \\
\{l_1:\tau_1,\ldots,l_n:\tau_n,\ldots\} & \preceq & \{l_1:\tau_1',\ldots,l_n:\tau_n'\} \quad (\tau_i \preceq \tau_i' \text{ のとき}) \\
\langle l_1:\tau_1,\ldots,l_n:\tau_n \rangle & \preceq & \langle l_1:\tau_1',\ldots,l_n:\tau_n',\ldots \rangle \quad (\tau_i \preceq \tau_i' \text{ のとき}) \\
\tau_1 \to \tau_2 & \preceq & \tau_1' \to \tau_2' \quad (\tau_1' \preceq \tau_1 \text{ かつ } \tau_2 \preceq \tau_2' \text{ のとき})
\end{array}
$$

図 6.1　サブタイプ関係

関数型のサブタイプ関係において，引き数型の順序 ($\tau_1' \preceq \tau_1$) が関数型の順序 ($\tau_1 \to \tau_2 \preceq \tau_1' \to \tau_2'$) と逆になっている点に関して混乱を引き起こすおそれがあるので，具体例で検証してみよう．point および color_point の二つの型を含んだ以下の二つの関数型を考えてみよう．

$$\tau_1 = point \to int$$
$$\tau_2 = color\_point \to int$$

τ_1 と τ_2 はどちらがより一般的な型と解釈できるであろうか? f を τ_1 を持つ任意の関数とする．関数型の解釈により，任意の point 型を持つオブジェクト p に対して $f\,p$ は int 型を持つ．c を color_point 型を持つ任意のオブジェクトとしよう．color_point $\preceq$ point であるから，c は同時に point 型をも持つ．したがって f を c に適用でき，その結果は int 型を持つ．これは f が型 τ_2 を持つための条件をも満たすことを意味する．したがって型 τ_1 を持つすべての関数は型 τ_2 をも持つことになり，τ_2 は τ_1 よりも一般的な型，すなわち $\tau_1 \preceq \tau_2$ と解釈できるのである．

Λ に上記のサブタイプ関係に基づく型付け規則 (sub) を付け加えて得られるシステムを $\Lambda^{\preceq}$ と書き，この型システムで $\Gamma \rhd M : \tau$ が導出可能であることを

$$\Lambda^{\preceq} \vdash \Gamma \rhd M : \tau$$

と書くことにする．$\Lambda^{\preceq}$ の型システムでは，メソッドの継承が型チェックの仕組みとして自動的に達成される．例えば color_point オブジェクト c に対する point のメソッド get_X の適用 $get\_X\ c$ に対しても図 6.2 に示すような型判定の導出が存在するから，point 型のメソッドは color_point オブジェ

$$point = \{X : int, Y : int\}$$
$$color\_point = \{X : int, Y : int, Color : string\}$$
$$get\_X = \lambda x : point.x.X$$
$$c1 = \{X = 1, Y = 2, Color = "green"\}$$

$$\cfrac{\cfrac{\{x : point\} \triangleright x : point}{\{x : point\} \triangleright x.X : int}}{\emptyset \triangleright get\_X : point \to int} \qquad \cfrac{\emptyset \triangleright c1 : color\_point}{\emptyset \triangleright c1 : point}$$
$$\emptyset \triangleright get\_X\ c1 : int$$

図 6.2 サブタイプを含んだ型チェックの例

クトにも適用可能である.

$\Lambda^{\preceq}$ をさらに多相型ラムダ計算へと拡張することも可能である. そのためには, 多相型ラムダ計算の型抽象機構を, 以下の形をした**限定型抽象**（bounded quantification）へ一般化すればよい.

$$\Lambda t \preceq \tau. M$$

限定型抽象されたラムダ式は, $\forall t \preceq \tau.\sigma$ の形をした限定付き多相型を持つ. この一般化によって, 多相型ラムダ計算とサブタイプを統合したシステムが構築できる. さらに, 型推論機構との統合 [53], より強力なレコード演算の導入 [8], 意味論の構築の試み [4] などが行われている.

簡約関係は一般に型情報に依存しないので, $\Lambda^{\preceq}$ の簡約関係は, Λ にレコードを追加したシステムと同一でよい. その簡約関係を用いて, $\Lambda^{\preceq}$ の操作的意味論を Λ と同様に定義でき, それに対して, 型システムの健全性を証明できる.

問 6.2.2 $\Lambda^{\preceq}$ に対して, 型に関する代入補題を証明せよ. すなわち, $\Lambda^{\preceq} \vdash \Gamma\{x : \tau_1\} \triangleright M_1 : \tau_2$ かつ $\Lambda^{\preceq} \vdash \Gamma \triangleright M_2 : \tau_1$ なら, $\Lambda^{\preceq} \vdash \Gamma \triangleright [M_2/x]M_1 : \tau_2$ であることを示せ.

問 6.2.3 $\Lambda^{\preceq}$ の簡約関係を定義し, 型保存定理を証明せよ.

しかしながら, Λ の表示的意味論および公理的意味論をそのまま $\Lambda^{\preceq}$ に適用

することはできない．困難の原因は，$\Lambda^{\leq}$ では式が同時に複数の型を持ちうることにある．例えば，Λ では，型判定

$$\emptyset \triangleright M : \{X : int, Y : int\}$$

が与えられれば，M は，$\{X = M_1, Y = M_2\}$ の形をした式に等しいはずである．したがって，この式の表示的意味は $\{X : int, Y : int\}$ の領域に属するはずである．さらに，例えば以下のような等式が成立するはずである．

$$\emptyset \triangleright M = \{X = M.X, Y = M.Y\} : \{X : int, Y : int\}$$

しかしながら，$\Lambda^{\leq}$ では，

$$M = ((\lambda x : \{X : int, Y : int\}.x)\ \{X = 3, Y = 4, Color = "Red"\}$$

のような式を考えれば明らかなように，実際の M は X と Y 以外のフィールドを含んでいる可能性があり，上記の基本的な性質が成立しない．$\Lambda^{\leq}$ は，明示的に型付けられたシステムであるが，同時に λ や λ^{let} のような暗黙に型付けられたシステムの性質をも併せ持つといえる．この性質のため，$\Lambda^{\leq}$ の一般的なモデルの概念は確立しているとはいえないが，4.1.2 の λ 意味論の所で紹介した考え方を応用すれば，$\Lambda^{\leq}$ の表示的意味を定義することは可能である．文献 [7] では，型無しラムダ計算に基づく意味論が定義され，それに基づく型システムの健全性が証明されている．文献 [4] では，$\Lambda^{\forall}$ の意味論を基にした多相型サブタイプ計算の意味論が与えられている．

6.2.1　サブタイプシステムの問題点

　サブタイプを含むシステムは，文献 [7, 9] で展開された説得力ある議論によって，オブジェクト指向言語の研究者や開発者から幅広い支持を受け，オブジェクト指向プログラミングと型理論とを統合する研究の一つの大きな流れとなった．

　しかしながら，サブタイプとオブジェクト指向言語におけるメソッドの継承の関係，およびサブタイプと多相型との関係には幾つかの問題が残っている．その中でも重要なものの一つに，**"型情報の喪失"** がある．この問題を

理解するために, point 型を含む以下のデータ型を考えてみよう.

$$moving\_point = \{Position : point, SpeedVector : \{X : int, Y : int\}\}$$

この構造に対して, メソッド

$$current\_position = \lambda x : moving\_point.x.Position$$

が定義されていたとする. moving_point のサブタイプである型

$$moving\_color\_point$$
$$= \{Position : color\_point, SpeedVector : \{X : int, Y : int\}\}$$

を考える. 規則 (sub) により, 関数 current_position は, moving_color_point 型のオブジェクトにも適用可能である. この適用を実際に実行して得られるオブジェクトは color_point であるはずである. しかしながら, 型システムが算出する適用の結果の型は point である. この現象は, 規則 (sub) を含む型システムでは, メソッドを適用することによってオブジェクトの型情報の一部を失うことがありうることを示している.

問 6.2.4 moving_color_point 型のオブジェクトを定義し, そのオブジェクトに current_position を適用した式に対する可能な型判定の導出を考えることにより, current_position を moving_color_point 型のオブジェクトに適用した結果に対しては, color_point が導出できないことを示せ.

この型情報の喪失は, 規則 (sub) を含むすべての型システムが持つ一般的な問題である. その原因は, 規則 (sub) の存在のもとでは, 型判定

$$M : \{l_1 : \tau_1, \ldots, l_n : \tau_n\}$$

は, M の評価の結果が型 $\{l_1 : \tau_1, \ldots, l_n : \tau_n\}$ で示される構造を持つことを意味しないという性質にある. M は, フィールド $l_1 : \tau_1, \ldots, l_n : \tau_n$ を含むより大きなレコードである可能性を常に持っている. この性質は, $\Lambda^{\leq}$ の意味論の構築を困難にしている原因でもあるが, 実用上も種々の困難を引き起こしている. この性質により, オブジェクトの正確な型を静的に決定することが一般的にできないため, 効率よいコードにコンパイルすることが難し

く，またレコードの同一性テストやレコードの連結（concatenation）などの演算を導入するのも難しくしている．

6.3 多相型レコード計算

$\Lambda^{\leq}$ の型システムは，レコードを操作する関数の汎用性を表現するために，レコードの型付けに柔軟性を持たせるというものであった．しかし，それによって，レコード型はレコード構造の正確な構造を反映するとは限らない曖昧なものになるという問題点もあった．柔軟なレコード処理を表現するもう一つの方法は，多相型の概念そのものを一般化することによって，レコードおよびバリアント型の基本演算の汎用性を表現することである．この方法では，レコード型は Λ 同様，指定するフィールドのみを含んだ厳密な構造を表現しており，型情報の喪失の問題点も発生しない．

レコード処理関数の汎用性を表現する多相型は，この関数の持ちうるすべての型を代表するものでなければならない．しかし第 5 章で説明した多相型システムの理論では，そのような型は表現できない．例えば，関数

$$get\_X = \lambda x.x.X$$

は $\{X:\tau,\ldots\} \to \tau$ の形をした無限に多くの型を持つが，$\Lambda^\forall$ の型システムでは，それらすべてを代表する型は表現できない．このため，前章で述べた通り，ML の型推論アルゴリズムも，これらレコード演算の持つ汎用性を正確に表現する型を推論できない．

この問題を解決する試みは，ML の型推論アルゴリズムのレコード型への拡張の研究として始められた．その代表的なものは，フィールドの列を値として取る**列変数**（row variable）を用いる方法である．Wand[58, 59] によって最初に試みられ，Rémy[44, 45] によって整合性ある型推論アルゴリズムが構築された．この方法では，列変数 ρ を用いて，$\{X:\tau,\ldots\}$ のような形の型を $\{\rho|X:\tau\}$ と表現することを試みる．しかしながら，列変数 ρ が任意のフィールド列を取りうる変数であるとすると，ρ が X フィールドを含む列の場合，全体のレコードに X フィールドが二回出現してしまうという不

整合が生じてしまう．Rémy はこの問題を，列変数 ρ の含みうるフィールドのラベルに制約を付けることによって解決した．$\rho^{\{l_1,\ldots,l_n\}}$ を，$\{l_1,\ldots,l_n\}$ のラベルを含まない列を表わす列変数とすると，$\{X:\tau,\ldots\}$ のような形の型は $\{\rho^{\{X\}}|X:\tau\}$ と表現できる．この機構を用いれば，上記の例の get_X 関数に対して，以下の型を推論可能である．

$$get\_X : \{\rho^{\{X\}}|X:t\} \to t$$

以上の機構を 5.6 節で解説した ML の型推論アルゴリズムと統合することによって，レコードやバリアントも扱える型推論アルゴリズムを構築可能である．

この列変数を含むシステムと多相型ラムダ計算に基づく型の多相性の理論とを統合する試みも行われている．しかし第 5 章で解説した型の多相性の理論との関係が確立しているとはいえない．列変数を含んだシステムの詳細は，文献 [44, 45] などに譲り，本章では，型変数をさらに型付けることによって，レコード処理の多相性を表現す多相型レコード計算の理論 [43] を紹介する．多相型レコード計算は，多相型ラムダ計算の拡張であり，第 5 章で解説した型の多相性に関する結果のほとんどをレコード構造へ一般化することが可能である．

型理論においては型の型を**種類** (kind) と呼ぶ．多相型レコード計算では，$\{X:\tau,\ldots\}$ のような形の型を，フィールド $X:\tau$ を含む任意のレコード型を表わすレコード種類 $\{\!\{X:\tau\}\!\}$ を持つ型変数で表現する．通常の型変数を，任意の型を表わす種類 U を持つ型変数とみなせば，すべての型変数を種類付き型変数として扱うことができる．この種類の概念を使い，型変数の取りうる型を限定した多相型を使用すれば，上記の関数の型を，以下のように表現することが可能となる．

$$\lambda x.x.X : \forall t_1 :: U.\forall t_2 :: \{\!\{X:t_1\}\!\}.t_2 \to t_1$$

ここで，$\forall t_1 :: U$ は，t_1 が任意の型を取りうることを示し，$\forall t_2 :: \{\!\{X:t_1\}\!\}$ は，t_2 が $X:t_1$ を含むレコード型を取りうる型変数であることを意味する．この解釈により，この型は確かに $\{X:\tau,\ldots\} \to \tau$ の形をした無限に多くの

型を表現している．

6.3.1 多相型レコード計算の定義

以上の考えを多相型ラムダ計算と統合することにより，多相型レコード処理と多相型バリアント処理が表現可能な，多相型レコード計算 $\Lambda^{\forall t::k}$ を構築することができる．

型の集合と種類の集合を以下のように定義する．

$$\sigma ::= b \mid t \mid \sigma \to \sigma \mid \{l:\sigma,\cdots,l:\sigma\} \mid \langle l:\sigma,\cdots,l:\sigma\rangle \mid \forall t::k.\sigma$$
$$k ::= U \mid \{\!\{l:\sigma,\cdots,l:\sigma\}\!\} \mid \langle\!\langle l:\sigma,\cdots,l:\sigma\rangle\!\rangle$$

$\forall t::k.\sigma$ は，型変数 t が種類 k で示される型集合上に限定された**種類付き多相型**である．U はすべての型集合を意味する種類定数，$\{\!\{l_1:\sigma_1,\cdots,l_n:\sigma_n\}\!\}$ および $\langle\!\langle l_1:\sigma_1,\cdots,l_n:\sigma_n\rangle\!\rangle$ はそれぞれ，指定されたフィールドを含むレコード型の集合およびバリアント型の集合を表わす種類である．以前同様，型および種類に現われるラベル $l_1,\cdots,l_n$ は互いに相異なり，かつその順序は重要でないものとする．

種類付き型多相 $\forall t::k.\sigma$ は型変数 σ の中の t を束縛するが，k の中の t は束縛しない．型 σ および種類 k の中の自由型変数をそれぞれ $FTV(\sigma)$ および $FTV(k)$ と書く．多相型に対する定義は，$FTV(\forall t::k.\sigma) = FTV(k) \cup (FTV(\sigma)) \setminus \{t\}$ である．その他の型構成子に対する定義は多相型ラムダ計算の場合と同様である．以前同様，束縛型変数に関する約束を仮定し，束縛型変数の名前のみが異なる型を同一視する．

$\Lambda^{\forall t::k}$ の式の集合は以下の文法で与えられる．

$$M ::= x \mid c^b \mid \lambda x:\sigma.M \mid M\,M \mid \lambda t::k.M \mid M\,\sigma$$
$$\mid \{l=M,\cdots,l=M\} \mid M.l \mid modify(M,l,M)$$
$$\mid (\langle l=M\rangle:\sigma) \mid case\ M\ of\ l \Rightarrow M,\cdots,l \Rightarrow M$$

$\lambda t::k.M$ は種類付き型抽象である．$modify(M_1,l,M_2)$ は，ラベル l を含むレコード M_1 を受け取り，l のフィールドの値のみ M_2 に変えた新しいレコードを生成する操作である．この操作の多相性を考えなければ，この操作は，

フィールド取り出しとレコード生成を組み合わせて実現できるので，式構成子として導入する必要はない．したがって，多相型レコード処理が表現できないシステムでは，この操作を新しく導入する必要はないが，現在定義している $\Lambda^{\forall t::k}$ の場合は，この操作が表現する汎用性は，他の操作との組み合わせでは実現できない．

以前同様，束縛変数に関する約束を仮定し，束縛変数名のみが異なる式を同一視する．式 M の自由型変数を $FTV(M)$ と書くことにする．$FTV(M)$ は，型抽象式に対しては，

$$FTV(\lambda t::k.M) = FTV(k) \cup (FTV(M) \setminus \{t\})$$

と定義される．その他の式構成子に対する定義は $\Lambda^\forall$ の場合と同様である．

多相型レコード計算においては，変数が型付けられていなければならないのと同様に，型変数は種類付けられていなければならない．したがって，多相型レコード計算の型システムを定義するためには，まず型変数の種類付けの定義が必要である．自由型変数の種類付けを行う**種類環境** $\mathcal{K}$ を型変数の有限集合から種類への関数とする．$\mathcal{K}$ 自身も型変数を含むが，それらも $\mathcal{K}$ 自身で種類付けられている必要がある．種類環境 $\mathcal{K}$ が，任意の $t \in dom(\mathcal{K})$ に対して，$FTV(\mathcal{K}(t)) \subseteq dom(\mathcal{K})$ を満たすとき，**整合的**であるという．以降，種類環境 $\mathcal{K}$ は整合的であると仮定する．$\mathcal{K}$ が整合的であり，$t \notin dom(\mathcal{K})$，かつ $FTV(k) \subseteq dom(\mathcal{K})$ であるとき，$\mathcal{K} \cup \{(t,k)\}$ を記法 $\mathcal{K}\{t::k\}$ と書くことにする．また，$((\mathcal{K}\{t_1::k_1\})\{t_2::k_2\}\cdots)\{t_n::k_n\}$ を $\mathcal{K}\{t_1::k_1,\cdots,t_n::k_n\}$ と書くことにする．型 σ が種類環境 $\mathcal{K}$ のもとで整合的であるのは，$FTV(\sigma) \subseteq dom(\mathcal{K})$ のときである．その他型を含む構造のなかに含まれる自由型変数が $\mathcal{K}$ の定義域に含まれるとき，$\mathcal{K}$ のもとで整合的であるという．

以上の準備のもとに，型が種類を持つ条件を規定する種類判定，$\mathcal{K} \vdash \sigma :: k$，を種類 k の構造に応じて以下のように定める．

- $\mathcal{K}$ の下で整合的な任意の σ について，$\mathcal{K} \vdash \sigma :: U$ である．
- もし $\mathcal{K}(t) = \{\!\{l_1 : \sigma_1, \ldots, l_n : \sigma_n, \cdots\}\!\}$ なら $\mathcal{K} \vdash t :: \{\!\{l_1 : \sigma_1, \ldots, l_n : \sigma_n\}\!\}$ である．
- もし $\{\!\{l_1 : \sigma_1, \ldots, l_n : \sigma_n, \cdots\}\!\}$ が $\mathcal{K}$ の下で整合的なら $\mathcal{K} \vdash \{l_1 : \sigma_1, \ldots, l_n :$

$\sigma_n, \cdots\} :: \{\!\{l_1 : \sigma_1, \ldots, l_n : \sigma_n\}\!\}$ である.

- もし $\mathcal{K}(t) = \langle l_1 : \sigma_1, \ldots, l_n : \sigma_n, \cdots \rangle$ なら $\mathcal{K} \vdash t :: \langle\!\langle l_1 : \sigma_1, \ldots, l_n : \sigma_n \rangle\!\rangle$ である.

- もし $\langle l_1 : \sigma_1, \ldots, l_n : \sigma_n, \cdots \rangle$ が $\mathcal{K}$ の下で整合的なら,$\mathcal{K} \vdash \langle l_1 : \sigma_1, \ldots, l_n : \sigma_n, \cdots \rangle :: \langle\!\langle l_1 : \sigma_1, \ldots, l_n : \sigma_n \rangle\!\rangle$ である.

問 6.3.1 もし $\mathcal{K} \vdash \sigma :: k$ なら,k と σ の両方とも,$\mathcal{K}$ のもとで整合的であることを確かめよ.

以前同様,型の代入を,型変数の有限集合から型への関数と定義し,型の代入 S と S の型集合への拡張を同一視する.型の代入を,種類を保存するように一般化する.**種類付き代入**を,型の代入と種類環境の組 $(\mathcal{K}, S)$ で,かつ任意の $t \in dom(S)$ について $S(t)$ が整合的であるものとする.$(\mathcal{K}, S)$ における種類環境 $\mathcal{K}$ は,代入の後成り立つべき種類制約である.種類付き代入 $(\mathcal{K}_1, S)$ が,任意の $t \in dom(\mathcal{K}_2)$ について $\mathcal{K}_1 \vdash S(t) :: S(\mathcal{K}_2(t))$ を満たすとき,$(\mathcal{K}_1, S)$ は種類環境 $\mathcal{K}_2$ を満たすという.この条件は,種類付き代入が適用可能な必要十分条件を規定する.すなわち,もし $(\mathcal{K}_1, S)$ が $\mathcal{K}$ を満たすなら,$(\mathcal{K}_1, S)$ は $\mathcal{K}$ で種類付けられた型に適用することができ,結果は,$\mathcal{K}_1$ で種類付けられた型 $S(\sigma)$ となる.以下の補題は簡単に証明できる.

補題 6.3.1 σ が $\mathcal{K}$ の下で整合的でありかつ種類付き代入 $(\mathcal{K}_1, S)$ が $\mathcal{K}$ を満たすなら,$S(\sigma)$ は $\mathcal{K}_1$ の下で整合的である.種類 k についても同様である.

補題 6.3.2 もし $\mathcal{K} \vdash \sigma :: k$ かつ種類付き代入 $(\mathcal{K}_1, S)$ が $\mathcal{K}$ を満たすなら,$\mathcal{K}_1 \vdash S(\sigma) :: S(k)$ である.

問 6.3.2 補題 6.3.1と 6.3.2を証明せよ.

問 6.3.3 補題 6.3.2を用いて,もし $(\mathcal{K}_1, S_1)$ が $\mathcal{K}$ を満たし,$(\mathcal{K}_2, S_2)$ が $\mathcal{K}_1$ を満たせば,$(\mathcal{K}_2, S_2 \circ S_1)$ は $\mathcal{K}$ を満たすことを示せ.

以上の準備のもとで,型システムを定義する.以前同様 Γ を変数の型環境とする.型システムを,

$$\mathcal{K}, \Gamma \triangleright M : \sigma$$

の形をした型判定の導出システムとして定義する．図 6.3 に型付け規則の定義を示す．$\mathcal{K}, \Gamma \triangleright M : \sigma$ がこの型システムで導出可能なとき，$\Lambda^{\forall t::k} \vdash \mathcal{K}, \Gamma \triangleright M : \sigma$ と書く．

以上定義した多相型レコード計算は，種々のレコード操作の多相性を表現することができる．例えば，以前例に挙げたレコードに対する関数 get_X やバリアント $payment$ は以下のような式で表現可能である．

$$get\_X = \lambda t_1 :: U.\lambda t_2 :: \{\!\{X : t_1\}\!\}.\lambda x : t_2.x.X$$
$$payment = \lambda t :: \langle\!\langle Pound : real \rangle\!\rangle.(\langle Pound = 100.0 \rangle : t)$$

これらの式は以下の型判定を持つ．

$$\Lambda^{\forall t::k} \vdash \emptyset, \emptyset \triangleright get\_X : \forall t_1 :: U.\forall t_2 :: \{\!\{X : t_1\}\!\}.t_2 \to t_1$$
$$\Lambda^{\forall t::k} \vdash \emptyset, \emptyset \triangleright payment : \forall t :: \langle\!\langle Pound : real \rangle\!\rangle.t$$

適当な型適用により，これら式は種々の型のデータに適用可能である．以下にその例を示す．

$(\lambda f : \forall t_1 :: U.\forall t_2 :: \{\!\{X : t_1\}\!\}.t_2 \to t_1.$
$\quad (f\ int\ \{X : int, Y : int\}\ \{X = 3, Y = 4\},$
$\quad f\ int\ \{X : int, Y : int, Color : string\}$
$\qquad \{X = 3, Y = 4, Color = "Red"\}))\ get\_X$

$(\lambda f : \forall t :: \langle\!\langle Pound : real \rangle\!\rangle.t$
$\quad (case\ f\ \langle Pound : real, Dollar : real \rangle\ of$
$\qquad Pound \Rightarrow \lambda x : real.x, Dollar \Rightarrow \lambda x : real.x * 0.68,$
$\quad case\ f\ \langle Pound : real, Yen : int \rangle\ of$
$\qquad Pound \Rightarrow \lambda x : real.real\_to\_int(x * 150.0), Yen \Rightarrow \lambda x : int.x))$
$payment$

さらにこの計算系では，サブタイプを含むシステムで問題となった型情報の喪失等の現象は起こらない．$\Lambda^{\forall t::k}$ は $\Lambda^{\forall}$ 同様以下の性質を持つ．

命題 6.3.1 任意の $\mathcal{K}, \Gamma, M$ に対して $\Lambda^{\forall t::k} \vdash \mathcal{K}, \Gamma \triangleright M : \sigma$ となる σ は高々一つしか存在しない．さらに，$\Lambda^{\forall t::k} \vdash \mathcal{K}, \Gamma \triangleright M : \sigma$ の導出は唯一である．

(var) $\mathcal{K}, \Gamma\{x : \sigma\} \triangleright x : \sigma$ ($\Gamma\{x : \sigma\}$ が $\mathcal{K}$ の下で整合的であるとき)

(abs) $$\frac{\mathcal{K}, \Gamma\{x : \sigma_1\} \triangleright M_1 : \sigma_2}{\mathcal{K}, \Gamma \triangleright \lambda x : \sigma_1.M_1 : \sigma_1 \to \sigma_2}$$

(app) $$\frac{\mathcal{K}, \Gamma \triangleright M_1 : \sigma_1 \to \sigma_2 \quad \mathcal{K}, \Gamma \triangleright M_2 : \sigma_1}{\mathcal{K}, \Gamma \triangleright M_1\ M_2 : \sigma_2}$$

(tabs) $$\frac{\mathcal{K}\{t :: k\}, \Gamma \triangleright M : \sigma}{\mathcal{K}, \Gamma \triangleright \lambda t :: k.M : \forall t :: k.\sigma} \quad (t \notin FTV(\Gamma) \text{ のとき})$$

(tapp) $$\frac{\mathcal{K}, \Gamma \triangleright M : \forall t :: k.\sigma_1 \quad \mathcal{K} \vdash \sigma_2 :: k}{\mathcal{K}, \Gamma \triangleright M\ \sigma_2 : [\sigma_2/t](\sigma_1)}$$

(record) $$\frac{\mathcal{K}, \Gamma \triangleright M_i : \sigma_i\ (1 \le i \le n)}{\mathcal{K}, \Gamma \triangleright \{l_1 = M_1, \cdots, l_n = M_n\} : \{l_1 : \sigma_1, \cdots, l_n : \sigma_n\}}$$

(dot) $$\frac{\mathcal{K}, \Gamma \triangleright M : \sigma_1 \quad \mathcal{K} \vdash \sigma_1 :: \{\!\!\{l : \sigma_2\}\!\!\}}{\mathcal{K}, \Gamma \triangleright M.l : \sigma_2}$$

(modify) $$\frac{\mathcal{K}, \Gamma \triangleright M_1 : \sigma_1 \quad \mathcal{K}, \Gamma \triangleright M_2 : \sigma_2 \quad \mathcal{K} \vdash \sigma_1 :: \{\!\!\{l : \sigma_2\}\!\!\}}{\mathcal{K}, \Gamma \triangleright modify(M_1, l, M_2) : \sigma_1}$$

(variant) $$\frac{\mathcal{K}, \Gamma \triangleright M : \sigma_1 \quad \mathcal{K} \vdash \sigma_2 :: \langle\!\langle l : \sigma_1 \rangle\!\rangle}{\mathcal{K}, \Gamma \triangleright (\langle l = M \rangle : \sigma_2) : \sigma_2}$$

(case) $$\frac{\mathcal{K}, \Gamma \triangleright M : \langle l_1 : \sigma_1, \cdots, l_n : \sigma_n \rangle \quad \mathcal{K}, \Gamma \triangleright M_i : \sigma_i \to \sigma\ (1 \le i \le n)}{\mathcal{K}, \Gamma \triangleright case\ M\ of\ l_1 \Rightarrow M_1, \cdots, l_n \Rightarrow M_n : \sigma}$$

図 6.3　多相型レコード計算の型システム

$$
\begin{align*}
(\beta) \quad & (\lambda x : \sigma.M)\, N \Longrightarrow [N/x]M \\
(\text{type-}\beta) \quad & (\lambda t :: k.M)\, \sigma \Longrightarrow [\sigma/t]M \\
(\text{dot}) \quad & \{l_1 = M_1, \cdots, l_n = M_n\}.l_i \Longrightarrow M_i \ (1 \leq i \leq n) \\
(\text{modify}) \quad & \mathit{modify}(\{l_1 = M_1, \cdots, l_n = M_n\}, l_i, N) \Longrightarrow \\
& \quad \{l_1 = M_1, \cdots, l_i = N, \cdots, l_n = M_n\} \\
(\text{case}) \quad & \mathit{case}\ (\langle l_i = M \rangle : \sigma)\ \mathit{of}\ l_1 \Rightarrow M_1, \cdots, l_n \Rightarrow M_n \Longrightarrow M_i\, M
\end{align*}
$$

図 6.4 多相型レコード計算の簡約公理

6.3.2 $\Lambda^{\forall t::k}$ の簡約システムと型保存定理

$\Lambda^{\forall t::k}$ に対する厳密な表示的意味論や公理的意味論，およびそれらの性質を $\Lambda^{\forall t::k}$ に拡張するのは，そう困難なことではない．しかしこれらの拡張は行わず，操作的意味論の基本となる簡約関係とその性質を示すにとどめる．

$\Lambda^{\forall t::k}$ に対する簡約公理を図 6.4 に与える．この公理をもとに，1 ステップ簡約関係およびその反射的推移的閉包である簡約関係は，$\Lambda^{\forall}$ の場合同様に定義できる．

この簡約関係は，型を保存することを示せる．まず種類を保存する型の代入が，型判定を保存することを示す．

補題 6.3.3 もし $\Lambda^{\forall t::k} \vdash \mathcal{K}_1, \Gamma \triangleright M : \sigma$ でかつ $(\mathcal{K}_2, S)$ が $\mathcal{K}_1$ を満たすなら，$\Lambda^{\forall t::k} \vdash \mathcal{K}_2, S(\Gamma) \triangleright S(M) : S(\sigma)$ である．

証明 $\Lambda^{\forall t::k} \vdash \mathcal{K}_1, \Gamma \triangleright M : \sigma$ かつ $(\mathcal{K}_2, S)$ が $\mathcal{K}_1$ を満たすと仮定し，M の構造に関する帰納法で証明する．

x の場合．Γ が $\mathcal{K}_1$ のもとで整合的でありかつ $(\mathcal{K}_2, S)$ は $\mathcal{K}_1$ を満たすから，$S(\Gamma)$ は $\mathcal{K}_2$ の下で整合的である．また，$S(\Gamma)(x) = S(\sigma)$ が成り立つ．よって，$\Lambda^{\forall t::k} \vdash \mathcal{K}_2, S(\Gamma) \triangleright x : S(\sigma)$ である．

$\lambda t :: k.M_1$ の場合．$\sigma = \forall t :: k.\sigma_1$ かつ $t \notin FTV(\Gamma)$ である σ_1 に対して $\Lambda^{\forall t::k} \vdash \mathcal{K}_1\{t::k\}, \Gamma \triangleright M_1 : \sigma_1$ となるはずである．束縛型変数の約束により，t は S と $\mathcal{K}_2$ の現われることはないと仮定してよい．k は $\mathcal{K}_1$ の下で整合

的でありかつ $(\mathcal{K}_2, S)$ は $\mathcal{K}_1$ を満たすから, $S(k)$ は $\mathcal{K}_2$ の下で整合的である. すると $\mathcal{K}_2\{t::S(k)\}$ は整合的であり, $(\mathcal{K}_2\{t::S(k)\}, S)$ は $\mathcal{K}_1\{t::k\}$ を満たす. 帰納法の仮定より, $\Lambda^{\forall t::k} \vdash \mathcal{K}_2\{t::S(k)\}, S(\Gamma) \triangleright S(M_1) : S(\sigma_1)$ である. $t \notin FTV(S(\Gamma))$ であるから, 規則 (tabs) より $\Lambda^{\forall t::k} \vdash \mathcal{K}_2, S(\Gamma) \triangleright \lambda t::S(k).S(M_1) : \forall t::S(k).S(\sigma_1)$ が成り立つ.

$M_1 \sigma_1$ の場合. ある σ_2, t, k があって, $\Lambda^{\forall t::k} \vdash \mathcal{K}_1, \Gamma \triangleright M_1 : \forall t::k.\sigma_2$, $\mathcal{K}_1 \vdash \sigma_1 :: k$, $\sigma = [\sigma_1/t](\sigma_2)$ が成り立つはずである. 帰納法の仮定と束縛変数の約束より, $\Lambda^{\forall t::k} \vdash \mathcal{K}_2, S(\Gamma) \triangleright S(M_1) : \forall t::S(k).S(\sigma_2)$ が成り立つ. 補題 6.3.2 より, $\mathcal{K}_2 \vdash S(\sigma_1) :: S(k)$ が成り立つ. よって規則 (tapp) より $\Lambda^{\forall t::k} \vdash \mathcal{K}_2, S(\Gamma) \triangleright S(M_1) \, S(\sigma_1) : [S(\sigma_1)/t](S(\sigma_2))$ である. しかるに $t \notin FTV(S)$ であるから, $[S(\sigma_1)/t](S(\sigma_2)) = S([\sigma_1/t](\sigma_2)) = S(\sigma)$ が成り立つ.

$M.l$ の場合. $\mathcal{K}_1 \vdash \sigma_1 :: \{\!\{l : \sigma\}\!\}$ なるある σ_1 に対して $\Lambda^{\forall t::k} \vdash \mathcal{K}_1, \Gamma \triangleright M : \sigma_1$ であるはずである. 帰納法の仮定より, $\Lambda^{\forall t::k} \vdash \mathcal{K}_2, S(\Gamma) \triangleright S(M) : S(\sigma_1)$ が成り立つ. 補題 6.3.2 より, $\mathcal{K}_2 \vdash S(\sigma_1) :: \{\!\{l : S(\sigma)\}\!\}$ である. よって規則 (dot) より, $\Lambda^{\forall t::k} \vdash \mathcal{K}_2, S(\Gamma) \triangleright S(M).l : S(\sigma)$ である.

$modify(M_1, l, M_2)$ および $(\langle l = M \rangle : \sigma)$ の場合は, $M_1.l$ と同様に証明できる. 他のケースは, 帰納法の仮定よりすぐ証明できる. ∎

さらに $\Lambda^\forall$ の場合同様以下の代入補題が成り立つ.

補題 6.3.4　もし $\Lambda^{\forall t::k} \vdash \mathcal{K}, \Gamma\{x : \sigma_1\} \triangleright M : \sigma_2$ かつ $\Lambda^{\forall t::k} \vdash \mathcal{K}, \Gamma \triangleright N : \sigma_1$ なら $\Lambda^{\forall t::k} \vdash \mathcal{K}, \Gamma \triangleright [N/x]M : \sigma_2$ が成り立つ.

証明　$\Lambda^{\forall t::k} \vdash \mathcal{K}, \Gamma\{x : \sigma_1\} \triangleright M : \sigma_2$ かつ $\Lambda^{\forall t::k} \vdash \mathcal{K}, \Gamma \triangleright N : \sigma_1$ と仮定し, M の構造に関する帰納法で証明する.

$\lambda t::k.M_1$ の場合. $\sigma_2 = \forall t::k.\sigma_3$, $t \notin FTV(\Gamma\{x : \sigma_1\})$ なる σ_3 があって, $\Lambda^{\forall t::k} \vdash \mathcal{K}\{t::k\}, \Gamma\{x : \sigma_1\} \triangleright M_1 : \sigma_3$ である. $\Lambda^{\forall t::k} \vdash \mathcal{K}, \Gamma \triangleright N : \sigma_1$ より, $\Lambda^{\forall t::k} \vdash \mathcal{K}\{t::k\}, \Gamma \triangleright N : \sigma_1$ である. 帰納法の仮定より $\Lambda^{\forall t::k} \vdash \mathcal{K}\{t::k\}, \Gamma \triangleright [N/x]M : \sigma_3$ である. $t \notin FTV(\Gamma) \subseteq FTV(\Gamma\{x : \sigma_1\})$ であるから規則 (tabs) より $\Lambda^{\forall t::k} \vdash \mathcal{K}, \Gamma \triangleright \lambda t::k.[N/x]M : \forall t::k.\sigma_3$ が成立する.

$M_1.l$ の場合．ある σ_3 があって，$\Lambda^{\forall t::k} \vdash \mathcal{K}, \Gamma\{x : \sigma_1\} \rhd M_1 : \sigma_3$ かつ $\mathcal{K} \vdash \sigma_3 :: \!\{\!| l : \sigma_2 |\!\}\!$ である．帰納法の仮定より，$\Lambda^{\forall t::k} \vdash \mathcal{K}, \Gamma \rhd [N/x]M_1 : \sigma_3$ である．規則 (dot) より $\Lambda^{\forall t::k} \vdash \mathcal{K}, \Gamma \rhd [N/x]M_1.l : \sigma_2$ が成立する．

$modify(M_1, l, M_2)$ および $(\langle l = M \rangle : \sigma)$ は $M.l$ の場合と同様に証明できる．その他の場合は，$\Lambda^\forall$ の場合と同様である．∎

これらの性質を使えば，以下の型保存定理が証明できる．

定理 6.3.1 もし $\Lambda^{\forall t::k} \vdash \mathcal{K}, \Gamma \rhd M : \sigma$ かつ $M \twoheadrightarrow N$ なら，$\Lambda^{\forall t::k} \vdash \mathcal{K}, \Gamma \rhd N : \sigma$ である．

証明は，$\Lambda^\forall$ の場合と同様，各簡約公理が型を保存することによって行う．詳細は練習問題とする．

問 6.3.4 新たに定義した簡約関係が満たさねばならないもう一つの基本性質に合流性がある．以上定義した $\Lambda^{\forall t::k}$ の簡約関係は，$\Lambda^\forall$ の β 簡約関係にレコードとバリアントに関する規則を追加したものである．新たに追加された規則を見れば，それらは (β) と (type β) とは独立に式に作用すると期待できる．したがって，新たな規則によって生成される簡約関係が合流性を持ち，かつ (β) と (type β) によって生成される簡約関係が合流性を持てば，$\Lambda^{\forall t::k}$ の簡約関係も合流性を持つと期待できる．この洞察に基づき，$\Lambda^{\forall t::k}$ の合流性を以下の手順で示せ．

1. (dot)，(modify)，および (case) の三つの公理によって定義される簡約システムを $\xrightarrow{\;\;}^1$，(β) と (type β) の二つの公理によって定義される簡約システムを $\xrightarrow{\;\;}^2$ とする．$\xrightarrow{*}^2$ は合流性を持つことが知られている．$\xrightarrow{*}^1$ が合流性を持つことを示せ．
2. $\xrightarrow{*}^1$ と $\xrightarrow{*}^2$ は可換である，つまり以下の性質を持つことを示せ．

    任意の M について，$M \xrightarrow{*}^1 N_1$ かつ $M \xrightarrow{*}^2 N_2$ なら，$N_1 \xrightarrow{*}^2 N$ かつ $N_2 \xrightarrow{*}^1 N$ となる N が存在する．

3. 一般に，二つの簡約関係 $\xrightarrow{*}^1$ と $\xrightarrow{*}^2$ がそれぞれ合流性を持ち，かつ $\xrightarrow{*}^1$ と $\xrightarrow{*}^2$ が可換であれば，$\xrightarrow{*}_1 \cup \xrightarrow{*}_2$ も合流性を持つことを示せ．

3. の性質は Hindley-Rosen の定理と呼ばれる性質であり，既存の簡約関係を拡張して得られる新しい簡約関係が合流性を持つことを証明する上で有用である．

6.3.3 多相型レコード計算の型推論

$\Lambda^{\forall t::k}$ が必要とする型宣言は，種類の導入により，$\Lambda^\forall$ の場合より一層複雑なものとなる．レコード演算を含む実用的な多相型プログラミング言語を構築するためには，型推論アルゴリズムを構築する必要がある．

$\Lambda^\forall$ の型を叙述的なものに制限することによって型推論アルゴリズムが構築できたように，$\Lambda^{\forall t::k}$ を叙述的なものに制限することによって，多相型レコード処理を含む型推論システム $\lambda^{\forall t::k}$ を構築することができる．叙述的な多相型レコード計算となるためには，型と種類の集合を以下のように定義し直せばよい．

$$\tau ::= b \mid t \mid \tau \to \tau \mid \{l:\tau,\cdots,l:\tau\} \mid \langle l:\tau,\cdots,l:\tau\rangle$$
$$\sigma ::= \tau \mid \forall t::k.\tau$$
$$k ::= U \mid \{\!\{l:\tau,\cdots,l:\tau\}\!\} \mid \langle\!\langle l:\tau,\cdots,l:\tau\rangle\!\rangle$$

以前と違い，種類は単相型の部分集合を意味する．例えば U はすべての単相型の集合を表わす．型の種類付け規則は，この違いを除けば，以前と同様である．

型無し式の集合を以下のように定義する．

$$\begin{aligned}e ::=\ & x \mid c^b \mid \lambda x.e \mid e\,e \mid \text{let } x = e \text{ in } e \\ & \mid \{l=e,\cdots,l=e\} \mid e.l \mid modify(e,l,e) \\ & \mid \langle l=e\rangle \mid case\ e\ of\ l \Rightarrow e,\cdots,l \Rightarrow e\end{aligned}$$

この式に対する型付け規則は，図 6.3 の規則の中の式を対応する型無し式で置き換えることによって得られる．その型システムを $\lambda^{\forall t::k}$ と書き，$\mathcal{K},\Gamma \triangleright e : \sigma$ がこの型システムで導出できるとき，$\lambda^{\forall t::k} \vdash \mathcal{K},\Gamma \triangleright e : \sigma$ と書く．

$\lambda^{\forall t::k}$ の型推論アルゴリズムを構築するためには，$\lambda^{\forall t::k}$ の（単相）型の単一化アルゴリズムを構築する必要がある．そのために，以前 4 章で定義した型の単一化アルゴリズムを，種類制約が保存されるように拡張する．

種類付き等式集合を，種類環境 $\mathcal{K}$ と $\mathcal{K}$ の下で整合的な型の等式の組 $(\mathcal{K},E)$ とする．型の代入 S が E の任意の等式 $\tau_1 = \tau_2$ について，$S(\tau_1) = S(\tau_2)$ となるとき，E を満たすという．種類付き型代入 $(\mathcal{K}_1,S)$ が $\mathcal{K}$ を満たし S

が E を満たすとき，$(\mathcal{K}_1, S)$ を種類付き等式集合 $(\mathcal{K}, E)$ の単一化と呼ぶ．$(\mathcal{K}_1, S)$ が $(\mathcal{K}_2, E)$ の最も一般的な単一化であるのは，$(\mathcal{K}_2, E)$ の任意の単一化 $(\mathcal{K}_3, S_2)$ に対して，$(\mathcal{K}_3, S_3)$ が $\mathcal{K}_1$ を満たし $S_2 = S_3 \circ S$ となるある代入 S_3 が存在するときである．

第4章における単一化の定義にならい，$\lambda^{\forall t::k}$ の型の単一化アルゴリズムを，等式集合 E，種類環境 $\mathcal{K}$，型の代入 S，(必ずしも整合的とは限らない) 種類環境 $\mathcal{S}$ の四つ組 $(E, \mathcal{K}, S, \mathcal{S})$ の変形規則を通じて定義する．これら要素の意図する役割は以下の通りである．E は単一化しなければならない等式集合，$\mathcal{K}$ はチェックしなければならない種類制約，S は $t = \tau$ の形のすでに"解決済みの"型等式集合，$\mathcal{S}$ は S のすでに"解決済みの"種類制約を，それぞれ表わす．

規則を簡潔に記述するために，ラベルの有限集合から型への関数を F で表わし，レコード型およびレコード種類を $\{F\}$ および $\{\!\{F\}\!\}$ と書くことにする．F_1, F_2 が関数のとき，$dom(F) = dom(F_1) \cup dom(F_2)$，$F(x) = F_2(x)$ ($x \in dom(F_2)$ のとき) $F(x) = F_1(x)$ ($x \notin dom(F_2)$ のとき) なる関数 F を $F_1 \pm F_2$ で表わす．図6.5に変形規則集合の一部を示す．完全な変形規則の集合は，レコード型に関する規則 (iii) – (v) と同様のバリアントに関する規則を追加したものである．

$(\mathcal{K}, E)$ を与えられた種類付き等式集合とする．アルゴリズム $\mathcal{U}$ はまず，変形規則を用いて $(E, \mathcal{K}, \emptyset, \emptyset)$ を，これ以上変形できなくなるまで変形し，$(E', \mathcal{K}', S, \mathcal{S})$ を得る．もし，$E' = \emptyset$ なら $(\mathcal{K}', S)$ を返し，そうでなければエラーを報告する．このアルゴリズムは，種類付き型等式集合の最も一般的単一化を計算することを証明できる．

この単一化アルゴリズムを用いて，$\lambda^{\forall t::k}$ の型推論アルゴリズム $\mathcal{KPTS}$ を図6.6, 6.7のように構築できる．

この型推論アルゴリズムによる型推論の例を示す．

$$\mathcal{WK}(\emptyset, \emptyset, \lambda x.x.X) = (\{t_2 :: U, t_3 :: \{\!\{X : t_2\}\!\}\}, [t_3/t_1], t_3 \to t_2)$$

$$\mathcal{WK}(\emptyset, \emptyset, \langle Pound = 100.0 \rangle) = (\{t :: \langle\!\langle Pound : real \rangle\!\rangle\}, \emptyset, t)$$

(i) $(E \cup \{(\tau, \tau)\}, \mathcal{K}, S, \mathcal{S}) \Longrightarrow (E, \mathcal{K}, S, \mathcal{S})$

(ii) $(E \cup \{(t, \tau)\}, \mathcal{K} \cup \{(t, U)\}, S, \mathcal{S})$
$\Longrightarrow ([\tau/t](E), [\tau/t](\mathcal{K}), [\tau/t](S) \cup \{(t, \tau)\},$
$[\tau/t](\mathcal{S}) \cup \{(t, U)\})$ ($t \notin FTV(\tau)$ のとき)

(iii) $(E \cup \{(t_1, t_2)\}, \mathcal{K} \cup \{(t_1, \{\!\{F_1\}\!\}), (t_2, \{\!\{F_2\}\!\})\}, S, \mathcal{S})$
$\Longrightarrow ([t_2/t_1](E \cup \{(F_1(l), F_2(l)) | l \in dom(F_1) \cap dom(F_2)\}),$
$[t_2/t_1](\mathcal{K}) \cup \{(t_2, [t_2/t_1](\{\!\{F_1 \pm F_2\}\!\}))\},$
$[t_2/t_1](S) \cup \{(t_1, t_2)\}, [t_2/t_1](\mathcal{S}) \cup \{(t_1, \{\!\{F_1\}\!\})\})$

(iv) $(E \cup \{(t_1, \{F_2\})\}, \mathcal{K} \cup \{(t_1, \{\!\{F_1\}\!\})\}, S, \mathcal{S})$
$\Longrightarrow ([\{F_2\}/t_1](E \cup \{(F_1(l), F_2(l)) | l \in dom(F_1)\}), [\{F_2\}/t_1](\mathcal{K}),$
$[\{F_2\}/t_1](S) \cup \{(t_1, \{F_2\})\}, [\{F_2\}/t_1](\mathcal{S}) \cup \{(t_1, \{\!\{F_1\}\!\})\})$
$(dom(F_1) \subseteq dom(F_2)$ and $t \notin FTV(\{F_2\})$ のとき)

(v) $(E \cup \{(\{F_1\}, \{F_2\})\}, \mathcal{K}, S, \mathcal{S})$
$\Longrightarrow (E \cup \{(F_1(l), F_2(l)) | l \in dom(F_1)\}, \mathcal{K}, S, \mathcal{S})$
$(dom(F_1) = dom(F_2)$ のとき)

(vi) $(E \cup \{(\tau_1^1 \to \tau_1^2, \tau_2^1 \to \tau_2^2)\}, \mathcal{K}, S, \mathcal{S})$
$\Longrightarrow (E \cup \{(\tau_1^1, \tau_2^1), (\tau_1^2, \tau_2^2)\}, \mathcal{K}, S, \mathcal{S})$

ただし，記法 $X \cup Y$ において，X, Y は共通部分を持たないと仮定する．

図 6.5　種類付き単一化アルゴリズムのための変換規則の一部

$\mathcal{KPTS}(\mathcal{K}, \Gamma, x) =$ if $x \notin dom(\Gamma)$ then *failure*
$\qquad\qquad$ else let $\forall t_1 :: k_1 \ldots \forall t_n :: k_n.\tau = \Gamma(x)$,
$\qquad\qquad\qquad S = [s_1/t_1, \cdots, s_n/t_n]$ $(s_1, \cdots, s_n$ are fresh)
$\qquad\qquad\qquad$ in $(\mathcal{K}\{s_1 :: S(k_1), \cdots, s_n :: S(k_n)\}, \emptyset, S(\tau))$

$\mathcal{KPTS}(\mathcal{K}, \Gamma, \lambda x.e_1) =$
$\quad$ let $(\mathcal{K}_1, S_1, \tau_1) = \mathcal{KPTS}(\mathcal{K}\{t :: U\}, \Gamma\{x : t\}, e_1)$ (t fresh)
$\quad$ in $(\mathcal{K}_1, S_1, S_1(t) \to \tau_1)$

$\mathcal{KPTS}(\mathcal{K}, \Gamma, e_1\ e_2) =$ let $(\mathcal{K}_1, S_1, \tau_1) = \mathcal{KPTS}(\mathcal{K}, \Gamma, e_1)$
$\qquad\qquad\qquad\qquad\quad (\mathcal{K}_2, S_2, \tau_2) = \mathcal{KPTS}(\mathcal{K}_1, S_1(\Gamma), e_2)$
$\qquad\qquad\qquad\qquad\quad (\mathcal{K}_3, S_3) = \mathcal{U}(\mathcal{K}_2, \{(S_2(\tau_1), \tau_2 \to t)\})$ (t fresh)
$\qquad\qquad\qquad\qquad$ in $(\mathcal{K}_3,\ S_3 \circ S_2 \circ S_1,\ S_3(t))$

$\mathcal{KPTS}(\mathcal{K}, \Gamma, \{l_1 = e_1, \cdots, l_n = e_n\}) =$
$\quad$ let $(\mathcal{K}_1, S_1, \tau_1) = \mathcal{KPTS}(\mathcal{K}, \Gamma, e_1)$
$\qquad (\mathcal{K}_i, S_i, \tau_i) = \mathcal{KPTS}(\mathcal{K}_{i-1}, S_{i-1} \circ \cdots \circ S_1(\Gamma), e_i)$ $(2 \le i \le n)$
$\quad$ in $(\mathcal{K}_n,\ S_n \circ \cdots \circ S_2 \circ S_1,$
$\qquad \{l_1 : S_n \circ \cdots \circ S_2(\tau_1), \cdots, l_i : S_n \circ \cdots \circ S_{i+1}(\tau_i), \cdots, l_n : \tau_n\})$

$\mathcal{KPTS}(\mathcal{K}, \Gamma, e_1.l) =$
$\quad$ let $(\mathcal{K}_1, S_1, \tau_1) = \mathcal{KPTS}(\mathcal{K}, \Gamma, e_1)$
$\qquad (\mathcal{K}_2, S_2) = \mathcal{U}(\mathcal{K}_1\{t_1 :: U, t_2 :: \{\!\{l : t_1\}\!\}\}, \{(t_2, \tau_1)\})$ (t_1, t_2 fresh)
$\quad$ in $(\mathcal{K}_2,\ S_2 \circ S_1,\ S_2(t_1))$.

図 6.6 多相型レコード計算系の型推論アルゴリズム (I)

$\mathcal{KPTS}(\mathcal{K}, \Gamma, \textit{modify}(e_1, l, e_2)) =$
　　let $(\mathcal{K}_1, S_1, \tau_1) = \mathcal{KPTS}(\mathcal{K}, \Gamma, e_1)$
　　　　$(\mathcal{K}_2, S_2, \tau_2) = \mathcal{KPTS}(\mathcal{K}_1, S_1(\Gamma), e_2)$
　　　　$(\mathcal{K}_3, S_3) = \mathcal{U}(\mathcal{K}_2\{t_1 :: U, t_2 :: \{\!\!\{l : t_1\}\!\!\}\},$
　　　　　　　　　　$\{(t_1, \tau_2), (t_2, S_2(\tau_1))\})$ $(t_1, t_2 \text{ fresh})$
　　in $(\mathcal{K}_3, \; S_3 \circ S_2 \circ S_1, \; S_3(t_2))$

$\mathcal{KPTS}(\mathcal{K}, \Gamma, \textit{case } e_0 \textit{ of } l_1 \Rightarrow e_1, \cdots, l_n \Rightarrow e_n) =$
　　let $(\mathcal{K}_0, S_0, \tau_0) = \mathcal{KPTS}(\mathcal{K}, \Gamma, e_0)$
　　　　$(\mathcal{K}_i, S_i, \tau_i) = \mathcal{KPTS}(\mathcal{K}_{i-1}, S_{i-1} \circ \cdots \circ S_0(\Gamma), e_i)$ $(1 \leq i \leq n)$
　　　　$(\mathcal{K}_{n+1}, S_{n+1}) = \mathcal{U}(\mathcal{K}_n\{t_0 :: U, \cdots, t_n :: U\},$
　　　　　　　　　　$\{(S_n \circ \cdots \circ S_1(\tau_0), \langle l_1 : t_1, \cdots, l_n : t_n \rangle)\}$
　　　　　　　　　　$\cup \{(S_n \circ \cdots \circ S_{i+1}(\tau_i), t_i \to t_0) | 1 \leq i \leq n\})$
　　　　　　　　　　$(t_0, \cdots, t_n \text{ fresh})$
　　in $(\mathcal{K}_{n+1}, \; S_{n+1} \circ \cdots \circ S_0, \; S_{n+1}(t_0))$

$\mathcal{KPTS}(\mathcal{K}, \Gamma, \langle l = e_1 \rangle) = $ let $(\mathcal{K}_1, S_1, \tau_1) = \mathcal{KPTS}(\mathcal{K}, \Gamma, e_1)$
　　　　　　　　　　　　　in $(\mathcal{K}_1\{t :: \langle\!\langle l : \tau_1 \rangle\!\rangle\}, \; S_1, \; t)$ $(t \text{ fresh})$

$\mathcal{KPTS}(\mathcal{K}, \Gamma, \textit{let } x = e_1 \textit{ in } e_2) =$
　　let $(\mathcal{K}_1, S_1, \tau_1) = \mathcal{KPTS}(\mathcal{K}, \Gamma, e_1)$
　　　　$(\mathcal{K}'_1, \sigma_1) = \textit{Cls}(\mathcal{K}_1, S_1(\Gamma), \tau_1)$
　　　　$(\mathcal{K}_2, S_2, \tau_2) = \mathcal{KPTS}(\mathcal{K}'_1, (S_1(\Gamma))\{x : \sigma_1\}, e_2)$
　　in $(\mathcal{K}_2, \; S_2 \circ S_1, \; \tau_2)$

図 6.7 多相型レコード計算系の型推論アルゴリズム (II)

ここで最初の例の t_1 は，型推論の仮定で導入された型変数であり，最終結果には関係しない．確かに，以下の型判定が成立する．

$$\lambda^{\forall t::k} \vdash \{t_2::U, t_3::\{\!\{X:t_2\}\!\}\}, \emptyset \,\triangleright\, \lambda x.x.X \,:\, t_3 \to t_2$$

$$\lambda^{\forall t::k} \{t::\langle\!\langle Pound:real \rangle\!\rangle\}, \emptyset \,\triangleright\, \langle Pound = 100.0 \rangle \,:\, t$$

さらに，これらの型判定は，主要な型判定である．これらの式が let 構文によって変数に束縛されると，以下の例に見られるように，これらの型判定の中の型変数は種類付き型抽象がなされ，多相型を持つ式として使用される．

$$\mathcal{WK}(\emptyset, \emptyset, let\ get\_X = \lambda x.x.X\ in$$
$$(get\_X\{X=3, y=4\},$$
$$get\_X\{X=3, Y=4, Color="Red"\}))$$
$$= (\emptyset,\ S,\ string \times string))$$

$$\mathcal{WK}(\emptyset, \emptyset, let\ payment = \langle Pound = 100.0 \rangle\ in$$
$$(case\ payment\ of\ Pound \Rightarrow \lambda x.x, Dollar \Rightarrow \lambda x.x * 0.68,$$
$$case\ payment\ of\ Pound \Rightarrow \lambda x.real\_to\_int(x * 150.0),$$
$$Yen \Rightarrow \lambda x.x))$$
$$= (\emptyset, S, real \times int))$$

6.3.4 多相型レコード演算を含んだプログラミング言語

以上の計算系に基づき，ML に多相型レコード処理を導入することが可能である．ML の核言語の多相型レコード処理を導入した言語を紹介する．以前紹介したように，ML にはすでにレコードが含まれている．例えば，以下のようにレコードデータを定義可能である．

```
val c1 = {X= 3, Y=4, Color="Red"};
val p1 = {X= 3, Y=4, Color="Red"} : {X:int,Y:int, Color:string}
```

しかしながら，これらレコード処理に対する多相型関数を定義することはできなかった．例えば，X フィールドを取り出す関数は，

```
fun get_X (x:{X:int,Y:int}) = #X x
```

```
- fun get_X {X=x,...} = x;
val get_X = fn : 'a#{x:'b,...} -> 'b
- get_X {X=1, Y=2, Color = "Green"};
val it = 1 : int
- fun moveX point = modify(point,x,get_X point + 1);
val moveX = fn : 'a#{x:int,...} -> 'a#x:int,...
- moveX {x=1,y=2};
val it = {x=2,y=2} : {x:int,y:int}
- moveX {x=1, y=2, z=3, color="Green"};
val it = {color="Green",x=2,y=2,z=3}
         : {color:string,x:int,y:int,z:int}
```

図 6.8 多相型レコード演算を取り入れて拡張された ML プログラミング

と書かなければならなかった．しかし，上記の多相型レコード計算の理論により ML を拡張すれば，この関数は，以下のように多相型関数として定義可能である．

```
fun get_X x = #X x;
val get_X = fn : 'a#{X:'b,...} -> 'b
```

ここで，型変数の表現 $'a\#\{X:'b,...\}$ は，$\forall t_1.\forall t_2::\{\!\{X:t_1\}\!\}$ の形のレコード種類付き多相型を表わす．ML の特徴であるパターンマッチングも多相型レコード演算と統合可能である．例えば，上記関数はパターンを用いて以下のように書ける．

```
fun get_X {X=x,...} = x;
val get_X = fn : 'a#{X:'b,...} -> 'b
```

ここで {X=x,...} は，X を含む任意のレコードを表わすパターンである．図 6.8に，この方針に基づき ML を拡張して得られるプログラミング言語でのプログラミングの例を示す．

参考文献

1. H.P. Barendregt. *The Lambda Calculus – its syntax and semantics* (revised edition), *Studies in Logic and the Foundations of Mathematics* Vol. 103, North-Holland, 1984.
2. H.P. Barendregt. Lambda calculus with types. In *Handbook of Logic in Computer Science* vol. 2, Oxford University Press, 1992.
3. V. Breazu-Tannen and C. Coquand. Extensional models for polymorphism. *Information and Computation 59*, 85–114, 1988.
4. V. Breazu-Tannen, T. Coquand, C.A. Gunter, and A. Scedrov. Inheritance as explicit coercion. *Information and Computation* 93, 172–221, 1991.
5. K. B. Bruce, A. R. Meyer, and J. C. Mitchell. The semantics of second-order lambda calculus. *Information and Computation* 85, 76–134, 1990.
6. R. Burstall, D. MacQueen, and D. Sannella. HOPE: An experimental applicative language. In *Proceedings of ACM conference on Lisp and Functional Programming*, 1980.
7. L. Cardelli. A semantics of multiple inheritance. *Information and Computation* 76, 138–164, 1988. (Special issue devoted to Symposium on Semantics of Data Types, Sophia-Antipolis, France, 1984).
8. L. Cardelli and J. Mitchell. Operations on records. In *Proceedings of Mathematical Foundation of Programming Semantics*. Lecture Notes in Computer Science, Vol. 442, 22–52, Springer-Verlag, Berlin, 1989.

9. L. Cardelli and P. Wegner. On understanding types, data abstraction, and polymorphism. *Computing Surveys* 17(4), 471–522, 1985.
10. C. Chang and R.C. Lee. *Symbolic Logic and Mechanical Theorem Proving*. Academic Press, New York, 1973.
11. W.F. Clocksin and C.S. Mellish. *Programming in PROLOG*. Springer Verlag, 1981.
12. B. Courcelle. Fundamental properties of infinite trees. *Theoretical Computer Science* 25, 95–169, 1983.
13. H. B. Curry and R. Feys. *Combinatory Logic*, Vol. 1. North-Holland, Amsterdam, 1968.
14. N. G. de Bruijn. Lambda calculus notation with nameless dummies, a tool for automatic formula manipulation. *Indag. Math.* 34, 381–392, 1972.
15. L. Damas and R. Milner. Principal type-schemes for functional programs. In *Proceedings of ACM SYmposium on Principles of Programming Languages*, 207–212, 1982.
16. B. Duba, R. Harper, and D. MacQueen. Typing first-class continuations in ML. In *Proceedings of ACM Symposium on Principles of Programming Languages*, 163–73, 1991.
17. M. Felleisen, D. P. Friedman, E. Kohlbecker, and B. Duba. A syntactic theory of sequential control. *Theoretical Computer Science 52*, 205–237, 1987.
18. H. Friedman. Equations between functionals. In *Lecture Notes in Mathematics*, Vol. 453, 22–33. Springer-Verlag, 1973.
19. J. Gallier and W. Snyder. Complete sets of transformations for general E-unification. *Theoretical Computer Science* 67(2), 203–260, 1989.
20. S. Ginali. *Iterative Algebraic Theories, Infinite Trees and Program Schemata*. PhD thesis, University of Chicago, 1976.
21. J.-Y. Girard. Une extension de l'interpretation de gödel à l'analyse, et son application à l'élimination des coupures dans l'analyse et théorie

des types. In *Second Scandinavian Logic Symposium*, North-Holland, 1971.

22. J.-Y. Girard, Y. Lafont, and P. Taylor. *Proofs and Types*. Cambridge University Press, 1989.

23. A. Goldberg and D. Robson. Smalltalk-80: the language and its implementation. Addison-Wesley, 1983.

24. M.J. Gordon, A.J.R.G. Milner, and C.P. Wadsworth. *Edinburgh LCF: A Mechanized Logic of Computation*. Lecture Note in Computer Science. Springer-Verlag, 1979.

25. S. Gorn. Explicit definitions and linguistic dominoes. *Systems and Computer Science*, 77–105, University of Toronto Press, 1967.

26. C.A. Gunter. *Semantics of Programming Languages – Structures and Techniques*. MIT Press, 1992.

27. R. Harper and J. C. Mitchell. On the type structure of Standard ML. *ACM Transactions on Programming Languages and Systems* 15(2), 211–252, 1993.

28. R. Hindley. The principal type-scheme of an object in combinatory logic. *Transactions of American Mathematical Society* 146, 29–60, 1969.

29. G. Kahn. Natural semantics. In *Proceedings of Symposium on Theoretical Aspects of Computer Science*, 22–39. Springer Verlag, 1987.

30. D. E. Knuth. On the translation of languages from left to right. *Information and Control* 8, 607–639, 1965.

31. R. Kowalski. *Logic for Problem Solving*. Elsevier North Holland, New York, 1979.

32. X. Leroy. *Polymorphic typing of an algorithmic language*. PhD thesis, University of Paris VII, 1992.

33. D.B. MacQueen, G.D. Plotkin, and R. Sethi. An ideal model for recursive polymorphic types. *Information and Control* 71(1/2), 95–130, 1986.

34. N.J. McCracken. *An Investigation of a Programming Language with a Polymorphic Type Structure*. PhD thesis, Syracuse University, 1979.
35. A. Meyer. What is a model of the lambda calculus? *Information and Control* 52, 87–122, 1982.
36. R. Milner. A theory of type polymorphism in programming. *Journal of Computer and System Sciences* 17, 348–375, 1978.
37. R. Milner and M. Tofte. Co-induction in relational semantics. *Theoretical Computer Science* 87, 209–220, 1991.
38. R. Milner, M. Tofte, and R. Harper. *The Definition of Standard ML*. The MIT Press, 1990.
39. J.C. Mitchell. Type systems for programming languages. In J. van Leeuwen, editor,*Handbook of Theoretical Computer Science*, Chapter 8, 365–458. MIT Press/Elsevier, 1990.
40. J.C. Mitchell. *Foundations for Programming Languages*. MIT Press, 1996.
41. J. H. Morris. *Lambda-calculus models of programming languages*. PhD thesis, Sloan School of Management, MIT Press, 1968.
42. L. C. Paulson. *ML for the Working Programmers* (Second edition). Cambridge University Press, 1996.
43. A. Ohori. A polymorphic record calculus and its compilation. *ACM Transactions on Programming Languages and Systems* 17(6), 844–895, 1995.
44. D. Remy. Typechecking records and variants in a natural extension of ML. In *Proceedings of ACM Symposium on Principles of Programming Languages*, 242–249, 1989.
45. D. Rémy. Type inference for records in a natural extension of ML. In C.A Gunter and J.C. Mitchell, editors, *Theoretical Aspects of Object-Oriented Programming*, 67–96. MIT Press, 1994.
46. J. C. Reynolds. Polymorphism is not set-theoretic. In *International Symposium on Semantics of Data Types*. Springer-Velrag, 1984.

47. J.C. Reynolds. Towards a theory of type structure. In *Paris Colloq. on Programming*, 408–425, Springer-Verlag, 1974.
48. J. A. Robinson. A machine-oriented logic based on the resolution principle. *Journal of ACM* 12, 23–41, March 1965.
49. D.A. Schmidt. *Denotational Semantics, A Methodology for Language Development*. Allyn and Bacon, 1986.
50. D. Scott. Continuous lattices. In *Toposes, Algebraic Geometry and Logic*. Lecture Notes in Mathematics, 97–136, Springer-Verlag, 1972.
51. D. Scott. Data types as lattice. *SIAM J. Comput.* 5(3), 1976.
52. A. Shamir and W. W. Wadge. Data types as objects. In A. Salomaa and M. Steinby, editors, *Automata, Languages and Programming, Fourth Colloquium*, 465–479. Springer-Verlag, July 1977.
53. R. Stansifer. Type inference with subtypes. In *Proceedings of ACM Symposium on Principles of Programming Languages*, 88–97, 1988.
54. J. Stoy. *Denotational Semantics: The Scott-Strachey approach to Programming Language Theory*. MIT Press, 1977.
55. C. Strachey. Fundamental concepts on programming languages. In *International Summer School in Computer Programming*, Copenhargen, 1967.
56. W. Tait. Intentional interpretations of functionals of finite type i. *Journal of Symbolic Logic* 32(2), 1967.
57. M. Tofte. *Operational Semantics and Polymorphic Type Inference*. PhD thesis, Department of Computer Science, University of Edinburgh, 1988.
58. M. Wand. Complete type inference for simple objects. In *Proceedings of Symposium on Logic in Computer Science*, 37–44, 1987.
59. M. Wand. Corrigendum : Complete type inference for simple object. In *Proceedings of the Third Symposium on Logic in Computer Science*, 1988.

60. 井田哲雄. 計算モデルの基礎理論. 岩波講座ソフトウェア科学 12. 岩波書店, 1991.
61. 大堀淳: ML – 多相型システムを持つ関数型言語 –，情報処理, **35**, 3, (1994), 215–226.
62. 高橋正子. 計算論―計算可能性とラムダ計算. コンピュータサイエンス大学講座 24. 近代科学社, 1991.
63. 中島玲二. 数理情報学入門―スコット・プログラム理論. 数理科学ライブラリー 3. 朝倉書店, 1982.
64. 横内寛文. プログラム意味論, 情報数学講座, 第 7 巻. 共立出版, 1994.

索引

【あ】
曖昧な文法 11
値 85,89

【い】
意味領域 42
意味論 iv,42
　　公理的– 42,51,55,199
　　操作的– 42,84,85,225
　　表示的– 42,159,192,222

【う】
右辺値 137
埋め込み 122

【お】
オブジェクト指向言語 237

【か】
外延性 43
型環境 32
型式 107
型情報の喪失 244
型推論問題 157,165
型スキーマ 165
型抽象 186

限定型抽象 243
型適用 186
型の包摂規則 240
型判定 32
　　主要な– 176
　　–スキーマ 166
型フレーム 46
型閉包 220
型変数 165,185
型保存定理 75,205,255
環境 44
関数閉包 90
完全性 54
　　公理的意味論– 57
　　型推論アルゴリズム– 171,230
完備半順序集合 47
簡約関係 19,75,205,253

【き】
木構造 103
基底型 27,29
帰納原理 9
帰納的定義（言語の） 5
帰納的閉包 7
逆順システム 122
強正規化性 77

270 　索　　引

木領域 103

【く】

クラス 238
クロージャ 197

【け】

計算モデル 1
　　　　関数型– 2
　　　　論理型– 3
継続計算 148
健全性 54
　　　型システムの–
　　　　....... 87,92,115,143,154,226
　　　型推論アルゴリズムの– .. 171,228
　　　公理的意味論の– 55,56,203

【こ】

構造に関する帰納法 8
コード化 20
構文解析 14
構文木 14
構文上の糖衣 101
構文論 iv
合流性 19,82,205,255

【さ】

再帰的定義（関数の）.............. 9
再帰的データ型 101
最小上界 48
最小不動点演算子 132
サブタイプ 240
左辺値 137
参照型 137
参照透明性 139

【し】

式の大きさ（|x|）................ 13
自然意味論 89,140,151
射影 122
射影システム 124
射影対 123
自由に生成された集合 12
自由変数 17
　　　–の捕捉 18
主要な型判定 176
主要な型判定スキーマ 167
種類 247

【せ】

正規木 105
正規形 19
整礎 170
静的型システム 75
静的スコープ規則 34
全射的組型 43
全体領域 197

【そ】

束縛変数 17
　　　–に関する約束 41,186

【た】

多ソート代数 30
多相型 75,183
　　　種類付き– 248
多相的型代数 193
多相的作用構造 194
単位型 93
単一化 168
単相型 183

【て】
停止測度 170

【と】
導出の大きさ 33

【は】
パターンマッチング 39,136
バリアント型 94
　　ラベル付き– 97,241
半順序関係 47

【ひ】
非叙述的 192
評価文脈 85

【ふ】
不動点 25
不動点演算子 25,130,132
　　Turing の– 25
　　Curry の– 131
部分帰納的関数 3
ブロック構造 34
文脈 78
　　評価– 85

【む】
無矛盾 139

【め】
メソッドの継承 238
メタ変数 5

【も】
モデル 45,46,195
　　$\beta\eta$ 同値関係の 67
　　クロージャー– 196

項– 58
　　集合論的– 46
　　領域論的– 47
モデル論的帰結 55

【ゆ】
有向集合 48

【ら】
ラムダ計算 3
　　型付き– 26
　　型無し– 16
　　多相型– 185
　　二階の– 185
ラムダ抽象 16
ラムダ適用 16

【り】
リスト 101

【れ】
例（型スキーマの） 166
例（型判定スキーマの） 166
例（多相型の） 220
　　基礎– 166,225
レコード型 97
　　ラベル付き– 97,241
列変数 246
連続 48

【ろ】
論理関係 64
論理部分関数 69

【わ】
1ステップ簡約 19,75,205,253

【英字・記号】

- α 同値関係 19
- β 簡約公理 19
- $\beta\eta$ 同値関係 67
- BNF 文法 5
- call-by-need 評価 85
- call-by-value 評価 85
- call/cc 149
- CPO 47
- de Bruijn インデックス 40
- F に関して閉じている 7
- lazy な評価 85
- LR 構文解析 14
- SN 77
- strict な評価 85

Memorandum

Memorandum

―― 著者紹介 ――

大 堀　　淳
おお　ほり　　あつし

1957年　生まれ
1981年　東京大学文学部哲学科卒業
1989年　ペンシルバニア大学大学院計算機・情報科学科　博士課程修了
1981年　沖電気工業株式会社勤務
1993年　京都大学数理解析研究所助教授
2000年　北陸先端科学技術大学院大学教授
2005年　東北大学電気通信研究所教授（2022年まで）
2022年　東北大学名誉教授

著書：
「プログラミング言語 Standard ML 入門」共立出版
「プログラミング言語 Standard ML 入門 改訂版」共立出版
「コンピュータサイエンス入門 アルゴリズムとプログラミング言語」（共著）岩波書店
「計算機システム概論」ライブラリ情報学コア・テキスト 5．サイエンス社

検 印 廃 止

新装版 プログラミング言語の基礎理論

© 2019

1997 年 2 月 24 日　初　版 1 刷発行 　　　　　　　　　（情報数学講座 9） 2019 年 8 月 10 日　新装版 1 刷発行 2025 年 5 月 15 日　新装版 2 刷発行 NDC 007	著　者　　大　堀　　　淳 発行者　　南　條　光　章 　　　　　東京都文京区小日向 4 丁目 6 番 19 号	

発行所　東京都文京区小日向 4 丁目 6 番 19 号
　　　　電話 東京（03）3947-2511 番（代表）
　　　　〒112-0006／振替 00110-2-57035 番
　　　　URL　www.kyoritsu-pub.co.jp

共立出版株式会社

印刷・啓文堂　　製本・協栄製本

Prited in Japan

一般社団法人
自然科学書協会
会員

ISBN 978-4-320-12450-9

|JCOPY|＜出版者著作権管理機構委託出版物＞

本書の無断複製は著作権法上での例外を除き禁じられています．複製される場合は，そのつど事前に，出版者著作権管理機構（TEL：03-5244-5088，FAX：03-5244-5089，e-mail：info@jcopy.or.jp）の許諾を得てください．

統計学 One Point

鎌倉稔成（委員長）・江口真透・大草孝介・酒折文武・瀬尾 隆・椿 広計・
西井龍映・松田安昌・森 裕一・宿久 洋・渡辺美智子［編集委員］

＜統計学に携わるすべての人におくる解説書＞

【各巻：A5判・並製・税込価格】（価格は変更される場合がございます）

1 ゲノムデータ解析
冨田 誠・植木優夫著・・・・・・・・定価2420円

2 カルマンフィルタ Rを使った時系列予測と状態空間モデル
野村俊一著・・・・・・・・・・・・・・・定価2420円

3 最小二乗法・交互最小二乗法
森 裕一・黒田正博・足立浩平著 定価2420円

4 時系列解析
柴田里程著・・・・・・・・・・・・・・・定価2420円

5 欠測データ処理 Rによる単一代入法と多重代入法
高橋将宜・渡辺美智子著・・・・・・定価2420円

6 スパース推定法による統計モデリング
川野秀一・松井秀俊・廣瀬 慧著 定価2420円

7 暗号と乱数 乱数の統計的検定
藤井光昭著・・・・・・・・・・・・・・・定価2420円

8 ファジィ時系列解析
渡辺則生著・・・・・・・・・・・・・・・定価2420円

9 計算代数統計 グレブナー基底と実験計画法
青木 敏著・・・・・・・・・・・・・・・定価2420円

10 テキストアナリティクス
金 明哲著・・・・・・・・・・・・・・・定価2530円

11 高次元の統計学
青嶋 誠・矢田和善著・・・・・・・・定価2420円

12 カプラン・マイヤー法 生存時間解析の基本手法
西川正子著・・・・・・・・・・・・・・・定価2530円

13 最良母集団の選び方
高田佳和著・・・・・・・・・・・・・・・定価2530円

14 点過程の時系列解析
近江崇宏・野村俊一著・・・・・・・定価2420円

15 メッシュ統計
佐藤彰洋著・・・・・・・・・・・・・・・定価2530円

16 正規性の検定
中川重和著・・・・・・・・・・・・・・・定価2420円

17 統計的不偏推定論
赤平昌文著・・・・・・・・・・・・・・・定価2530円

18 EMアルゴリズム
黒田正博著・・・・・・・・・・・・・・・定価2530円

19 エシェロン解析 階層化して視る時空間データ
栗原考次・石岡文生著・・・・・・・定価2420円

20 分散分析を超えて 実データに挑む
広津千尋著・・・・・・・・・・・・・・・定価2530円

21 統計的逐次推定論
赤平昌文・小池健一著・・・・・・・定価2530円

22 推薦システム マトリクス分解の多彩なすがた
廣瀬英雄著・・・・・・・・・・・・・・・定価2530円

23 実験計画法 過飽和計画の構成とデータ解析
山田 秀著・・・・・・・・・・・・・・・定価2420円

24 鞍点近似法
早川 毅著・・・・・・・・・・・・・・・定価2530円

25 主成分分析と因子分析 特異値分解を出発点として
足立浩平・山本倫生著・・・・・・・定価2530円

26 データ同化
中野慎也著・・・・・・・・・・・・・・・定価2530円

27 マルチンゲール 測度論の概観からスパース推定の基礎まで
西山陽一著・・・・・・・・・・・・・・・定価2530円

28 ノンパラメトリック法 カーネル型推定による統計的推測
前園宜彦著・・・・・・・・・・・・・・・定価2530円